应用型本科院校"十二五"规划教材/数学

主　编　孔繁亮
副主编　于莉琦　宋迎春
　　　　樊丽影　张　雪

高等数学

下册（第2版）

Advanced Mathematics

哈尔滨工业大学出版社

内 容 简 介

本书是高等院校应用型本科系列教材,根据编者多年的教学实践,按照新形势教材改革精神,并结合国家教育部高等院校课程教学指导委员会提出的"高等数学课程教学基本要求"及应用性、职业型、开放式的应用型本科院校培养目标编写而成.下册内容为向量代数与空间解析几何、多元函数微分学、多元函数积分学、无穷级数及上机计算(Ⅱ)5 章.书末附有习题答案与提示,配备了学习指导书,并对全书的习题作了详细解答,同时也配备了多媒体教学课件,方便教学.本书结构严谨,逻辑清晰,叙述详细,通俗易懂,突出了应用性.

本书可供应用型本科院校各专业学生及工程类、经济管理类院校学生使用,也可供工程技术人员参考.

图书在版编目(CIP)数据

高等数学.全 2 册/孔繁亮主编.—2 版.—哈尔滨:哈尔滨工业大学出版社,2013.1(2016.1 重印)

应用型本科院校"十二五"规划教材

ISBN 978-7-5603-2836-2

Ⅰ.①高… Ⅱ.①孔… Ⅲ.①高等数学-高等学校-教材 Ⅳ.①O13

中国版本图书馆 CIP 数据核字(2012)第 290030 号

策划编辑	赵文斌 杜 燕	
责任编辑	李长波	
出版发行	哈尔滨工业大学出版社	
社　　址	哈尔滨市南岗区复华四道街 10 号　邮编 150006	
传　　真	0451-86414749	
网　　址	http://hitpress.hit.edu.cn	
印　　刷	肇东市一兴印刷有限公司	
开　　本	787mm×1092mm　1/16　印张 13.75　字数 312 千字	
版　　次	2011 年 2 月第 1 版　2013 年 1 月第 2 版	
	2016 年 1 月第 6 次印刷	
书　　号	ISBN 978-7-5603-2836-2	
定　　价	60.00 元(上、下册)	

(如因印装质量问题影响阅读,我社负责调换)

《应用型本科院校"十二五"规划教材》编委会

主　任　修朋月　竺培国
副主任　王玉文　吕其诚　线恒录　李敬来
委　员　（按姓氏笔画排序）
　　　　　丁福庆　于长福　马志民　王庄严　王建华
　　　　　王德章　刘金祺　刘宝华　刘通学　刘福荣
　　　　　关晓冬　李云波　杨玉顺　吴知丰　张幸刚
　　　　　陈江波　林　艳　林文华　周方圆　姜思政
　　　　　庹　莉　韩毓洁　臧玉英

序

哈尔滨工业大学出版社策划的《应用型本科院校"十二五"规划教材》即将付梓,诚可贺也。

该系列教材卷帙浩繁,凡百余种,涉及众多学科门类,定位准确,内容新颖,体系完整,实用性强,突出实践能力培养。不仅便于教师教学和学生学习,而且满足就业市场对应用型人才的迫切需求。

应用型本科院校的人才培养目标是面对现代社会生产、建设、管理、服务等一线岗位,培养能直接从事实际工作、解决具体问题、维持工作有效运行的高等应用型人才。应用型本科与研究型本科和高职高专院校在人才培养上有着明显的区别,其培养的人才特征是:①就业导向与社会需求高度吻合;②扎实的理论基础和过硬的实践能力紧密结合;③具备良好的人文素质和科学技术素质;④富于面对职业应用的创新精神。因此,应用型本科院校只有着力培养"进入角色快、业务水平高、动手能力强、综合素质好"的人才,才能在激烈的就业市场竞争中站稳脚跟。

目前国内应用型本科院校所采用的教材往往只是对理论性较强的本科院校教材的简单删减,针对性、应用性不够突出,因材施教的目的难以达到。因此亟须既有一定的理论深度又注重实践能力培养的系列教材,以满足应用型本科院校教学目标、培养方向和办学特色的需要。

哈尔滨工业大学出版社出版的《应用型本科院校"十二五"规划教材》,在选题设计思路上认真贯彻教育部关于培养适应地方、区域经济和社会发展需要的"本科应用型高级专门人才"精神,根据黑龙江省委书记吉炳轩同志提出的关于加强应用型本科院校建设的意见,在应用型本科试点院校成功经验总结的基础上,特邀请黑龙江省9所知名的应用型本科院校的专家、学者联合编写。

本系列教材突出与办学定位、教学目标的一致性和适应性,既严格遵照学科体系的知识构成和教材编写的一般规律,又针对应用型本科人才培养目标及与之相适应的教学特点,精心设计写作体例,科学安排知识内容,围绕应用讲授理论,做到"基础知识够用、实践技能实用、专业理论管用"。同时注意适当融入新理论、新技术、新工艺、新成果,并且制作了与本书配套的PPT多媒体教学课件,形成立体化教材,供教师参考使用。

《应用型本科院校"十二五"规划教材》的编辑出版,是适应"科教兴国"战略对复合型、应用型人才的需求,是推动相对滞后的应用型本科院校教材建设的一种有益尝试,在应用型创新人才培养方面是一件具有开创意义的工作,为应用型人才的培养提供了及时、可靠、坚实的保证。

希望本系列教材在使用过程中,通过编者、作者和读者的共同努力,厚积薄发、推陈出新、细上加细、精益求精,不断丰富、不断完善、不断创新,力争成为同类教材中的精品。

黑龙江省教育厅厅长

第 2 版前言

为了贯彻全国高等院校教育工作会议精神和落实国家教育部关于抓好教材建设的指示,为了更好地适应培养高等技术应用型人才的需要,促进和加强应用型本科院校"高等数学"的教学改革和教材建设,由黑龙江东方学院、哈尔滨理工大学、黑龙江科技学院、黑龙江大学、哈尔滨工业大学、黑龙江旅游学院等院校的部分教师参与编写了本教材.

在编写中,我们依据国家教育部课程教学委员会提出的"高等数学课程教学基本要求",结合应用性、职业型、开放式的应用型本科院校的培养目标,努力体现以应用为目的、以掌握概念、强化应用为教学重点、以必需够用为度的原则,并根据我们的教改与科研实践,在内容上进行了适当的取舍.在保证科学性的基础上,注意处理基础与应用、经典与现代、理论与实践、手算与电算的关系.注意讲清概念,建立数学模型,适当削弱数理论证,注重两算(笔算与上机计算)能力以及分析问题、解决问题能力的培养,重视理论联系实际,叙述通俗易懂,既便于教师教,又便于学生学.

本书 80 学时可讲完主要部分,加 * 号的部分可根据专业需要选用(另加学时),或供学生自学.本书除供高等工科院校工程类、经济类、管理类等专业的高等数学教学使用外,也可供成人教育学院等其他院校作为教材,还可作为工程技术人员、企业管理人员的参考书.

本书由孔繁亮教授任主编,于莉琦、宋迎春、樊丽影、张雪任副主编.哈尔滨工业大学秦有圣教授审阅了本书稿,并提出了宝贵意见,在此表示感谢!

高等应用型本科院校的蓬勃发展,为我国高等教育的发展增添了新的活力.如何搞好这个层次的教材建设,是教学改革的当务之急.我们编写的这套教材,就是其中的一个探索.由于我们的水平有限,书中难免有疏漏之处,敬请广大师生、社会各界读者不吝指正.

编 者

2012 年 11 月

目　　录

第 6 章　向量代数与空间解析几何 1
6.1　向量代数 1
习题 6.1 11
6.2　空间平面与直线 12
习题 6.2 21
6.3　空间曲面与曲线 22
习题 6.3 28
复习题 6 29

第 7 章　多元函数微分学 32
7.1　多元函数 32
习题 7.1 37
7.2　偏导数与全微分 37
习题 7.2 43
*7.3　方向导数与梯度 44
习题 7.3 47
7.4　复合函数与隐函数求导法则 47
习题 7.4 55
7.5　偏导数的应用 56
习题 7.5 66
*7.6　最小二乘法及 RLSE 方法简介 67
复习题 7 70

第 8 章　多元函数积分学 72
8.1　二重积分的概念、性质与计算 72
习题 8.1 81
8.2　三重积分的概念与计算 82
习题 8.2 88
8.3　重积分的应用 89
习题 8.3 94
8.4　向量值函数的积分 94

习题 8.4 ………………………………………………………………………… 114
　　复习题 8 …………………………………………………………………………… 116

第 9 章　无穷级数 …………………………………………………………………… 119
　9.1　数项级数及其审敛法 ………………………………………………………… 119
　　习题 9.1 ………………………………………………………………………… 126
　9.2　幂级数 ………………………………………………………………………… 127
　　习题 9.2 ………………………………………………………………………… 136
　*9.3　幂级数的应用　发生函数 …………………………………………………… 136
　　习题 9.3 ………………………………………………………………………… 140
　9.4　傅里叶级数 …………………………………………………………………… 141
　　习题 9.4 ………………………………………………………………………… 151
　　复习题 9 …………………………………………………………………………… 152

*第 10 章　上机计算（Ⅱ） ………………………………………………………… 156
　10.1　空间图形的画法 …………………………………………………………… 156
　10.2　多元函数微分学 …………………………………………………………… 161
　10.3　多元函数积分学 …………………………………………………………… 174
　10.4　无穷级数 …………………………………………………………………… 184

习题答案 ……………………………………………………………………………… 195
参考文献 ……………………………………………………………………………… 207

第 6 章

向量代数与空间解析几何

向量在数学、物理、力学及工程技术中有着广泛的应用，是一种重要的数学工具，空间解析几何是用代数方法来研究空间几何图形的，它在许多学科及工程技术上有着重要应用，尤其是我们以后讨论多元函数微积分不可缺少的基础．本章先介绍向量代数的基本知识，然后以向量为工具研究空间解析几何．

6.1 向量代数

6.1.1 空间直角坐标系、向量的坐标

1. 空间直角坐标系

过空间定点 O 作三条互相垂直的数轴，它们都以 O 为原点且取相同的长度单位，由此所得三个数轴分别称为 x 轴(横轴)、y 轴(纵轴)、z 轴(竖轴)，统称为坐标轴．其正向规定为，以右手握住 z 轴，让右手的四指从 x 轴的正向以 90° 的角度转向 y 轴的正向，此时大拇指所指的方向即为 z 轴的正向(图 6.1.1)，称为右手系规则，这就构成了空间直角坐标系．三条坐标轴中的任意两条都可以确定一个平面，称为坐标面．由 x 轴及 y 轴所确定的平面称为 xOy 平面；由 y 轴及 z 轴确定的平面称为 yOz 平面；由 z 轴及 x 轴所确定的平面称为 zOx 平面．以上三个相互垂直的坐标面把空间分成八个部分，每一部分称为一个卦限(图 6.1.2)，位于 x,y,z 轴的正半轴的卦限称为第一卦限，从第一卦限开始，在 xOy 平面上方的卦限按逆时针方向依次称为第二、三、四卦限；第一、二、三、四卦限下方的卦限依次为第五、六、七、八卦限．

2. 空间点的坐标

建立了空间直角坐标系后，空间点 M 可以用坐标系来确定，过 M 分别作垂直于 x 轴、y 轴、z 轴的平面，它们与三条坐标轴分别相交于 P,Q,R 三点(图 6.1.3)，设三点在 x 轴、y 轴、z 轴上的坐标依次为 x,y,z，则点 M 唯一确定了一组有序数 x,y,z；反之给定一组有序数 x,y,z，设它们在 x 轴、y 轴、z 轴上依次对应的点为 P,Q,R，过这三个点分别作平面垂直于坐标轴，则这三个平面唯一的交点就是点 M，这样，空间中的点 M 就可以与一组有序数 x, y,z 建立一一对应关系，有序数组 x,y,z 称为点 M 的坐标，记为 $M(x,y,z)$，其中 x,y,z 分别

称为点 M 的横坐标、纵坐标和竖坐标.

图 6.1.1　　　　　　　图 6.1.2

显然,原点 O 的坐标为 $(0,0,0)$;坐标轴上的点至少有两个坐标为 0,以 x 轴为例,x 轴上点的坐标为 $P(x,0,0)$;坐标面上的点至少有一个坐标为 0,以 xOy 平面为例,xOy 面上的点的坐标为 $(x,y,0)$,读者可以自行归纳出其他坐标轴、坐标面上的点的坐标特征.

3. 空间两点间的距离

设空间中两点 $P_1(x_1,y_1,z_1),P_2(x_2,y_2,z_2)$,求它们之间的距离.

过 P_1,P_2 各作三个平面分别垂直于三个坐标面,形成图 6.1.4 所示的长方体,这两点之间的距离就是长方体的体对角线长度,由于长方体的三个棱长分别是

$$a=|x_2-x_1|,\quad b=|y_2-y_1|,\quad c=|z_2-z_1|$$

所以

$$|P_1P_2|=\sqrt{a^2+b^2+c^2}=\sqrt{(x_2-x_1)^2+(y_2-y_1)^2+(z_2-z_1)^2} \quad (6.1.1)$$

特别的,点 $P(x,y,z)$ 与原点 $O(0,0,0)$ 的距离为

$$|OP|=\sqrt{x^2+y^2+z^2} \quad (6.1.2)$$

图 6.1.3　　　　　　　图 6.1.4

例 6.1.1　求两点 $P(1,2,3)$ 与 $Q(2,-1,4)$ 的距离 $|PQ|$.

解　由公式(6.1.1)得

$$|PQ|=\sqrt{(2-1)^2+(-1-2)^2+(4-3)^2}=\sqrt{11}$$

例 6.1.2　在 x 轴上求点 P,使得它与点 $Q(4,1,2)$ 的距离为 $\sqrt{30}$.

解　因为 P 在 x 轴上,可设所求的点为 $P(x,0,0)$,则应有

$$|PQ|=\sqrt{30},即 \sqrt{(4-x)^2+(1-0)^2+(2-0)^2}=\sqrt{30}.$$

$(4-x)^2=25,4-x=\pm 5,x=-1$ 或 $x=9$,所以所求点 P 为 $(-1,0,0)$ 或 $(9,0,0)$.

4. 向量的概念

在研究物理学和工程应用中遇到的量可以分为两类,一类完全由数值的大小决定,如

质量、温度、面积、体积、密度等,我们将这类量称为数量(或标量),另一类量不仅要研究其数值、大小还要研究它的方向,如力、速度、加速度等,我们将这种既有大小又有方向的量称为向量(或矢量).

在空间中以 A 为起点,B 为终点的线段称为有向线段(图 6.1.5),记为向量 $\overrightarrow{AB}$.

如果不强调起点和终点,向量也用一个黑体字来表示,例如 $\boldsymbol{a}$,$\boldsymbol{r}$,$\boldsymbol{v}$,$\boldsymbol{F}$ 或 $\vec{a}$,$\vec{r}$,$\vec{v}$,$\vec{F}$ 等,将向量 $\overrightarrow{AB}$ 的长度记为 $|\overrightarrow{AB}|$ 或 $|\vec{a}|$,称为向量的模.

图 6.1.5

模等于零的向量称为零向量,记为 $\vec{0}$,零向量的方向可以看做是任意的,模等于 1 的向量称为单位向量,记作 $\boldsymbol{a}^0$. 在直角坐标系中,以坐标原点 O 为起点,向一个点 M 引向量 $\overrightarrow{OM}$,这个向量称为点 M 对于点 O 的向径,用 $\boldsymbol{r}$ 表示,显然,空间点 M 与向径 $\overrightarrow{OM}$ 是一一对应的.

在实际问题中,我们只研究与起点无关的向量,即只考虑向量的大小与方向,而不论它的起点在什么地方,这样的向量称为自由向量.

定义 6.1 如果两个向量 $\boldsymbol{a}$ 与 $\boldsymbol{b}$ 的长度相等且方向相同,则称这两个向量是相等向量,记为 $\boldsymbol{a} = \boldsymbol{b}$.

对于若干个向量,将它们的起点平移到同一个点后,如果它们的起点和终点都位于同一条直线上,则称这些向量是共线的;如果它们的起点和终点都位于同一平面上,则称这些向量是共面的. 不论长度大小,只要两个向量 $\boldsymbol{a}$,$\boldsymbol{b}$ 的方向相同或相反,则称 $\boldsymbol{a}$ 与 $\boldsymbol{b}$ 平行,记为 $\boldsymbol{a} \parallel \boldsymbol{b}$. 显然零向量与任何向量都是共线的;两个向量共线的充分必要条件是这两个向量相互平行.

5. 向量的加法

定义 6.2 设两个向量 $\boldsymbol{a} \neq \boldsymbol{0}$ 与 $\boldsymbol{b} \neq \boldsymbol{0}$,以 $\boldsymbol{a}$,$\boldsymbol{b}$ 为邻边的平行四边形对角线所表示的向量 $\overrightarrow{AC}$(图 6.1.6(a)) 称为向量 $\boldsymbol{a}$ 与 $\boldsymbol{b}$ 的和,记为

$$\boldsymbol{a} + \boldsymbol{b} = \boldsymbol{c}$$

即

图 6.1.6

$$\overrightarrow{AC} = \overrightarrow{AB} + \overrightarrow{AD}$$

这即为两个向量加法的平行四边形法则(图 6.1.6(a)).

若以向量 $\boldsymbol{a}$ 的终点作为向量 $\boldsymbol{b}$ 的起点,则由 $\boldsymbol{a}$ 的起点到 $\boldsymbol{b}$ 的终点的向量也是 $\boldsymbol{a}$ 与 $\boldsymbol{b}$ 的和向量,这即为向量加法的三角形法则(图 6.1.6(b)).

显然向量的加法符合下列运算规律:

(1) 交换律:$\boldsymbol{a} + \boldsymbol{b} = \boldsymbol{b} + \boldsymbol{a}$(如图 6.1.7);

(2) 结合律:$(\boldsymbol{a} + \boldsymbol{b}) + \boldsymbol{c} = \boldsymbol{a} + (\boldsymbol{b} + \boldsymbol{c})$(如图 6.1.8).

图 6.1.7   图 6.1.8

两个向量相加的三角形法则可以推广到 n 个向量相加,设有 n 个向量 $a_1,a_2,\cdots,a_n$ 相加,可以将 a_1 的终点与 a_2 的起点相接,a_2 的终点与 a_3 的起点相接,……,a_{n-1} 的终点与 a_n 的起点相接,最后从 a_1 的起点到 a_n 的终点的有向线段就是这 n 个向量的和 $a_1 + a_2 + \cdots + a_n$.

6. 向量的减法

定义 6.3 设 a 为一向量,与 a 的模相同而方向相反的向量称为 a 的负向量,记作 $-a$,由此,我们规定两个向量 b 与 a 的差 $b - a = b + (-a)$,即把向量 $-a$ 加到向量 b 上,便得 b 与 a 的差 $b - a$(图 6.1.9).

特别的,当 $b = a$ 时,有

$$a - a = a + (-a) = \mathbf{0}$$

(a)   (b)

图 6.1.9

7. 向量与数的乘法

定义 6.4 设实数 $\lambda \neq 0$ 及向量 $a \neq \mathbf{0}$,规定 λ 与 a 的数量乘法 λa 是一个向量,它的模规定为 $|\lambda a| = |\lambda||a|$,其方向规定为:当 $\lambda > 0$ 时,λa 的方向与 a 的方向相同;当 $\lambda < 0$ 时,λa 的方向与 a 的方向相反;当 $\lambda = 0$ 或 $a = \mathbf{0}$ 时,$\lambda a = \mathbf{0}$,此时其方向是任意的.

设 $a = \overrightarrow{OA}, \lambda a = \overrightarrow{OB}$,数量乘法的几何意义见图 6.1.10.

```
O   A      B          A       O       B
    λ>0                    λ<0
    (a)                     (b)
```

图 6.1.10

数量乘法有如下运算规律:

(1) 结合律:$\lambda(\mu a) = \mu(\lambda a) = (\lambda \mu)a$,其中 λ 与 μ 是数量;

(2) 对于数量加法的分配律:$(\lambda + \mu)a = \lambda a + \mu a$;

(3) 对于向量加法的分配律:$\lambda(a + b) = \lambda a + \lambda b$.

向量的加法和数量乘法统称为向量的线性运算.

例 6.1.3 化简 $(3a+b)+(2a-b)-(4a-3b)$.

解 $(3a+b)+(2a-b)-(4a-3b)=$
$3a+b+2a-b-4a+3b=$
$(3+2-4)a+(1-1+3)b=$
$a+3b$

设 a^0 表示与非零向量 a 同方向的单位向量,我们规定:

$$\frac{a}{|a|}=a^0$$

这表示一个非零向量除以它的模的结果是一个与原向量同方向的单位向量.

定理 6.1 设向量 $a\neq\mathbf{0}$,那么,向量 b 平行于 a 的充分必要条件是:存在唯一的实数 λ,使 $b=\lambda a$.

证 充分性 设 $b=\lambda a$,当 $\lambda\neq 0$ 时,由数量乘法的定义知 b 平行于 a;当 $\lambda=0$ 时,必然有 $b=\mathbf{0}$,由于零向量的方向可以看做是任意的,因此我们可以认为零向量与任何向量都平行.

必要性 设 b 与 a 平行,此时 b 与 a 的方向要么相同,要么相反,取 $\lambda=\frac{|b|}{|a|}$,且当 b 与 a 同向时 λ 取正值,反向时 λ 取负值,此时,b 与 λa 同向并且有

$$|\lambda a|=|\lambda||a|=\frac{|b|}{|a|}|a|=|b|$$

因此两个向量 b 与 λa 方向相同,大小相等,根据向量相等的定义知 $b=\lambda a$.

下证 λ 的唯一性,若存在实数 μ,使得 $b=\mu a$,则 $(\lambda-\mu)a=\mathbf{0}$,即 $|\lambda-\mu||a|=0$,因 $|a|\neq 0$,必有 $\lambda=\mu$. 即 λ 唯一.

8. 向量的投影

将非零向量 a,b 的起点放在一起,它们之间的夹角 φ 记为 $\langle a,b\rangle$,规定 $0\leq\varphi\leq\pi$(图 6.1.11(a)). 由于零向量的方向是任意的,规定零向量与任何向量的夹角 φ 可取 $[0,\pi]$ 中的任何值. 给定数轴 u 及非零向量 a,在 u 上取与数轴 u 同向的非零向量 b,规定 a 与数轴 u 的夹角为 a 与 b 的夹角,记为 $\langle a,u\rangle$(图 6.1.11(b)).

若非零向量 a 与 b 的夹角 $\langle a,b\rangle=\frac{\pi}{2}$,则称 a 与 b 垂直,规定零向量与任何向量垂直.

(a) (b)

图 6.1.11

给定向量 $a=\overrightarrow{AB}$ 及数轴 u,过点 A 与 B 向数轴 u 作垂线,设垂足分别为 A',B',这两个点在数轴 u 上的坐标分别为 u_A 与 u_B,分别称 A',B' 为点 A,B 在数轴 u 上的投影点;称向量

$\overrightarrow{A'B'}$ 为 $\overrightarrow{AB}$ 在数轴 u 上的投影向量;记 $\text{Prj}_u \boldsymbol{a} = u_B - u_A$,称为向量 $\overrightarrow{AB}$ 在数轴 u 上的投影(图 6.1.12).

如果平移向量 $\overrightarrow{AB}$,则它在数轴 u 上的投影不变(图 6.1.13),这就是说,向量在数轴 u 上的投影具有平移不变性,从而相同向量的投影值是唯一的.

图 6.1.12　　　　　　图 6.1.13

设非零向量 $\boldsymbol{b}$,作与 $\boldsymbol{b}$ 同方向的数轴 u,称向量 $\boldsymbol{a}$ 在数轴 u 上的投影为向量 $\boldsymbol{a}$ 在向量 $\boldsymbol{b}$ 上的投影.

显然有下列性质:

(1) 对于任意非零向量 $\boldsymbol{a}$,有 $\text{Prj}_u \boldsymbol{a} = |\boldsymbol{a}|\cos\varphi$,其中 φ 是向量 $\boldsymbol{a}$ 与数轴 u 的夹角;

(2) 投影的线性性质:

① $\text{Prj}_u (\boldsymbol{a} + \boldsymbol{b}) = \text{Prj}_u \boldsymbol{a} + \text{Prj}_u \boldsymbol{b}$,

　$\text{Prj}_u (\boldsymbol{a} - \boldsymbol{b}) = \text{Prj}_u \boldsymbol{a} - \text{Prj}_u \boldsymbol{b}$;

② 设 λ 是数量,则 $\text{Prj}_u (\lambda \boldsymbol{a}) = \lambda \text{Prj}_u \boldsymbol{a}$.

例如,设 $\boldsymbol{e}$ 是与数轴 u 同方向的单位向量,$\overrightarrow{AB}$ 在数轴 u 上的投影向量为 $\overrightarrow{A'B'}$,$\lambda = \text{Prj}_u \overrightarrow{AB}$,则 $\overrightarrow{A'B'} = \lambda \boldsymbol{e}$.

9. 向量的坐标

(1) 向量的分量及向量的坐标

在空间直角坐标系中与 x 轴、y 轴、z 轴三个坐标轴同方向的单位向量分别记为 $\boldsymbol{i}, \boldsymbol{j}, \boldsymbol{k}$,称为基本单位向量.

给定空间中的点 $M(x, y, z)$,向量 $\overrightarrow{OM}$ 称为向径,显然,$\overrightarrow{OM}$ 在三个坐标轴上的投影分别为

$$\text{Prj}_x \overrightarrow{OM} = x, \quad \text{Prj}_y \overrightarrow{OM} = y, \quad \text{Prj}_z \overrightarrow{OM} = z$$

如图 6.1.14 所示,点 M 在 x 轴、y 轴、z 轴上的投影点分别为点 A、点 B、点 C,则向量

$$\overrightarrow{OA} = x\boldsymbol{i}, \quad \overrightarrow{OB} = y\boldsymbol{j}, \quad \overrightarrow{OC} = z\boldsymbol{k}$$

称为 $\overrightarrow{OM}$ 在三个坐标轴上的分向量,设点 P 是 M 在 xOy 平面上的投影点,则 $\overrightarrow{OB} = \overrightarrow{AP}, \overrightarrow{OC} = \overrightarrow{PM}$,由向量的加法法则有

$$\overrightarrow{OM} = \overrightarrow{OA} + \overrightarrow{AP} + \overrightarrow{PM}$$

图 6.1.14

从而有

$$\overrightarrow{OM} = \overrightarrow{OA} + \overrightarrow{OB} + \overrightarrow{OC}$$

即
$$\overrightarrow{OM} = x\boldsymbol{i} + y\boldsymbol{j} + z\boldsymbol{k} \tag{6.1.3}$$

称式(6.1.3)为向量$\overrightarrow{OM}$的分解式.

对于空间中的两点$M_1(x_1,y_1,z_1)$,$M_2(x_2,y_2,z_2)$,则向量$\overrightarrow{M_1M_2}$在x轴、y轴、z轴三个坐标轴上的投影分别为$x_2 - x_1$,$y_2 - y_1$,$z_2 - z_1$,可将$\overrightarrow{M_1M_2}$平移为向径$\overrightarrow{OM}$,于是$\overrightarrow{OM} = x\boldsymbol{i} + y\boldsymbol{j} + z\boldsymbol{k}$,其中$x,y,z$为$\overrightarrow{OM}$在$x$轴、$y$轴、$z$轴三个坐标轴上的投影. 可知

$$\overrightarrow{M_1M_2} = x\boldsymbol{i} + y\boldsymbol{j} + z\boldsymbol{k} = (x_2 - x_1)\boldsymbol{i} + (y_2 - y_1)\boldsymbol{j} + (z_2 - z_1)\boldsymbol{k} \tag{*}$$

式(*)说明任何向量都可以用$\boldsymbol{i},\boldsymbol{j},\boldsymbol{k}$的线性运算表示出来,这种表示法是唯一的.

如果$\boldsymbol{a} = a_x\boldsymbol{i} + a_y\boldsymbol{j} + a_z\boldsymbol{k}$,也可写为$\{a_x,a_y,a_z\} = a_x\boldsymbol{i} + a_y\boldsymbol{j} + a_z\boldsymbol{k}$.

(2) 向量的模、方向角、方向余弦

设有点$A(x_1,y_1,z_1)$和点$B(x_2,y_2,z_2)$,则点A与点B间的距离$|AB|$就是$\overrightarrow{AB}$的模,即

$$|\overrightarrow{AB}| = |AB| = \sqrt{(x_2 - x_1)^2 + (y_2 - y_1)^2 + (z_2 - z_1)^2}$$

非零向量$\boldsymbol{r} = \overrightarrow{OM}$与三个坐标轴的夹角$\alpha,\beta,\gamma$称为向量$\boldsymbol{r}$的方向角;$\cos\alpha,\cos\beta,\cos\gamma$称为$\boldsymbol{r}$的方向余弦. 由投影定理$\mathrm{Prj}_x\boldsymbol{r} = |\boldsymbol{r}|\cos\alpha$,$\mathrm{Prj}_y\boldsymbol{r} = |\boldsymbol{r}|\cos\beta$,$\mathrm{Prj}_z\boldsymbol{r} = |\boldsymbol{r}|\cos\gamma$,再根据向量坐标的定义得

$$\mathrm{Prj}_x\boldsymbol{r} = x, \quad \mathrm{Prj}_y\boldsymbol{r} = y, \quad \mathrm{Prj}_z\boldsymbol{r} = z$$

于是,可得

$$\cos\alpha = \frac{x}{|\boldsymbol{r}|}, \quad \cos\beta = \frac{y}{|\boldsymbol{r}|}, \quad \cos\gamma = \frac{z}{|\boldsymbol{r}|}$$

即

$$\cos\alpha = \frac{x}{\sqrt{x^2 + y^2 + z^2}}, \cos\beta = \frac{y}{\sqrt{x^2 + y^2 + z^2}}, \cos\gamma = \frac{z}{\sqrt{x^2 + y^2 + z^2}} \tag{6.1.4}$$

显然有$\cos^2\alpha + \cos^2\beta + \cos^2\gamma = 1$.

将非零向量$\boldsymbol{r}$单位化得到

$$\boldsymbol{r}^0 = \frac{1}{|\boldsymbol{r}|}\boldsymbol{r} = \frac{1}{\sqrt{x^2 + y^2 + z^2}}\{x,y,z\} =$$

$$\left\{\frac{x}{\sqrt{x^2 + y^2 + z^2}}, \frac{y}{\sqrt{x^2 + y^2 + z^2}}, \frac{z}{\sqrt{x^2 + y^2 + z^2}}\right\} \tag{6.1.5}$$

由式(6.1.5)及坐标表示的唯一性可得$\boldsymbol{r}^0 = \{\cos\alpha,\cos\beta,\cos\gamma\}$,可见$\boldsymbol{r}^0$的三个坐标就是$\boldsymbol{r}$的方向余弦.

例 6.1.4 已知两点$A(4,\sqrt{2},1)$,$B(3,0,2)$,计算向量$\overrightarrow{AB}$的模、方向余弦及方向角,并将$\overrightarrow{AB}$单位化.

解 $\overrightarrow{AB} = \{3 - 4, 0 - \sqrt{2}, 2 - 1\} = \{-1, -\sqrt{2}, 1\}$

$$|\overrightarrow{AB}| = \sqrt{(-1)^2 + (-\sqrt{2})^2 + 1^2} = 2$$

$$\cos\alpha = -\frac{1}{2}, \quad \cos\beta = -\frac{\sqrt{2}}{2}, \quad \cos\gamma = \frac{1}{2}$$

$$\alpha = \frac{2\pi}{3}, \quad \beta = \frac{3\pi}{4}, \quad \gamma = \frac{\pi}{3}$$

$$\overrightarrow{AB}^0 = \{\cos\alpha, \cos\beta, \cos\gamma\} = \left\{-\frac{1}{2}, -\frac{\sqrt{2}}{2}, \frac{1}{2}\right\}$$

6.1.2 数量积与向量积

1. 两个向量的数量积

若已知力 F 与 x 轴的夹角为 α，在力 F 的作用下，一质点 M 沿 x 轴由点 A 移动到点 B(图 6.1.15)，则力 F 所做的功可表示为

$$W = |\vec{F}||\overrightarrow{AB}|\cos\alpha \qquad (6.1.6)$$

类似上述问题在现实生活中还有许多，为此我们引入数量积的概念.

(1) 数量积的概念与性质

定义 6.5 设向量 a 与 b 之间夹角为 $\theta(0 \leq \theta \leq \pi)$，则称 $|a||b|\cos\theta$ 为向量 a 与 b 的数量积(点积)，并用记号 $a \cdot b$ 表示，即

图 6.1.15

$$a \cdot b = |a||b|\cos\theta$$

根据这个定义，引例中力所做的功 W 为力 F 与位移 s 的数量积，即

$$W = F \cdot s$$

显然，当 $a \neq 0$ 时，$a \cdot b = |a|\mathrm{Prj}_a b$；当 $b \neq 0$ 时，$a \cdot b = |b|\mathrm{Prj}_b a$.

由数量积的定义可以推得：

① $a \cdot a = |a|^2$；

② 设 a, b 是两个非零向量，则 $a \perp b$ 的充分必要条件是 $a \cdot b = 0$.

(2) 数量积的运算律

① 交换律：$a \cdot b = b \cdot a$；

② 结合律：$\lambda(a \cdot b) = (\lambda a) \cdot b = a \cdot (\lambda b)$，其中 λ 是数量；

③ 分配律：$(a + b) \cdot c = a \cdot c + b \cdot c$.

证 根据定义，有

① $a \cdot b = |a||b|\cos\langle a, b\rangle$，$b \cdot a = |b||a|\cos\langle b, a\rangle$，

而 $|a||b| = |b||a|$，且 $\cos\langle a, b\rangle = \cos\langle b, a\rangle$，所以 $a \cdot b = b \cdot a$；

② 当 $b = 0$ 时，上式显然成立；当 $b \neq 0$ 时，由投影定理可得

$$(\lambda a) \cdot b = |b|\mathrm{Prj}_b(\lambda a) = |b|\lambda \mathrm{Prj}_b a = \lambda |b|\mathrm{Prj}_b a = \lambda(a \cdot b)$$

利用交换律，容易推得

$$a \cdot (\lambda b) = (\lambda b) \cdot a = \lambda(b \cdot a) = \lambda(a \cdot b)$$

进而更有 $(\lambda a) \cdot (\mu b) = \lambda\mu(a \cdot b)$.

③ 当 $c = 0$ 时，上式显然成立；

当 $c \neq 0$ 时，有

$$(a+b) \cdot c = |c| \text{Prj}_c(a+b)$$

由投影定理,可知
$$\text{Prj}_c(a+b) = \text{Prj}_c a + \text{Prj}_c b$$

所以
$$(a+b) \cdot c = |c|(\text{Prj}_c a + \text{Prj}_c b) =$$
$$|c|\text{Prj}_c a + |c|\text{Prj}_c b =$$
$$a \cdot c + b \cdot c$$

(3) 数量积的坐标表示

设向量 $a = a_1 i + a_2 j + a_3 k, b = b_1 i + b_2 j + b_3 k$,则
$$a \cdot b = (a_1 i + a_2 j + a_3 k) \cdot (b_1 i + b_2 j + b_3 k) =$$
$$(a_1 b_1) i \cdot i + (a_2 b_1) j \cdot i + (a_3 b_1) k \cdot i + (a_1 b_2) i \cdot j + (a_2 b_2) j \cdot j +$$
$$(a_3 b_2) k \cdot j + (a_1 b_3) i \cdot k + (a_2 b_3) j \cdot k + (a_3 b_3) k \cdot k$$

由于 $j \cdot i = k \cdot j = i \cdot k = 0, i \cdot i = j \cdot j = k \cdot k = 1$,因而得
$$a \cdot b = a_1 b_1 + a_2 b_2 + a_3 b_3$$

向量 a 与 b 相互垂直的充分必要条件是 $a_1 b_1 + a_2 b_2 + a_3 b_3 = 0$.

通过数量积的坐标表示,可以给出两个向量夹角余弦的坐标表示. 设两个非零向量 $a = \{a_1, a_2, a_3\}$ 和 $b = \{b_1, b_2, b_3\}$,它们之间的夹角为 φ,则有
$$\cos \varphi = \frac{a \cdot b}{|a||b|} = \frac{a_1 b_1 + a_2 b_2 + a_3 b_3}{\sqrt{a_1^2 + a_2^2 + a_3^3}\sqrt{b_1^2 + b_2^2 + b_3^2}}$$

例 6.1.5 已知向量 $a = \{3, -2, -5\}, b = \{5, 2, 3\}$,求:(1) $a \cdot b$;(2) 向量 a 与 b 的夹角 φ.

解 (1) $a \cdot b = 3 \times 5 + (-2) \times 2 + (-5) \times 3 = -4$;

(2) $\cos \varphi = \dfrac{a \cdot b}{|a||b|} = \dfrac{-4}{\sqrt{3^2 + (-2)^2 + (-5)^2}\sqrt{5^2 + 2^2 + 3^2}} = -\dfrac{2}{19}$,

故向量 a 与 b 的夹角 $\varphi = \arccos(-\dfrac{2}{19})$.

2. 向量积

设点 O 为一杠杆的支点,力 F 作用于杠杆上点 P 处(图 6.1.16),则力 F 对支点 O 的力矩的大小可表示为
$$|M| = |F||d| = |F||\overrightarrow{OP}|\sin \theta$$

其中 d 为支点 O 到力 F 的作用线的距离;θ 为向量 F 与 $\overrightarrow{OP}$ 的夹角.

图 6.1.16

其方向规定为:伸出右手,让四指与大拇指垂直,并使四指指向 $\overrightarrow{OP}$ 方向,这时拇指的方向就是力矩 M 的方向.

在工程技术领域中类似上述的问题还有许多,因此抽象出下列概念.

(1) 向量积的定义

两个向量 a 和 b 的向量积是一个向量,记作 $a \times b$,并由下述规则确定:

① $|a \times b| = |a||b|\sin\langle a, b\rangle$；

② $a \times b$ 的方向规定为(图6.1.17)：$a \times b$ 垂直于 a 与 b 所决定的平面,其指向按右手规则从 a 转向 b 确定．

因此，引例中力矩可表为

$$M = \overrightarrow{OP} \times F$$

向量积的模的几何意义如下：

设 $a = \overrightarrow{OA}, b = \overrightarrow{OB}$，则模 $|a \times b|$ 表示以 a 和 b 为边的平行四边形 $OBCA$ 的面积(图6.1.18)．

(2) 向量积的运算律

① $a \times b = -(b \times a)$；

② $\lambda(a \times b) = (\lambda a) \times b = a \times (\lambda b)$，其中 λ 是数量；

③ $c \times (a + b) = c \times a + c \times b$，
$(a + b) \times c = a \times c + b \times c$．

定理 6.2 两个向量 a 与 b 相互平行的充分必要条件是
$$a \times b = 0$$

证 必要性 设 a 与 b 相互平行，如果 $a = 0$ 或 $b = 0$，则 $|a| = 0$ 或 $|b| = 0$，由向量积的定义可得 $|a \times b| = 0$，从而 $a \times b = 0$，结论成立；如果 a 与 b 都是非零向量，平行时它们的夹角 $\varphi = 0$ 或 π，有
$$|a \times b| = |a||b|\sin\varphi = 0$$

图 6.1.17

图 6.1.18

从而 $a \times b = 0$，结论成立．

充分性 设 $a \times b = 0$，则 $|a \times b| = |a||b|\sin\varphi = 0$．

如果 a, b 中有一个是零向量，则 a 与 b 平行(零向量与任何向量平行)，如果 a 与 b 都是非零向量，则 $|a|$ 和 $|b|$ 都不为零，只有 $\sin\varphi = 0$，这时 $\varphi = 0$ 或 π，a 与 b 也看做是平行的．

(3) 向量积的坐标表示

设 $a = a_1 i + a_2 j + a_3 k, b = b_1 i + b_2 j + b_3 k$，注意到 $i \times i = j \times j = k \times k = 0$ 及 $i \times j = k$，$j \times k = i, k \times i = j$，有

$$a \times b = (a_1 i + a_2 j + a_3 k) \times (b_1 i + b_2 j + b_3 k) =$$
$$a_1 b_1 i \times i + a_1 b_2 i \times j + a_1 b_3 i \times k +$$
$$a_2 b_1 j \times i + a_2 b_2 j \times j + a_2 b_3 j \times k +$$
$$a_3 b_1 k \times i + a_3 b_2 k \times j + a_3 b_3 k \times k$$

为了便于记忆，可将 $a \times b$ 表示成一个三阶行列式，即

$$a \times b = \begin{vmatrix} i & j & k \\ a_1 & a_2 & a_3 \\ b_1 & b_2 & b_3 \end{vmatrix}$$

例 6.1.6 设 $a = i + 2j - k, b = 2j + 3k$，求 $a \times b$．

解 $a \times b = \begin{vmatrix} i & j & k \\ 1 & 2 & -1 \\ 0 & 2 & 3 \end{vmatrix} =$

$i \times (-1)^{1+1} \begin{vmatrix} 2 & -1 \\ 2 & 3 \end{vmatrix} + j \times (-1)^{1+2} \begin{vmatrix} 1 & -1 \\ 0 & 3 \end{vmatrix} + k \times (-1)^{1+3} \begin{vmatrix} 1 & 2 \\ 0 & 2 \end{vmatrix} =$

$8i - 3j + 2k$

例 6.1.7 求同时垂直于向量 $a = 3i + 6j + 8k$ 及 x 轴的单位向量.

解 因为 $a = 3i + 6j + 8k, i = 1i + 0j + 0k$,所以同时垂直于 a 和 x 轴的单位向量为

$$c^0 = \pm \frac{a \times i}{|a \times i|} = \pm \frac{8j - 6k}{|8j - 6k|} = \pm \frac{1}{10}(8j - 6k) = \pm \left(\frac{4}{5}j - \frac{3}{5}k\right)$$

例 6.1.8 已知向量 $\overrightarrow{OA} = i + 3k, \overrightarrow{OB} = j + 3k$,求 $\triangle OAB$ 的面积.

解 $S = \frac{1}{2}|\overrightarrow{OA} \times \overrightarrow{OB}|$,而

$$\overrightarrow{OA} \times \overrightarrow{OB} = \begin{vmatrix} i & j & k \\ 1 & 0 & 3 \\ 0 & 1 & 3 \end{vmatrix} = -3i - 3j + k$$

所以

$$S = \frac{1}{2}|\overrightarrow{OA} \times \overrightarrow{OB}| = \frac{1}{2}\sqrt{(-3)^2 + (-3)^2 + 1^2} = \frac{1}{2}\sqrt{19}$$

习题 6.1

1. 分别求点 $M(-3,4,5)$ 到原点及三个坐标轴的距离.

2. 在 x 轴上求一点,使它到点 $(-3,2,-2)$ 的距离为 3.

3. 证明以点 $A(4,1,9), B(10,-1,6), C(2,4,3)$ 为顶点的三角形是等腰三角形.

4. 已知向量 $\overrightarrow{AB} = \{4,-4,7\}$,它的终点坐标为 $B(2,-1,7)$,求它的起点 A.

5. 已知点 $M(0,-2,5)$ 和 $N(2,2,0)$,求向量 $\overrightarrow{MN}$ 的模、方向余弦及方向角.

6. 已知 $a = \{2,2,1\}, b = \{1,-1,4\}$,求 $a + b, a - b, 3a + 2b$.

7. 已知向量 a 与三个坐标轴的夹角相等,求它的方向余弦.

8. 求平行于向量 $a = \{6,7,-6\}$ 的单位向量.

9. 证明向量 $2i - j + k$ 与向量 $3i + 2j - 4k$ 垂直.

10. 求向量 $a = \{1,1,4\}$ 和 $b = \{1,1,-1\}$ 的夹角.

11. 已知点 P 的向径 $\overrightarrow{OP}$ 为单位向量,且与 z 轴的夹角为 $\frac{\pi}{6}$,另外两个方向角相等,求点 P 的坐标.

12. 已知向量 $a = \{2,0,-1\}$ 和 $b = \{3,1,4\}$,求 (1) $a \cdot b$; (2) $a \cdot a$; (3) $(3a - 2b) \cdot (a + 5b)$.

13. 已知向量 $a = \{1,5,m\}$ 和 $b = \{2,n,-6\}$ 平行,试求 m,n 的值.

14. 设 $a = \{3,2,-1\}, b = \{1,-1,2\}$,求

(1) $a \times b$;　　　　(2) $2a \times 7b$;　　　　(3) $a \times i$.

15. 设 $a = \{2, -3, 1\}, b = \{1, -1, 3\}, c = \{1, -2, 0\}$，计算下列各式：
(1) $(a \cdot b)c - (a \cdot c)b$;　　　　(2) $(a + b) \times (b + c)$;
(3) $(a \times b) \cdot c$;　　　　(4) $(a \times b) \times c$.

16. 设 $a = \{3, -1, -2\}, b = \{1, 2, -1\}$，求：
(1) $\text{Prj}_a b$;　　　　(2) $\text{Prj}_b a$;　　　　(3) $\cos\langle a, b\rangle$.

17. 已知 $A(1, -1, 2), B(5, -6, 2), C(1, 3, -1)$，求：
(1) 同时与 $\overrightarrow{AB}$ 及 $\overrightarrow{AC}$ 垂直的单位向量；
(2) $\triangle ABC$ 的面积.

6.2　空间平面与直线

从本节开始我们介绍空间解析几何的有关内容. 现在我们以向量为工具介绍空间解析几何中最基本的几何图形——空间平面与直线.

6.2.1　平面的方程

1. 平面方程的三种形式

(1) 平面的点法式方程

如果一非零向量垂直于一平面，这向量就称为该平面的法向量(图 6.2.1). 易知，平面上的任一向量均与该平面的法向量垂直.

设点 $P_0(x_0, y_0, z_0)$ 及平面的法线向量 $n = \{A, B, C\}$，求经过点 P_0 以 n 为法线向量的平面方程.

设点 $P(x, y, z)$ 是平面 π 上一点，则
$$n \cdot \overrightarrow{P_0P} = 0$$
由于 $\overrightarrow{P_0P} = \{x - x_0, y - y_0, z - z_0\}$，则
$$A(x - x_0) + B(y - y_0) + C(z - z_0) = 0 \quad (6.2.1)$$

图 6.2.1

这就是所求平面上任一点 P 的坐标 x, y, z 所满足的方程.

反过来，如果点 $P(x, y, z)$ 不在平面 π 上，那么向量 $\overrightarrow{P_0P}$ 与法向量 n 不垂直，从而 $n \cdot \overrightarrow{P_0P} \neq 0$，即不在平面上的点 P 的坐标 x, y, z 不满足方程(6.2.1). 称方程(6.2.1)为平面的点法式方程.

例 6.2.1　求下列平面的方程
(1) 已知平面经过点 $A(0, 1, -1)$，法线向量 $n = \{4, -2, -2\}$;
(2) 已知平面经过点 $B(1, 1, 1)$，法线向量为 $n = \{-2, 1, 1\}$.

解　(1) 由点法式方程(6.2.1)有
$$4 \cdot (x - 0) + (-2) \cdot (y - 1) + (-2) \cdot (z + 1) = 0$$
化简得
$$2x - y - z = 0$$

(2) 由点法式方程(6.2.1)有
$$(-2)\cdot(x-1)+1\cdot(y-1)+1\cdot(z-1)=0$$
化简得
$$2x-y-z=0$$

从这个例题可以看到,所求平面的法线向量不同,经过的点也不同,但所得到平面仍然是同一平面,这从几何意义上是容易理解的,法线向量的作用是表示平面的朝向,因此同一平面的法线向量不是唯一的,任何与给定的法线向量 $\boldsymbol{n}$ 平行的非零向量都可以作为法线向量,本例题中的两个法线向量就是相互平行的.

(2) 平面的一般方程

将平面的点法式方程(6.2.1)展开得
$$Ax+By+Cz+(-Ax_0-By_0-Cz_0)=0$$
令 $-Ax_0-By_0-Cz_0=D$,则方程(6.2.1)可变为
$$Ax+By+Cz+D=0 \tag{6.2.2}$$
称方程(6.2.2)为平面的一般方程,它是三元一次方程.

反之,任给三元一次方程(6.2.2),其中 A,B,C 不全为零,则它必是某个平面的方程.

事实上,取方程(6.2.2)的一个解 x_0,y_0,z_0,则它满足 $Ax_0+By_0+Cz_0+D=0$,将这个式子与式(6.2.2)相减,可得
$$A(x-x_0)+B(y-y_0)+C(z-z_0)=0$$
它恰是方程(6.2.1)所表示的经过点 $P_0(x_0,y_0,z_0)$,法线向量为 $\boldsymbol{n}=\{A,B,C\}$ 的平面方程,其中由于 A,B,C 不全为零,则 $\boldsymbol{n}=\{A,B,C\}\neq\boldsymbol{0}$.

一些特殊的三元一次方程表示平面如下:

① 当 $D=0$ 时,方程(6.2.2)成为 $Ax+By+Cz=0$,它表示一个通过原点的平面;

② 当 $A=0$ 时,方程(6.2.2)成为 $By+Cz+D=0$,法线向量 $\boldsymbol{n}=\{0,B,C\}$ 垂直于 x 轴,方程表示一个平行于 x 轴的平面;同样,方程 $Ax+Cz+D=0$ 和 $Ax+By+D=0$ 分别表示一个平行于 y 轴和 z 轴的平面;

③ 当 $A=B=0$ 时,方程(6.2.2)成为 $Cz+D=0$ 或 $z=-\dfrac{D}{C}$,法线向量 $\boldsymbol{n}=\{0,0,C\}$ 同时垂直于 x 轴和 y 轴,方程表示一个平行于 xOy 面的平面;同样,方程 $Ax+D=0$ 和 $By+D=0$ 分别表示一个平行于 yOz 和 xOz 面的平面.

例 6.2.2 已知平面 π 经过三个点 $P_1(1,1,1),P_2(-2,1,2),P_3(-3,3,1)$,求 π 的方程.

解法 1 用点法式方程:空间中不共线的三个点可确定一个平面,向量 $\overrightarrow{P_1P_2},\overrightarrow{P_1P_3}$ 都在 π 上,因此,取法线向量 $\boldsymbol{n}=\overrightarrow{P_1P_2}\times\overrightarrow{P_1P_3}$(图 6.2.2),由 $\overrightarrow{P_1P_2}=\{-3,0,1\}$,$\overrightarrow{P_1P_3}=\{-4,2,0\}$ 可得

图 6.2.2

$$\boldsymbol{n} = \overrightarrow{P_1P_2} \times \overrightarrow{P_1P_3} = \begin{vmatrix} \boldsymbol{i} & \boldsymbol{j} & \boldsymbol{k} \\ -3 & 0 & 1 \\ -4 & 2 & 0 \end{vmatrix} = \{-2, -4, -6\}$$

取 P_1 为 π 经过的点,则由点法式方程得
$$-2(x-1) - 4(y-1) - 6(z-1) = 0$$
化简得
$$x + 2y + 3z - 6 = 0$$

解法2 用待定系数法:设 π 的一般方程为 $Ax + By + Cz + D = 0$,只需确定系数 A, B, C, D. 将 P_1, P_2, P_3 的坐标代入一般方程,可得到方程组
$$\begin{cases} A + B + C + D = 0 \\ -2A + B + 2C + D = 0 \\ -3A + 3B + C + D = 0 \end{cases}$$
得
$$\begin{cases} B = 2A \\ C = 3A \\ D = -6A \end{cases}$$

由于 A, B, C 不能同时为零,因此取 $A = 1$,得
$$C = 3, B = 2, D = -6$$
所以所求方程为
$$x + 2y + 3z - 6 = 0$$

在解法2中,求待定系数需要解三个方程四个未知数的方程组,一般来讲它的解是不唯一的,我们只需求出一个解即可. 在求解中应注意 A, B, C 不能同时为零.

例 6.2.3 求通过 x 轴和定点 $(4, -3, -1)$ 的平面方程.

解 由于平面过 x 轴,则它的方程为
$$By + Cz = 0$$
又因平面过点 $(4, -3, -1)$,故将此点的坐标代入到方程中,得到
$$-3B - C = 0$$
即
$$C = -3B$$
取 $B = 1$,则 $C = -3$,所求平面方程为
$$y - 3z = 0$$

(3) 平面的截距式方程

由平面 π 的一般式 $Ax + By + Cz + D = 0$ 知,如果 π 不过原点,并且不与任何坐标轴平行,则 A, B, C, D 都不为零,且 π 必与三个坐标轴各有一个交点,π 的方程可化为
$$\frac{A}{-D}x + \frac{B}{-D}y + \frac{C}{-D}z = 1$$
令 $a = \dfrac{-D}{A}, b = \dfrac{-D}{B}, c = \dfrac{-D}{C}$,则 π 的方程可化为

$$\frac{x}{a}+\frac{y}{b}+\frac{z}{c}=1 \quad (6.2.3)$$

称方程(6.2.3)为平面 π 的截距式方程,显然点 $(a,0,0)$,$(0,b,0)$,$(0,0,c)$ 都在平面 π 上,称 a,b,c 是平面 π 分别在 x 轴、y 轴、z 轴上的截距(图 6.2.3).

2. 两个平面的夹角

两个平面的法线向量的夹角(通常指锐角)称为两平面的夹角.

设平面 π_1 和 π_2 的法线向量依次为 $\boldsymbol{n}_1=\{A_1,B_1,C_1\}$ 和 $\boldsymbol{n}_2=\{A_2,B_2,C_2\}$,那么平面 π_1 和 π_2 的夹角 θ(图 6.2.4),应是 $\langle \boldsymbol{n}_1,\boldsymbol{n}_2\rangle$ 和 $\langle -\boldsymbol{n}_1,\boldsymbol{n}_2\rangle = \pi - \langle \boldsymbol{n}_1,\boldsymbol{n}_2\rangle$ 两者中的锐角,因此,$\cos\theta = |\cos\langle \boldsymbol{n}_1,\boldsymbol{n}_2\rangle|$,平面 π_1 和 π_2 的夹角 θ 可由

$$\cos\theta = \frac{|A_1A_2+B_1B_2+C_1C_2|}{\sqrt{A_1^2+B_1^2+C_1^2}\sqrt{A_2^2+B_2^2+C_2^2}} \quad (6.2.4)$$

来确定.

图 6.2.3　　　　　　　　图 6.2.4

由于两个平面垂直就是它们的法线向量垂直,两个平面平行就是它们的法线向量平行,于是容易得到下列结论:

(1)π_1 与 π_2 垂直的充分必要条件为 $A_1A_2+B_1B_2+C_1C_2=0$;

(2)π_1 与 π_2 平行的充分必要条件为 $\dfrac{A_1}{A_2}=\dfrac{B_1}{B_2}=\dfrac{C_1}{C_2}$.

例 6.2.4　求平面 $x+y+z+1=0$ 和平面 $x-2y-z+3=0$ 的夹角.

解　由公式(6.2.4)得

$$\cos\theta = \frac{|1\times 1+1\times(-2)+1\times(-1)|}{\sqrt{1^2+1^2+1^2}\sqrt{1^2+(-2)^2+(-1)^2}}=\frac{\sqrt{2}}{3}$$

则 $\theta = \arccos\dfrac{\sqrt{2}}{3}$.

例 6.2.5　已知平面 π 经过点 $(1,1,-1)$ 并且与给定的平面 $3x-2y+z-2=0$ 平行,求平面 π 的方程.

解　由于平面 π 与已知平面平行,所以平面 π 的法线向量可取 $\boldsymbol{n}=\{3,-2,1\}$,于是,平面 π 的方程为

$$3(x-1)-2(y-1)+(z+1)=0$$

即

$$3x-2y+z=0$$

3. 点到平面的距离

给定平面 $\pi: Ax + By + Cz + D = 0$ 及点 $P_0(x_0, y_0, z_0)$,求点 P_0 到平面的距离 d.

解 π 的法线向量 $\boldsymbol{n} = \{A, B, C\}$,过 P_0 向 π 作垂线,垂足为 $M(x_1, y_1, z_1)$(图 6.2.5),此时,法线向量 $\boldsymbol{n}$ 必与向量 $\overrightarrow{MP_0} = \{x_0 - x_1, y_0 - y_1, z_0 - z_1\}$ 平行,则它们的夹角 $\theta = 0$ 或 π,于是

$$\boldsymbol{n} \cdot \overrightarrow{MP_0} = |\boldsymbol{n}| \cdot |\overrightarrow{MP_0}| \cos\theta = \pm |\boldsymbol{n}| \cdot |\overrightarrow{MP_0}|$$

从而

$$d = |\overrightarrow{MP_0}| = \left| \pm \frac{\boldsymbol{n} \cdot \overrightarrow{MP_0}}{|\boldsymbol{n}|} \right| = \frac{|\boldsymbol{n} \cdot \overrightarrow{MP_0}|}{|\boldsymbol{n}|} \tag{6.2.5}$$

由于

$$\boldsymbol{n} \cdot \overrightarrow{MP_0} = A(x_0 - x_1) + B(y_0 - y_1) + C(z_0 - z_1) = Ax_0 + By_0 + Cz_0 - (Ax_1 + By_1 + Cz_1)$$

而 M 在 π 上,应有 $-(Ax_1 + By_1 + Cz_1) = D$,于是

$$\boldsymbol{n} \cdot \overrightarrow{MP_0} = Ax_0 + By_0 + Cz_0 + D$$

又由 $|\boldsymbol{n}| = \sqrt{A^2 + B^2 + C^2}$,代入式(6.2.5)得

$$d = \frac{|Ax_0 + By_0 + Cz_0 + D|}{\sqrt{A^2 + B^2 + C^2}} \tag{6.2.6}$$

式(6.2.6)就是点到平面的距离公式.

例 6.2.6 求 $P(1, 2, 3)$ 到平面 $2x - 2y + z - 3 = 0$ 的距离 d.

解 由公式(6.2.6),得

$$d = \frac{|2 \cdot 1 - 2 \cdot 2 + 3 - 3|}{\sqrt{2^2 + (-2)^2 + 1^2}} = \frac{2}{3}$$

6.2.2 直线方程

1. 直线方程的三种形式

(1) 直线的对称式方程

如果一个非零向量平行于一条已知直线,这个向量就称为这条直线的方向向量,显然,直线上的任一向量都平行于该直线的方向向量.

设点 $P = (x, y, z)$ 是直线 L 上的任一点,那么向量 $\overrightarrow{P_0P}$ 与 L 的方向向量 $\boldsymbol{T}$ 平行(图 6.2.6),所以两向量的对应坐标成比例.

由于 $\overrightarrow{P_0P} = \{x - x_0, y - y_0, z - z_0\}$,设 $\boldsymbol{T} = \{m, n, p\}$,从而有

$$\frac{x - x_0}{m} = \frac{y - y_0}{n} = \frac{z - z_0}{p} \tag{6.2.7}$$

图 6.2.6

反过来,如果点 P 不在直线上,那么由于 $\overrightarrow{P_0P}$ 与 $\boldsymbol{T}$ 不平行,这两个向量的对应坐标就

不成比例,因此方程(6.2.7)就是直线 L 的方程,称为直线的对称式或点向式方程.

直线的任一方向向量 T 的坐标 m,n,p 称为这直线的一组方向数,而向量 T 及其所经过的点 P_0 不是唯一的,从而同一直线的对称式方程(6.2.7)也不是唯一的,任何平行于 L 的非零向量都可以作为 L 的方向向量.

(2) 直线的参数式方程

若令直线 L 的对称式方程(6.2.7)为

$$\frac{x-x_0}{m}=\frac{y-y_0}{n}=\frac{z-z_0}{p}=t$$

则分别有

$$\begin{cases} x = x_0 + mt \\ y = y_0 + nt \\ z = z_0 + pt \end{cases} \quad (-\infty < t < +\infty) \tag{6.2.8}$$

因此方程组(6.2.8)称为直线的参数式方程.

例 6.2.7 求经过点 $(-1,0,2)$,方向向量为 $\{-1,-3,1\}$ 的直线 L 的对称式方程和参数式方程.

解 对称式方程:$\dfrac{x+1}{-1}=\dfrac{y}{-3}=\dfrac{z-2}{1}$;

参数式方程:$\begin{cases} x = -1 + (-1)t \\ y = 0 + (-3)t \\ z = 2 + 1t \end{cases}$

即

$$\begin{cases} x = -1 - t \\ y = -3t \\ z = 2 + t \end{cases}$$

(3) 直线的一般式方程

给定空间中两个平面

$$\pi_1 : A_1 x + B_1 y + C_1 z + D_1 = 0; \quad \pi_2 : A_2 x + B_2 y + C_2 z + D_2 = 0$$

如果它们不相互平行,则它们的交线就是空间中的一条直线 L,于是直线 L 的方程可表示为

$$\begin{cases} A_1 x + B_1 y + C_1 z + D_1 = 0 \\ A_2 x + B_2 y + C_2 z + D_2 = 0 \end{cases} \tag{6.2.9}$$

称方程组(6.2.9)为直线 L 的一般式方程.

根据直线 L 的一般方程的几何意义可知,同一条直线 L 可以由很多平面相交而成,因此直线 L 的一般式方程也不是唯一的.

当 m,n,p 中有一个为零时,例如 $m=0$,而 $n,p \neq 0$ 时,对称式方程(6.2.7)应理解为

$$\begin{cases} x - x_0 = 0 \\ \dfrac{y-y_0}{n} = \dfrac{z-z_0}{p} \end{cases}$$

当 m,n,p 中有两个为零时,例如 $m = n = 0$,而 $p \neq 0$ 时,对称式方程(6.2.7)应理解为
$$\begin{cases} x - x_0 = 0 \\ y - y_0 = 0 \end{cases}$$

例 6.2.8 已知直线 L 经过点 $P_1(2,2,4)$,$P_2(3,2,5)$,求直线 L 的对称式方程和一般式方程.

解 L 经过点 P_1,方向向量可取为 $\overrightarrow{P_1P_2} = \{1,0,1\}$,故其对称式方程为
$$\frac{x-2}{1} = \frac{y-2}{0} = \frac{z-4}{1}$$
一般式方程为
$$\begin{cases} x - z + 2 = 0 \\ y = 2 \end{cases}$$

例 6.2.9 求直线
$$\begin{cases} x + 2y + 3z - 6 = 0 \\ 2x + 3y - 4z - 1 = 0 \end{cases} \quad (6.2.10)$$
的参数式和对称式方程.

解 先找到这直线上的一点 (x_0,y_0,z_0),可以取 $z_0 = 0$ 代入方程组(6.2.10),得
$$\begin{cases} x + 2y = 6 \\ 2x + 3y = 1 \end{cases}$$
解这个方程组得 $x_0 = -16$,$y_0 = 11$,于是点 $P(-16,11,0)$ 在直线上.

下面再找出这直线的方向向量 $\boldsymbol{T}$,由于两平面的交线与这两平面的法线向量 $\boldsymbol{n}_1 = \{1,2,3\}$,$\boldsymbol{n}_2 = \{2,3,-4\}$ 都垂直,所以可取
$$\boldsymbol{T} = \boldsymbol{n}_1 \times \boldsymbol{n}_2 = \begin{vmatrix} \boldsymbol{i} & \boldsymbol{j} & \boldsymbol{k} \\ 1 & 2 & 3 \\ 2 & 3 & -4 \end{vmatrix} = \{-17, 10, -1\}$$

对称式方程为
$$\frac{x+16}{-17} = \frac{y-11}{10} = \frac{z}{-1}$$

令 $\dfrac{x+16}{-17} = \dfrac{y-11}{10} = \dfrac{z}{-1} = t$,得所给直线的参数方程为
$$\begin{cases} x = -16 - 17t \\ y = 11 + 10t \\ z = -t \end{cases}$$

(3) 两条直线的夹角

两直线的方向向量的夹角(通常指锐角)称为两直线的夹角(图 6.2.7).设直线 L_1 和 L_2 的方向向量依次为 $\boldsymbol{T}_1 = \{m_1, n_1, p_1\}$ 和 $\boldsymbol{T}_2 = \{m_2, n_2, p_2\}$,那么 L_1 和 L_2 夹角 φ 应是 $\langle \boldsymbol{T}_1, \boldsymbol{T}_2 \rangle$ 和 $\langle -\boldsymbol{T}_1, \boldsymbol{T}_2 \rangle = \pi - \langle \boldsymbol{T}_1, \boldsymbol{T}_2 \rangle$ 两者中的锐角,因此 $\cos \varphi =$

图 6.2.7

$|\cos\langle \boldsymbol{T}_1, \boldsymbol{T}_2\rangle|$. 直线 L_1 和直线 L_2 的夹角 φ 可由

$$\cos\varphi = \frac{|m_1 m_2 + n_1 n_2 + p_1 p_2|}{\sqrt{m_1^2 + n_1^2 + p_1^2}\sqrt{m_2^2 + n_2^2 + p_2^2}} \tag{6.2.11}$$

来确定.

从两向量垂直、平行的充分必要条件立即推得下列结论:

① 两直线 L_1, L_2 互相垂直的充分必要条件是 $m_1 m_2 + n_1 n_2 + p_1 p_2 = 0$;

② 两直线 L_1, L_2 互相平行的充分必要条件是 $\dfrac{m_1}{m_2} = \dfrac{n_1}{n_2} = \dfrac{p_1}{p_2}$.

例 6.2.10 求直线 $L_1: \begin{cases} x + 2y + z - 1 = 0 \\ x - 2y + z + 1 = 0 \end{cases}$ 与 $L_2: \begin{cases} x - y - z - 1 = 0 \\ x - y + 2z + 1 = 0 \end{cases}$ 的夹角 φ.

解 在 L_1 的方程中,平面 $x + 2y + z - 1 = 0$ 的法线向量为 $\boldsymbol{n}_1 = \{1, 2, 1\}$;平面 $x - 2y + z + 1 = 0$ 的法线向量为 $\boldsymbol{n}_2 = \{1, -2, 1\}$,故可取直线 L_1 的方向向量为

$$\boldsymbol{T}_1 = \begin{vmatrix} \boldsymbol{i} & \boldsymbol{j} & \boldsymbol{k} \\ 1 & 2 & 1 \\ 1 & -2 & 1 \end{vmatrix} = \{4, 0, -4\}$$

同理可得直线 L_2 的方向向量为 $\boldsymbol{T}_2 = \{-3, -3, 0\}$,由公式(6.2.11),得

$$\cos\varphi = \frac{|4\cdot(-3) + 0\cdot(-3) + (-4)\cdot 0|}{\sqrt{4^2 + 0^2 + (-4)^2}\sqrt{(-3)^2 + (-3)^2 + 0^2}} = \frac{1}{2}$$

故 $\varphi = \dfrac{\pi}{3}$.

2. 直线与平面的夹角

当直线与平面不垂直时,直线和它在平面上的投影直线的夹角 φ($0 \leq \varphi \leq \dfrac{\pi}{2}$) 称为直线与平面的夹角(图 6.2.8),当直线与平面垂直时,规定直线与平面的夹角为 $\dfrac{\pi}{2}$.

图 6.2.8

设直线的方向向量为 $\boldsymbol{T} = \{m, n, p\}$,平面的法线向量为 $\boldsymbol{n} = \{A, B, C\}$,直线与平面的夹角为 φ,那么 $\varphi = \left|\dfrac{\pi}{2} - \langle \boldsymbol{T}, \boldsymbol{n}\rangle\right|$,因此 $\sin\varphi = |\cos\langle \boldsymbol{T}, \boldsymbol{n}\rangle|$,有

$$\sin\varphi = \frac{|Am + Bn + Cp|}{\sqrt{A^2 + B^2 + C^2}\sqrt{m^2 + n^2 + p^2}} \tag{6.2.12}$$

从两向量垂直、平行的充分必要条件立即推得下列结论:

① 直线 L 与平面 π 垂直的充分必要条件是 $\dfrac{m}{A} = \dfrac{n}{B} = \dfrac{p}{C}$;

② 直线 L 与平面 π 平行的充分必要条件是 $Am + Bn + Cp = 0$.

例 6.2.11 求直线 $L: \dfrac{x-1}{2} = \dfrac{y-2}{-1} = \dfrac{z-3}{1}$ 与平面 $\pi: x + y + 2z - 3 = 0$ 的夹角 φ 及交点.

解 直线 L 的方向向量为 $\boldsymbol{T} = \{2, -1, 1\}$,平面 π 的法线向量为 $\boldsymbol{n} = \{1, 1, 2\}$,由公

式(6.2.12)有

$$\sin\varphi = \frac{|\boldsymbol{T}\cdot\boldsymbol{n}|}{|\boldsymbol{T}||\boldsymbol{n}|} = \frac{1}{2}$$

故 $\varphi = \dfrac{\pi}{6}$.

所给直线 L 的参数方程为

$$\begin{cases} x = 1 + 2t \\ y = 2 - t \\ z = 3 + t \end{cases}$$

代入平面方程中,得

$$(1 + 2t) + (2 - t) + 2(3 + t) - 3 = 0$$

解上列方程,得 $t = -2$,再代入参数方程

$$\begin{cases} x = 1 + 2\cdot(-2) \\ y = 2 - (-2) \\ z = 3 + (-2) \end{cases}$$

即 $\begin{cases} x = -3 \\ y = 4 \\ z = 1 \end{cases}$,于是点 $P(-3, 4, 1)$ 就是所求的交点.

3. 直线的平面束方程

设直线由方程组

$$\begin{cases} A_1 x + B_1 y + C_1 z + D_1 = 0 \\ A_2 x + B_2 y + C_2 z + D_2 = 0 \end{cases} \tag{6.2.13}$$

所确定,其中系数 A_1, B_1, C_1 与 A_2, B_2, C_2 不成比例,三元一次方程为

$$A_1 x + B_1 y + C_1 z + D_1 + \lambda(A_2 x + B_2 y + C_2 z + D_2) = 0 \tag{6.2.14}$$

其中 λ 为任意常数,称方程(6.2.14)为通过直线 L 的平面束方程.

例 6.2.12 求直线 $\begin{cases} x + y - z - 1 = 0 \\ x - y + z + 1 = 0 \end{cases}$ 在平面 $x + y + z = 0$ 上的投影直线的方程.

解 过直线 $\begin{cases} x + y - z - 1 = 0 \\ x - y + z + 1 = 0 \end{cases}$ 的平面束的方程为

$$(x + y - z - 1) + \lambda(x - y + z + 1) = 0$$

即

$$(1 + \lambda)x + (1 - \lambda)y + (-1 + \lambda)z + (-1 + \lambda) = 0 \tag{1}$$

其中 λ 为待定常数,这平面与平面 $x + y + z = 0$ 垂直的条件是

$$(1 + \lambda)\cdot 1 + (1 - \lambda)\cdot 1 + (-1 + \lambda)\cdot 1 = 0$$

即 $\lambda + 1 = 0$,由此得 $\lambda = -1$. 代入式(1),得投影平面的方程为

$$y - z - 1 = 0$$

所以投影直线的方程为

$$\begin{cases} y - z - 1 = 0 \\ x + y + z = 0 \end{cases}$$

习题 6.2

1. 求下列平面方程:
(1) 经过点 $(-1,2,1)$,法线向量为 $\boldsymbol{n} = \{1,-1,2\}$;
(2) 经过三个点 $P_1(2,3,0), P_2(-2,-3,4), P_3(0,6,0)$.

2. 指出下列各平面的特殊位置(对坐标轴、坐标面的垂直或平行,是否经过原点).
(1) $x = 0$;　　　　　(2) $3y - 1 = 0$;　　　　(3) $2x - y - 6 = 0$;
(4) $x - \sqrt{3}y = 0$;　　(5) $y + z = 1$;　　　　　(6) $6x + 5y - z = 0$.

3. 求平面 $2x - 2y + z + 5 = 0$ 的法线向量的方向余弦.

4. 给定平面 $\pi_0: 2x - 8y + z - 2 = 0$ 及点 $P(3,0,-5)$,求平面 π 的方程,使得平面 π 经过点 P 且与平面 π_0 平行.

5. 设平面 π 经过两点 $P_1(1,1,1)$ 和 $P_2(2,2,2)$,且与平面 $\pi_0: x + y - z = 0$ 垂直,求平面 π 的方程.

6. 设平面 π 经过点 $P(1,1,-1)$,且垂直于两个平面 $\pi_1: x - y + z - 1 = 0$ 和 $\pi_2: 2x + y + z + 1 = 0$,求平面 π 的方程.

7. 写出平面 $3x - 2y - 4z + 12 = 0$ 的截距式方程,并求该平面在各个坐标轴上的截距.

8. 求平面 $x - y + 2z - 6 = 0$ 和平面 $2x + y + z - 5 = 0$ 之间的夹角.

9. 求点 $A(1,-1,1)$ 到平面 $x + 2y + 2z = 10$ 的距离.

10. 写出下列直线方程:
(1) 过点 $A(1,-2,3)$ 和 $B(3,2,1)$;
(2) 过点 $(4,-1,3)$ 且平行于直线 $\dfrac{x-3}{2} = \dfrac{y}{1} = \dfrac{z-1}{5}$;
(3) 过点 $P(2,-8,3)$ 且垂直于平面 $\pi: x + 2y - 3z - 2 = 0$.

11. 改变下列直线方程的形式:
(1) 将 $\dfrac{x-2}{1} = \dfrac{y-3}{1} = \dfrac{z-4}{2}$ 变为参数式和一般式方程;
(2) 将 $\begin{cases} x = 2 - 2t \\ y = 3 - 4t \\ z = 1 + 2t \end{cases}$ 变为对称式和一般式方程;
(3) 将 $\begin{cases} 3x + 2y + z - 2 = 0 \\ x + 2y + 3z + 2 = 0 \end{cases}$ 变为参数式和对称式方程.

12. 求直线 $L_1: \begin{cases} 5x - 3y + 3z - 9 = 0 \\ 3x - 2y + z - 1 = 0 \end{cases}$ 与直线 $L_2: \begin{cases} 2x + 2y - z + 23 = 0 \\ 3x + 8y + z - 18 = 0 \end{cases}$ 的夹角.

13. 求直线 $\begin{cases} x + y + 3z = 0 \\ x - y - z = 0 \end{cases}$ 与平面 $x - y - z + 1 = 0$ 的夹角 φ.

14. 求直线 $\dfrac{x-2}{1} = \dfrac{y-3}{1} = \dfrac{z-4}{2}$ 与平面 $2x + y + z - 6 = 0$ 的交点.

15. 求直线 $\begin{cases} 2x - 4y + z = 0 \\ 3x - y - 2z - 9 = 0 \end{cases}$ 在平面 $4x - y + z = 1$ 上的投影直线的方程.

6.3 空间曲面与曲线

前面我们讨论了空间平面和空间直线,建立了它们的一些常见的方程,这一节,我们将讨论空间曲面和空间曲线的方程,并介绍几种特殊类型的曲面.

6.3.1 二次曲面及其方程

1. 曲面的概念

定义 6.6 给定曲面 S 与三元方程

$$F(x,y,z) = 0 \tag{6.3.1}$$

且已知方程(6.3.1)的解集非空,若曲面 S 与方程(6.3.1)有下述关系:

(1) 曲面 S 上的点都满足方程(6.3.1),即 S 上任何点的坐标都是方程(6.3.1)的解;

(2) 方程(6.3.1)的解都在 S 上,即方程(6.3.1)的任何解 x,y,z 所对应的点 $P(x,y,z)$ 都在 S 上.则称方程(6.3.1)为曲面 S 的方程,S 称为方程(6.3.1)所表示的曲面.

在 $\mathbf{R}^3$ 中,由方程

$$a_1 x^2 + a_2 y^2 + a_3 z^2 + b_1 xy + b_2 yz + b_3 zx + c_1 x + c_2 y + c_3 z + d = 0 \tag{6.3.2}$$

确定的曲面称为二次曲面(其中 $a_1, a_2, a_3, b_1, b_2, b_3$ 不全为零).

例 6.3.1 建立球心在点 $P_0(x_0, y_0, z_0)$,半径为 R 的球面方程.

解 设 $P(x,y,z)$ 是球面上的任意一点,则点 P 到球心 P_0 的距离应为 R(图 6.3.1),于是 $|P_0 P| = R$,即

$$\sqrt{(x-x_0)^2 + (y-y_0)^2 + (z-z_0)^2} = R$$

从而得球面方程为

$$(x-x_0)^2 + (y-y_0)^2 + (z-z_0)^2 = R^2 \tag{6.3.3}$$

式(6.3.3)称为球面的标准方程.

特别的,当 $x_0 = 0, y_0 = 0, z_0 = 0$ 时,得到球心在原点 $(0,0,0)$、半径为 R 的球面方程为

$$x^2 + y^2 + z^2 = R^2$$

从几何图形看(图 6.3.2),球心在原点的球面关于三个坐标面都是对称的,这种对称的特征可以表现在它的方程 $x^2 + y^2 + z^2 = R^2$ 上.

图 6.3.1 图 6.3.2

设曲面 S 的方程是 $F(x,y,z)=0$,则曲面 S 关于 xOy 平面对称的充分必要条件是:只要点 $P(x,y,z)$ 的坐标满足方程,即 $F(x,y,z)=0$,那么必有点 $P'(x,y,-z)$ 的坐标也满足方程,即 $F(x,y,-z)=0$.

(1) 若 $F(x,y,z)=F(x,y,-z)$,即方程 $F(x,y,z)=0$ 与方程 $F(x,y,-z)=0$ 形式相同,则曲面 S 关于 xOy 坐标面对称;

(2) 若 $F(x,y,z)=F(-x,y,z)$,即方程 $F(x,y,z)=0$ 与方程 $F(-x,y,z)=0$ 形式相同,则曲面 S 关于 yOz 坐标面对称;

(3) 若 $F(x,y,z)=F(x,-y,z)$,即方程 $F(x,y,z)=0$ 与方程 $F(x,-y,z)=0$ 形式相同,则曲面 S 关于 zOx 坐标面对称.

例 6.3.2 研究曲面 $z=x^2+2y^2$ 关于坐标面的对称性.

解 将方程中的 x 换为 $-x$,得
$$z=(-x)^2+2y^2=x^2+2y^2$$
方程形式与原来相同;

将方程中的 y 换为 $-y$,得
$$z=x^2+2(-y)^2=x^2+2y^2$$
方程形式与原来相同.

于是曲面关于 yOz 平面和 zOx 平面对称,但将 z 换为 $-z$,得方程的形式与原来的不同,从而曲面关于 xOy 平面不是对称的.

关于曲面的研究有下列两个基本问题:

(1) 已知一曲面作为点的几何轨迹,建立这曲面的方程;

(2) 已知坐标 x,y 和 z 之间的一个方程时,即已知式(6.3.1),研究这方程所表示的曲面的形式.

下面,我们展开讨论.

2. 旋转曲面

定义 6.7 一平面曲线 C 绕着它所在平面的一条直线 L 旋转一周所生成的曲面称为旋转曲面(简称旋转面),其中曲线 C 称为旋转曲面的母线,直线 L 称为旋转曲面的旋转轴.

这里只研究母线在坐标面上,且以坐标轴为旋转轴的旋转面方程.

设曲线 C 的方程为 $f(y,z)=0$,以下建立曲线 C 绕 z 轴旋转一周所生成的旋转曲面的方程.

设 $M(x,y,z)$ 是旋转曲面上任一点,过点 M 作垂直于 z 轴的平面,则该平面交 z 轴于点 $O_1(0,0,z)$,交曲线 C 于点 $M_1(0,y_1,z_1)$(图 6.3.3).由于点 M 是由点 M_1 绕 z 轴旋转得到的,则它们到 z 轴的距离相等,即 $|O_1M|=|O_1M_1|$,从而 $\sqrt{x^2+y^2}=|y_1|$.又由于 M_1 在曲线 C 上,因此 y_1,z_1 应满足方程 $f(y_1,z_1)=0$.

将 $y_1=\pm\sqrt{x^2+y^2}$,$z_1=z$ 代入这个方程即得旋转曲面应满足的关系式
$$f(\pm\sqrt{x^2+y^2},z)=0 \tag{6.3.4}$$

旋转曲面上的点都满足方程 $f(\pm\sqrt{x^2+y^2},z)=0$,而不在旋转曲面上的点都不满足

该方程,故此方程是母线为 C、旋转轴为 z 轴的旋转曲面的方程,可见,只需在 yOz 坐标面上曲线 C 的方程 $f(y,z)=0$ 中,将 y 换成 $\pm\sqrt{x^2+y^2}$,就得到曲线 C 绕 z 轴旋转的旋转曲面方程.

同理,曲线 C 绕 y 轴旋转的旋转曲面方程为 $f(y,\pm\sqrt{x^2+z^2})=0$.

图 6.3.3

对于其他坐标面上的曲线,绕该坐标面上任何一条坐标轴旋转所生成的旋转曲面,它们的方程均可以用上述类似方法求得.

例 6.3.3 求 yOz 平面上的直线 $z=ay(a>0)$ 绕 z 轴旋转的旋转曲面方程.

解 根据式(6.3.4),此时 z 保持不变,而将 y 换成 $\pm\sqrt{x^2+y^2}$,得 $z=\pm a\sqrt{x^2+y^2}$,两端平方得到
$$z^2=a^2(x^2+y^2)$$
该曲面称为顶点在原点的圆锥面(图 6.3.4),其中 $\varphi=\operatorname{arccot}a$ 称为它的半顶角,它是 yOz 平面上的直线 $z=ay$ 与 z 轴的夹角.

图 6.3.4

例 6.3.4 求 yOz 平面上的抛物线 $z=ay^2(a>0)$ 绕 z 轴旋转的旋转面方程.

解 根据式(6.3.4),此时 z 保持不变,将 y 换为 $\pm\sqrt{x^2+y^2}$,得所求旋转面方程为
$$z=a(x^2+y^2)$$
该旋转面称为旋转抛物面(图 6.3.5).

3. 母线平行于坐标轴的柱面方程

定义 6.8 平行于定直线 L 并沿定曲线 C 移动的直线 l 所生成的曲面称为柱面. 动直线 l 在移动中的每一个位置称为柱面的母线,曲线 C 称为柱面的准线(图 6.3.6).

图 6.3.5

先看一个例子.

方程 $x^2+y^2=R^2$ 表示怎样的曲面?

方程 $x^2+y^2=R^2$ 在 xOy 面上表示圆心在原点 O、半径为 R 的圆,在空间直角坐标系中,这方程不含坐标 z,即不论空间点的坐标 z 怎样,只要它的横坐标 x 和纵坐标 y 能满足方程,那么这个点就在这曲面上,因此,这曲面可以看做由平行于 z 轴的直线 l 沿 xOy 面上的圆 $x^2+y^2=R^2$ 移动而形成的圆柱体,即 $x^2+y^2=R^2$ 表示母线平行于 z 轴的圆柱面.

图 6.3.6

一般来说,如果柱面的准线是 xOy 面上的曲线 C,它在平面直角坐标系中的方程为 $f(x,y)=0$,那么,以 C 为准线、母线平行于 z 轴的柱面方程就是 $f(x,y)=0$.

类似地,方程 $g(y,z)=0$ 表示以 yOz 面上的曲线 $g(y,z)=0$ 为准线、母线平行于 x 轴

的柱面;方程 $h(x,z)=0$ 表示以 zOx 面上的曲线 $h(x,z)=0$ 为准线、母线平行于 y 轴的柱面.

4. 二次曲面

(1) 椭球面

由方程

$$\frac{x^2}{a^2}+\frac{y^2}{b^2}+\frac{z^2}{c^2}=1 \quad (其中 a>0,b>0,c>0) \tag{6.3.5}$$

所表示的曲面称为椭球面,称原点 O 为它的中心.

显然,若使方程(6.3.5)有解,应有 $|x|\leqslant a,|y|\leqslant b,|z|\leqslant c$.

椭球面具有对称性,将方程(6.3.5)中的 z 换为 $-z$,由

$$\frac{x^2}{a^2}+\frac{y^2}{b^2}+\frac{(-z)^2}{c^2}=\frac{x^2}{a^2}+\frac{y^2}{b^2}+\frac{z^2}{c^2}$$

可知方程(6.3.5)的形式不变,从而方程(6.3.5)所示的椭球面是关于 xOy 平面对称的,同理椭球面也关于 yOz 及 xOz 平面对称. 称原点 O 为它的中心,$2a,2b,2c$ 称为它的三个轴长. 当 $a=b=c$ 时,方程(6.3.5)变为 $x^2+y^2+z^2=a^2$,它表示球心在原点、半径为 a 的球面.

当 $a=b$ 时,方程(6.3.5)变为 $\frac{x^2+y^2}{a^2}+\frac{z^2}{c^2}=1$,它表示 yOz 平面上的椭圆 $\frac{y^2}{a^2}+\frac{z^2}{c^2}=1$ 绕 z 轴旋转的旋转面,称为旋转椭球面(图6.3.7).

图 6.3.7

方程 $\frac{(x-x_0)^2}{a^2}+\frac{(y-y_0)^2}{b^2}+\frac{(z-z_0)^2}{c^2}=1$ 所表示的曲面也称为椭球面,其形状与方程(6.3.5)的相同,只是将椭球面的中心平移到点 $P_0(x_0,y_0,z_0)$,称方程(6.3.5)为椭球面的标准方程.

(2) 椭圆抛物面

由方程

$$z=\frac{x^2}{a^2}+\frac{y^2}{b^2} \quad (其中 a>0,b>0) \tag{6.3.6}$$

所表示的曲面称为椭圆抛物面(图6.3.8).

显然,若方程(6.3.6)有解,应 $z\geqslant 0$.

方程(6.3.6)所表示的椭圆抛物面关于 zOx 平面及 yOz 平面均对称.

(3) 椭圆锥面

由方程

$$z^2=\frac{x^2}{a^2}+\frac{y^2}{b^2} \quad (其中 a>0,b>0) \tag{6.3.7}$$

所表示的曲面称为椭圆锥面,其图形关于三个坐标面对称(图6.3.9),此时的椭圆锥面称为是上下开口的,原点 O 称为椭圆锥面的顶点.

当 $a=b$ 时,椭圆锥面变为圆锥面.

图 6.3.8　　　　　图 6.3.9

(4) 单叶双曲面

由方程
$$\frac{x^2}{a^2}+\frac{y^2}{b^2}-\frac{z^2}{c^2}=1 \quad (\text{其中} a>0, b>0, c>0) \tag{6.3.8}$$

所表示的曲面称为单叶双曲面,其图形关于三个坐标面对称(图6.3.10).

(5) 双叶双曲面

由方程
$$\frac{x^2}{a^2}+\frac{y^2}{b^2}-\frac{z^2}{c^2}=-1 \quad (\text{其中} a>0, b>0, c>0) \tag{6.3.9}$$

所表示的曲面称为双叶双曲面,其图形关于三个坐标面对称(图6.3.11).

图 6.3.10　　　　　图 6.3.11

6.3.2　空间曲线及其方程

1. 空间曲线的一般式方程

空间曲线可以看做两个曲面的交线,设 $F(x,y,z)=0$ 和 $G(x,y,z)=0$ 是两个曲面的方程,它的交线为 C(图6.3.12),满足方程组

图 6.3.12

$$\begin{cases} F(x,y,z)=0 \\ G(x,y,z)=0 \end{cases} \tag{6.3.10}$$

反过来,如果点 M 不在曲线 C 上,那么它不可能同时在两个曲面上,所以它的坐标不满足方程组(6.3.10),因此,曲线 C 可以用方程组(6.3.10)来表示,方程组(6.3.10)称为空间曲线 C 的一般方程.

例 6.3.5 判断下列曲线的形状

(1) $C: \begin{cases} x^2 + y^2 = 1 \\ 2x + 3z = 6 \end{cases}$; (2) $C: \begin{cases} x^2 + y^2 + z^2 = 1 \\ x^2 + (y-1)^2 + (z-1)^2 = 1 \end{cases}$.

解 (1) 方程组中第一个方程表示母线平行于 z 轴的圆柱面,其准线是 xOy 面上的圆,圆心在原点 O,半径为 1,方程组中第二个方程表示一个母线平行于 y 轴的柱面,由于它的准线是 zOx 面上的直线,因此它是一个平面,方程组就表示上述平面与圆柱面的交线(图 6.3.13).

(2) C 中的第一个方程表示球心在原点、半径是 1 的球面,第二个方程表示球心在点 $(0,1,1)$、半径也是 1 的球面,因此它们的交线 C 是空间的一个圆(图 6.3.14).

图 6.3.13

图 6.3.14

2. 空间曲线的参数方程

平面曲线可以用参数方程来表示,同样对于空间曲线 C 也有其参数方程表达式

$$C: \begin{cases} x = x(t) \\ y = y(t) \\ z = z(t) \end{cases} \quad (a \le t \le b)$$

其中 $x(t), y(t), z(t)$ 都是 t 的函数,对于每一个 $t \in [a, b]$,当 t 在 $[a, b]$ 区间上变化时,点 P 也在空间上变化,其变化的轨迹就是曲线.

例 6.3.6 讨论参数方程 $\begin{cases} x = a\cos\theta \\ y = a\sin\theta \\ z = k\theta \end{cases}$ 表示的曲线 C. 其中 a, k 是正的常数,参数 $\theta \in (-\infty, +\infty)$.

解 先看 $z = k\theta$ 的变化,它表明曲线上的动点 $P(x, y, z)$ 随着参数 θ 的增大而升高,升高的幅度与 θ 成正比,设点 $P'(x, y, 0)$ 是点 P 在 xOy 平面上的投影,由参数方程可知

$$x^2 + y^2 = a^2\cos^2\theta + a^2\sin^2\theta = a^2$$

这说明 OP' 的长度是 a,也表明点 P 到 z 轴的距离是 a,OP' 与 x 轴的夹角为 θ(图 6.3.15),点 P 的三个坐标 x, y, z 都随 θ 的变化而变化,随着 θ 的增大动点 P 在升高的同时还围绕 z 轴逆时针旋转,并保持与 z 轴的距离为 a,这条曲线 C 称为螺旋线.

3. 空间曲线在坐标面上的投影

设空间曲线 C 的方程为

$$\begin{cases} F(x, y, z) = 0 \\ G(x, y, z) = 0 \end{cases} \tag{6.3.11}$$

在方程组(6.3.11)中消去变量 z 得方程
$$H(x,y) = 0 \qquad (6.3.12)$$

上述方程中缺变量 z, 所以它是一个母线平行于 z 轴的柱面, 又因为 C 上的点的坐标满足方程组(6.3.11), 当然也满足方程(6.3.12), 所以 C 上的点都在此柱面上, 从而 C 关于 xOy 面的投影柱面的点都在柱面 $H(x,y) = 0$ 上, 由方程组(6.3.11)经消去 z 所得柱面 $H(x,y) = 0$ 已含 C 关于 xOy 面的投影柱面, 于是联立式

图 6.3.15

$$\begin{cases} H(x,y) = 0 \\ z = 0 \end{cases}$$

则是 C 关于 xOy 面的投影曲线的方程, 简称为投影.

同样, 可类似地由曲线 C 的方程(6.3.11)通过消去 x(或 y) 的方法依次求 C 在 yOz 面 (或 zOx 面) 上的投影.

例 6.3.7 求曲线 $C: \begin{cases} z = \sqrt{x^2 + y^2} \\ x^2 + y^2 + z^2 = 1 \end{cases}$ 在 xOy 面的投影方程, 并指出它在 xOy 面上是怎样的一条曲线.

解 消去 z 得

$$x^2 + y^2 = \frac{1}{2}$$

这是曲线 C 关于 xOy 坐标面的投影柱面方程, 所以曲线 C 在 xOy 坐标面上的投影方程为

$$\begin{cases} x^2 + y^2 = \frac{1}{2} \\ z = 0 \end{cases}$$

它是 xOy 坐标面上的一个圆(图 6.3.16).

图 6.3.16

习题 6.3

1. 求与点 $(3,2,-1)$ 和 $(4,-3,0)$ 等距离的点的轨迹方程.

2. 写出球心在点 $(-1,-3,2)$ 且通过 $(1,-1,1)$ 的球面方程.

3. 写出下列球面的半径和球心:

   (1) $x^2 + y^2 + z^2 - 6z - 7 = 0$;

   (2) $x^2 + y^2 + z^2 - 12x + 4y - 6z = 0$.

4. 写出下列旋转面的方程, 并画出它们的图形.

   (1) yOz 平面上的曲线 $z = y^2$ 绕 z 轴旋转所得的旋转面;

   (2) xOy 平面上的曲线 $4x^2 - 9y^2 = 36$ 分别绕 x 轴和 y 轴旋转所得的旋转面.

5. 指出下列曲面是怎样旋转而生成的:

   (1) $\dfrac{x^2}{4} + \dfrac{y^2}{9} + \dfrac{z^2}{9} = 1$; (2) $x^2 - \dfrac{y^2}{4} + z^2 = 1$;

(3) $x^2 - y^2 - z^2 = 1$;   (4) $(z-a)^2 = x^2 + y^2$.

6. 指出下列方程组在平面解析几何中与空间解析几何分别表示什么图形：

(1) $\begin{cases} y = 5x + 1 \\ y = 2x - 3 \end{cases}$；   (2) $\begin{cases} \dfrac{x^2}{4} + \dfrac{y^2}{9} = 1 \\ y = 3 \end{cases}$.

7. 将下列曲线的一般方程化为参数方程：

(1) $\begin{cases} x^2 + y^2 + z^2 = 9 \\ y = x \end{cases}$；   (2) $\begin{cases} (x-1)^2 + y^2 + (z-1)^2 = 4 \\ z = 0 \end{cases}$.

8. 求球面 $x^2 + y^2 + z^2 = 9$ 与平面 $x + z = 1$ 的交线在 xOy 面上的投影方程.

9. 画出旋转抛物面 $z = x^2 + y^2$ 与平面 $z = 4$ 所围成的立体图形，求出它在 xOy 平面上的投影区域.

复习题6

1. 填空题：

(1) 已知 $A(2, -1, 1)$ 和 $B(3, 1, -1)$，则与 $\overrightarrow{AB}$ 方向一致的单位向量为_____.

(2) 已知 $\boldsymbol{a} = \{2, -2, 1\}$，$\boldsymbol{b} = \{1, 1, -4\}$，则 $\mathrm{Prj}_{\boldsymbol{b}}\boldsymbol{a} = $ _____.

(3) 已知 $|\boldsymbol{a}| = 1$，$|\boldsymbol{b}| = \sqrt{2}$ 且 $\boldsymbol{a}$ 与 $\boldsymbol{b}$ 的夹角 $\theta = \dfrac{\pi}{4}$，则 $\boldsymbol{a} \cdot \boldsymbol{b} = $ _____.

(4) 设 $\boldsymbol{a} = \{1, -2, 2\}$，$\boldsymbol{b} = \{3, 1, -4\}$，则 $\boldsymbol{a} \cdot (2\boldsymbol{a} + \boldsymbol{b}) = $ _____.

(5) 设 $\boldsymbol{a} = \{-1, 2, 1\}$，$\boldsymbol{b} = \{-2, 1, -3\}$，则 $\boldsymbol{a} \times \boldsymbol{b} = $ _____.

(6) 过点 $A(2, 3, 7)$ 且与平面 $3x - 2y - 5z = 7$ 平行的平面方程为_____.

(7) 过点 $(1, 2, 1)$ 与 $(2, 1, 1)$ 的直线方程为_____.

(8) 直线 $\begin{cases} x + y - z + 1 = 0 \\ 2x - y + z - 4 = 0 \end{cases}$ 的对称式方程为_____.

(9) 直线 $\dfrac{x+3}{3} = \dfrac{y+2}{-2} = \dfrac{z}{1}$ 与平面 $x + 2y + 2z + 6 = 0$ 的交点为_____.

(10) 过点 $M(1, -3, 2)$ 且垂直于直线 $\dfrac{x+3}{3} = \dfrac{y+2}{4} = \dfrac{z-5}{-1}$ 的平面为_____.

2. 单项选择题：

(1) 已知 $|\boldsymbol{a}| = 1$，$|\boldsymbol{b}| = 2$，且 $\langle \boldsymbol{a}, \boldsymbol{b} \rangle = \dfrac{\pi}{3}$，则 $|\boldsymbol{a} \times \boldsymbol{b}| = ($ $)$.

(A) 3;   (B) 1;   (C) $\sqrt{3}$;   (D) $\sqrt{7}$.

(2) 设 $\boldsymbol{a} = \{-1, 2, 3\}$，$\boldsymbol{b} = -2\boldsymbol{a}$，且 $\boldsymbol{b}$ 的始点坐标为 $(1, 2, 3)$，则 $\boldsymbol{b}$ 的终点坐标为 (   ).

(A) $(3, -2, -3)$;   (B) $(-3, 2,)$;
(C) $(2, -4, -6)$;   (D) $(-2, 4, 6)$.

(3) 设 $\boldsymbol{a} = \{1, 2, 1\}$，$\boldsymbol{b} = \{2, 1, -1\}$，则 $\boldsymbol{a}$ 与 $\boldsymbol{b}$ 的夹角余弦 $\cos\theta = ($ $)$.

(A) $\dfrac{1}{12}$;   (B) $\dfrac{1}{6}$;   (C) $\dfrac{1}{3}$;   (D) $\dfrac{1}{2}$.

(4) 设 $a = \{2,1,2\}, b = \{4, -1, 10\}, c = b - \lambda a$,若 $a \perp c$,则 $\lambda = ($).
(A)3；　　(B) -3；　　(C)9；　　(D) -9.

(5) 已知 $|a| = 2, |b| = 3$,且 $\langle a, b \rangle = \dfrac{\pi}{3}$,则 $|a \times (2b - 3a)| = ($).
(A) $6\sqrt{3}$；　(B)12；　(C) $6\sqrt{3} - 12$；　(D) $6\sqrt{3} + 12$.

(6) 点 $A(1,1,1)$ 到平面 $2x + y + 2z + 5 = 0$ 的距离为(   ).
(A)3；　　(B)10；　　(C) $\dfrac{10}{3}$；　　(D) $\dfrac{3}{10}$.

(7) 直线 $\dfrac{x-1}{-1} = \dfrac{y+1}{2} = \dfrac{z}{2}$ 与平面 $x + y + z + 1 = 0$ 的夹角余弦为(   ).
(A) $\dfrac{1}{\sqrt{3}}$；　(B) $\sqrt{\dfrac{2}{3}}$；　(C) $\dfrac{1}{3}$；　(D) $\dfrac{2\sqrt{2}}{3}$.

(8) 直线 $\begin{cases} x - 2y + z = 0 \\ x + y - 2z = 0 \end{cases}$ 与平面 $2x + y + z = 1$ 的位置关系为(   ).
(A) 直线在平面上；　　(B) 平行；
(C) 相交但不垂直；　　(D) 垂直.

(9) 曲线 $\begin{cases} \dfrac{y^2}{2} + x^2 = 1 \\ z = 0 \end{cases}$ 绕 x 轴旋转一周,所得的旋转曲面的方程为(   ).
(A) $\dfrac{y^2}{2} + x^2 + z^2 = 1$；　　(B) $\dfrac{y^2 + z^2}{2} + x^2 = 1$；
(C) $\dfrac{(y+z)^2}{2} + x^2 = 1$；　　(D) $\dfrac{y^2}{2} + (x+z)^2 = 1$.

(10) 通过点 $M = (-5, 2, -1)$ 且平行于 yOz 平面的平面方程为(   ).
(A) $x + 5 = 0$；　(B) $y - 2 = 0$；　(C) $z + 1 = 0$；　(D) $x - 1 = 0$.

3. 计算题:

(1) 已知 x 与 $a = \{2, -1, 2\}$ 共线,且 $a \cdot x = -18$,求 x.

(2) 求同时垂直于 $a = \{2, -6, -3\}$ 与 $b = \{4, 3, -1\}$ 的单位向量.

(3) 已知向量 x 与 $a = \{2, -1, 3\}$ 平行,且 $|x| = 3\sqrt{14}$,求 x.

(4) 设 $\overrightarrow{OA} = \{1, -1, 2\}, \overrightarrow{OB} = \{3, 1, -1\}$,求三角形 AOB 的面积.

(5) 设有三个力 $\overrightarrow{F_1} = \{1, 2, 3\}, \overrightarrow{F_2} = \{-2, 3, 4\}, \overrightarrow{F_3} = \{3, -4, 5\}$,求合力 $\overrightarrow{F}$ 的模与方向余弦.

(6) 设 $|a + b| = |a - b|, a = \{3, -5, 8\}, b = \{-1, 1, z\}$,求 z.

(7) 求以 $C: \begin{cases} 2x^2 + y^2 + z^2 = 16 \\ x^2 - y^2 + z^2 = 0 \end{cases}$ 为准线,母线分别平行于 x 轴和 y 轴的柱面方程.

(8) 求点 $A(-1, 2, 0)$ 在平面 $x + 2y - z + 3 = 0$ 上的投影点的坐标.

(9) 求点 $A(2, 3, 1)$ 在直线 $\dfrac{x+7}{1} = \dfrac{y+2}{2} = \dfrac{z+2}{3}$ 上的投影点的坐标.

(10) 求点 $A(2,3,1)$ 到直线 $L:\begin{cases}x=t-7\\y=2t-2\\z=3t-2\end{cases}$ 的距离.

(11) 求过点 $M(2,0,-3)$ 且与平面 $x-2y+4z-7=0$ 和 $3x+5y-2z+1=0$ 都平行的直线方程.

(12) 求过点 $M(2,2,-3)$ 且与直线 $\dfrac{x+1}{3}=\dfrac{y-1}{2}=\dfrac{z}{-1}$ 平行的直线方程.

(13) 求过直线 $\begin{cases}x-z+2=0\\y-2z+4=0\end{cases}$ 与平面 $x+y-z=0$ 垂直的平面方程.

4. 证明题：

(1) 证明以 $A(4,1,9),B(10,-1,6),C(2,4,3)$ 为顶点的三角形是等腰直角三角形.

(2) 设 $\boldsymbol{a}+\boldsymbol{b}+\boldsymbol{c}=\boldsymbol{0},|\boldsymbol{a}|=3,|\boldsymbol{b}|=2,|\boldsymbol{c}|=5$，证明 $\boldsymbol{a}\cdot\boldsymbol{b}+\boldsymbol{b}\cdot\boldsymbol{c}+\boldsymbol{c}\cdot\boldsymbol{a}=-19$.

(3) 证明：对于任何向量 $\boldsymbol{a}$ 与 $\boldsymbol{b}$ 恒有 $|\boldsymbol{a}\cdot\boldsymbol{b}|\leqslant|\boldsymbol{a}|\cdot|\boldsymbol{b}|$，当且仅当它们平行时等号成立（提示：利用数量积的定义）.

(4) 求证点 $M_1(x_1,y_1,z_1)$ 到直线 $\dfrac{x-x_0}{p}=\dfrac{y-y_0}{m}=\dfrac{z-z_0}{n}$ 的距离 $d=\dfrac{|\overrightarrow{M_0M_1}\times\boldsymbol{a}|}{|\boldsymbol{a}|}$，其中 $\boldsymbol{a}=\{p,m,n\},M_0(x_0,y_0,z_0)$.

第 7 章

多元函数微分学

在上册中我们已讨论了一元函数的微分学,而在自然科学与工程技术中所遇到的实际问题往往是依赖两个或更多个自变量的函数,即多元函数的情形. 本章将在一元函数微分学的基础上主要讨论二元函数的微分学,然后将其结果适当推广到多元函数上去.

7.1 多元函数

7.1.1 多元函数的概念

1. 平面点集

定义 7.1 坐标平面上具有某种性质 P 的点的集合,称为平面点集,记作
$$E = \{(x,y) \mid (x,y) \text{ 具有性质 } P\}$$

如平面上以原点为中心,r 为半径的圆内所有点的集合是
$$C = \{(x,y) \mid x^2 + y^2 < r^2\}$$

若以点 P 表示 (x,y),$|OP|$ 表示点 P 到原点 O 的距离,那么集合 C 也可表成
$$C = \{P \mid |OP| < r\}$$

设 $P_0(x_0, y_0)$ 是 xOy 平面上的一个点,δ 是某一正数. 与点 $P_0(x_0, y_0)$ 的距离小于 δ 的点 $P(x,y)$ 的全体,称为点 P_0 的 δ 邻域,记作 $U(P_0, \delta)$,即
$$U(P_0, \delta) = \{P \mid |PP_0| < \delta\}$$

或写为
$$U(P_0, \delta) = \{(x,y) \mid \sqrt{(x-x_0)^2 + (y-y_0)^2} < \delta\}$$

点 P_0 的去心 δ 邻域,记作 $\overset{\circ}{U}(P_0, \delta)$,即
$$\overset{\circ}{U}(P_0, \delta) = \{(x,y) \mid 0 < \sqrt{(x-x_0)^2 + (y-y_0)^2} < \delta\}$$

直观上 $U(P_0, \delta)$ 就是 xOy 平面上以点 $P_0(x_0, y_0)$ 为中心,$\delta > 0$ 为半径的圆内部的点 $P(x,y)$ 的全体. 如果不需要强调邻域的半径 δ,则用 $U(P_0)$ 表示点 P_0 的某个邻域,点 P_0 的去心邻域记作 $\overset{\circ}{U}(P_0)$.

后面我们还会遇到以下一些有关概念.

(1) 内点:如果存在点 P 的某个邻域 $U(P)$,使得 $U(P) \subset E$,则称 P 为 E 的内点(如图 7.1.1 中,A 为 E 的内点).

(2) 外点:如果存在点 P 的某个邻域 $U(P)$,使得 $U(P) \cap E = \emptyset$,则称 P 为 E 的外点(如图 7.1.1 中,B 为 E 的外点).

图 7.1.1

(3) 边界点:如果点 P 的任一邻域内既含有属于 E 的点,又含有不属于 E 的点,则称 P 为 E 的边界点(如图 7.1.1 中,C 为 E 的边界点).

(4) 聚点:如果对于任意给定的 $\delta > 0$,点 P 的去心邻域 $\overset{\circ}{U}(P)$ 内总有 E 中的点,则称 P 为 E 的聚点.

(5) 开集:如果点集 E 的点都是 E 的内点,则称 E 为开集.

(6) 闭集:如果点集 E 的余集 E^C 为开集,则称 E 为闭集.

例如,集合 $\{(x,y) | x^2 + y^2 < 4\}$ 是开集;集合 $\{(x,y) | 1 \leq x^2 + y^2 \leq 4\}$ 是闭集;而集合 $\{(x,y) | 1 < x^2 + y^2 \leq 4\}$ 既非开集,也非闭集.

(7) 连通集:如果点集 E 内任何两点,都可用折线连接起来,且该折线上的点都属于 E,则称 E 为连通集.

(8) 区域(或开区域):连通开集称为区域或开区域.

(9) 闭区域:开区域连同它的边界一起所构成的点集称为闭区域.

例如,集合 $\{(x,y) | x^2 + y^2 < 4\}$ 是区域;而集合 $\{(x,y) | 1 \leq x^2 + y^2 \leq 4\}$ 是闭区域.

(10) 有界集:对于平面点集 E,如果存在某一正数 r,使得
$$E \subset U(O, r)$$
其中 O 是坐标原点,则称 E 为有界集.

(11) 无界集:如果一个集合不是有界集,就称这个集合为无界集.

例如,集合 $\{(x,y) | 1 \leq x^2 + y^2 \leq 4\}$ 是有界闭区域;集合 $\{(x,y) | x + y > 0\}$ 是无界开区域;集合 $\{(x,y) | x + y \geq 0\}$ 是无界闭区域.

2. 多元函数的概念

多元函数概念是从许多自然现象和实际问题中产生的,比如:

长方形的面积 A 与它的长 x 和宽 y 有关系 $A = xy$,我们称面积 A 是长和宽的二元函数;

在市场上购买某种商品所花的费用 F 与该商品的单位价格 p 和购买量 q 有关系 $F = pq$,我们称费用 F 是单位价格与购买量的二元函数;

将一笔本金 R 存入银行,所获得的利息 L 与本金 R、年利率 r 以及存款的年限 t 有关系 $L = R(1 + r)^t - R$(按复利计算),我们称利息 L 是本金、年利率以及存款年限的三元函数.

定义 7.2 设 D 是 R^2 的一个非空子集,称映射 $f: D \to R$ 为定义在 D 上的二元函数,记为 $z = f(x, y), (x, y) \in D$ 或 $z = f(p), p \in D$,其中 x, y 称为自变量,z 称为因变量,D 称为该函数的定义域.

对于自变量的某一固定的取值 $x=x_0,y=y_0$ 按照法则 f 对应的因变量 z 的值称为 $z=f(x,y)$ 在 (x_0,y_0) 处的函数值,所有函数值的集合称为二元函数 $z=f(x,y)$ 的值域,记为 R_f,即

$$R_f=\{z\mid z=f(x,y),(x,y)\in D\}$$

图 7.1.2

二元函数 $z=f(x,y)$ 的几何图形通常表示空间中的曲面(图 7.1.2),将点 (x,y) 和它所对应的值 z 放在一起可以构成空间中的点 $M(x,y,z)$,当点 (x,y) 在 D_f 上变化时,点 M 在空间中变化的轨迹是空间中的一个曲面 Σ,于是点 M 的坐标可以写成 $(x,y,f(x,y))$,这时曲面 Σ 在 xOy 平面上的投影就是函数 $z=f(x,y)$ 的定义域 D_f.

类似地,可以定义三元函数 $u=f(x,y,z)$ 以及 n 元函数 $u=f(x_1,x_2,\cdots,x_n)$,把具有两个或两个以上任意自变量的函数统称为多元函数,从映射观点来看,上述 f 实际上是一个点集 A 到数集 B 的映射,数 u 是点 p 在映射 f 下的像,即点 p 是 u 的原像.

设函数 $f(x,y)$ 在点集 D 上有定义,如果存在 $M>0$,使得对于任何 $(x,y)\in D$ 都有 $|f(x,y)|\leq M$ 成立,则称 $f(x,y)$ 是 D 上的有界函数,否则称为无界函数.

例 7.1.1 求下列函数的定义域:

(1) $F(x,y)=\ln(y-x)-\ln x$;

(2) $G(x,y)=\dfrac{\sqrt{4-x^2-y^2}}{\sqrt{x^2+y^2-1}}$;

(3) $z=f(x,y)=\sqrt{a^2-x^2-y^2}$.

解 (1) 显然 $y-x>0$(图 7.1.3(a)),$x>0$(图 7.1.3(b)),则定义域为 $y-x>0$ 且 $x>0$(图 7.1.3(c)),这是一个无界开区域.

图 7.1.3

(2) 定义域为

$$4-x^2-y^2\geq 0 \text{ 且 } x^2+y^2-1>0$$

即 $1<x^2+y^2\leq 4$(图 7.1.4),这时,既不是开区域也不是闭区域,而是有界区域.

(3) 若使得函数有意义,必有

$$a^2-x^2-y^2\geq 0 \text{ 即 } x^2+y^2\leq a^2$$

即该函数的定义域 D_f. 函数的图形是上半球面(图 7.1.5).

图7.1.4　　　　　　　　　　　图7.1.5

7.1.2　二元函数的极限

定义7.3　设点 $P_0(x_0,y_0)$ 为函数 $z=f(x,y)$ 定义域 D_f 的聚点，A 是一个实数，若对于任意给定的 $\varepsilon>0$，存在 $\delta>0$，使得当点 $P(x,y)\in \overset{\circ}{U}(P_0,\delta)$ 时，有不等式 $|f(x,y)-A|<\varepsilon$ 成立，则称 A 是函数 $f(x,y)$ 当 $(x,y)\to(x_0,y_0)$ 时的二重极限，简称为极限，记为

$$\lim_{\substack{x\to x_0\\y\to y_0}}f(x,y)=A \quad \text{或} \quad \lim_{(x,y)\to(x_0,y_0)}f(x,y)=A$$

二重极限的性质与一元函数极限的性质类似，如极限的加、减、乘、除四则运算公式，极限的保号性，夹逼准则等，在下面的讨论中我们将直接使用有关性质和公式.

在一元函数的极限 $\lim\limits_{x\to x_0}f(x)$ 中，自变量沿 x 轴趋向于 x_0 只有左右两种方式，$\lim\limits_{x\to x_0}f(x)$ 存在的充分必要条件是它的左右极限都存在并且相等，但在二元函数的极限中，由于平面上的点 $P(x,y)$ 趋于点 $P_0(x_0,y_0)$ 的方式有无穷多种，所以要求点 P 以任意方式趋向于 P_0 时的极限必须是同一数值 A，如果点 P 只以某些特殊方式趋于 P_0，比如沿某 n 条曲线趋向于点 P_0，即使这时极限值都是同一数值 A，我们还不能断定二重极限就一定存在. 反之，若当点 P 以不同方式趋于点 P_0 时，$f(x,y)$ 趋于不同值，则此函数极限一定不存在.

对于二元函数极限的概念，可相应地推广到多元函数 $u=f(x_1,x_2,\cdots,x_n)$ 上去.

例7.1.2　讨论极限 $\lim\limits_{(x,y)\to(0,0)}\dfrac{xy}{x^2+y^2}$.

证　考查点 $P(x,y)$ 沿下列不同的路径趋向于原点的情况.
当点 $P(x,y)$ 沿 x 轴趋于原点 $(0,0)$ 时，

$$\lim_{(x,y)\to(0,0)}f(x,y)=\lim_{x\to 0}f(x,0)=\lim_{x\to 0}0=0$$

当点 $P(x,y)$ 沿 y 轴趋于原点 $(0,0)$ 时，

$$\lim_{(x,y)\to(0,0)}\frac{xy}{x^2+y^2}=\lim_{y\to 0}\frac{0\cdot y}{0^2+y^2}=0$$

当点 $P(x,y)$ 沿直线 $y=kx$ 趋于原点 $(0,0)$ 时，

$$\lim_{(x,y)\to(0,0)}\frac{xy}{x^2+y^2}=\lim_{x\to 0}\frac{kx^2}{x^2+k^2x^2}=\frac{k}{1+k^2}\neq 0$$

所以，函数在原点的极限不存在.

7.1.3　二元函数的连续性

定义7.4　设二元函数 $f(P)=f(x,y)$ 的定义域为 D_f，$P_0(x_0,y_0)$ 为 D_f 的聚点，如果

$P_0 \in D_f$,若有
$$\lim_{(x,y)\to(x_0,y_0)} f(x,y) = f(x_0,y_0)$$
则称函数 $f(x,y)$ 在点 $P_0(x_0,y_0)$ 连续,此时又称 $P_0(x_0,y_0)$ 为函数 $f(x,y)$ 的连续点;否则,称函数 $f(x,y)$ 在点 $P_0(x_0,y_0)$ 间断,此时又称 $P_0(x_0,y_0)$ 为函数 $f(x,y)$ 的间断点.

与一元函数类似,若函数在点 $P_0(x_0,y_0)$ 无定义,或虽有定义但极限不存在,或极限存在但极限值不等于函数在该点的函数值,$P_0(x_0,y_0)$ 均为函数的间断点,如例 7.1.2 中函数在原点处是间断的,又如 $z = \dfrac{1}{\sqrt{x^2+y^2-1}}$ 在圆周 $x^2+y^2=1$ 上每一点都无定义,圆周上点皆为函数的间断点,可见二元函数间断点还可以形成间断线,这时对应的曲面有一条裂缝.

如果函数 $f(x,y)$ 在 D 的每一点都连续,那么就称 $f(x,y)$ 在 D 上连续,或者称 $f(x,y)$ 是 D 上的连续函数.

一元函数中关于连续函数的运算法则可以推广到多元函数上去,即多元函数的和、差、积、商仍为连续函数(在有定义的情况下),多元函数的复合函数也是连续函数.

与一元函数相类似,多元函数如果可用一个式子表示,并且这个式子是由常数及具有不同自变量的一元基本初等函数经过有限次四则运算和复合运算而得到的,则称该多元函数为多元初等函数.例如 $\dfrac{x^2+y^2}{1+x^2}$,$\cos(x^2+y^2)$ 等都是多元初等函数.

由连续函数的和、差、积、商的连续性以及连续函数的复合函数的连续性,再利用基本初等函数在其定义域内是连续的,可得出如下结论:一切多元初等函数在其定义区域内是连续的.

由多元初等函数的连续性,如果要求它在点 P_0 处的极限,而该点又在此函数的定义区域内,则极限值就是函数在该点的函数值,即
$$\lim_{P\to P_0} f(P) = f(P_0)$$

例 7.1.3 求 $\lim\limits_{(x,y)\to(0,0)} \dfrac{e^{xy}\cos y}{1+x+y}$.

解 函数 $f(x) = \dfrac{e^{xy}\cos y}{1+x+y}$ 是初等函数,它的定义域为
$$D = \{(x,y) \mid 1+x+y \neq 0\}$$
$P_0(0,0)$ 为 D 的内点,所以
$$\lim_{(x,y)\to(0,0)} \dfrac{e^{xy}\cos y}{1+x+y} = f(0,0) = 1$$

例 7.1.4 求 $\lim\limits_{(x,y)\to(0,0)} \dfrac{x^2+y^2}{\sqrt{x^2+y^2+1}-1}$.

解 $\lim\limits_{(x,y)\to(0,0)} \dfrac{x^2+y^2}{\sqrt{x^2+y^2+1}-1} = \lim\limits_{(x,y)\to(0,0)} \dfrac{(x^2+y^2)(\sqrt{x^2+y^2+1}+1)}{x^2+y^2} =$
$$\lim_{(x,y)\to(0,0)} (\sqrt{x^2+y^2+1}+1) = 2$$

以上运算的最后一步用到了二元函数$\sqrt{1+x^2+y^2}+1$在$(0,0)$的连续性.

与一元连续函数相类似,在有界闭区域上连续的多元函数有如下结论:

定理 7.1(最值定理)　如多元函数在有界闭区域D上连续,则该函数在D上有界且一定有最大值和最小值.

定理 7.2(介值定理)　若多元函数在有界闭区域D上连续,则该函数必取得介于最大值和最小值之间的任何值.

习题 7.1

1. 求下列函数的定义域D,并作出D的图形.

(1) $z = \ln(y^2 - 2x + 1)$;　　　　(2) $z = \ln(y-x) + \dfrac{\sqrt{x}}{\sqrt{1-x^2-y^2}}$;

(3) $z = \dfrac{\sqrt{x+y}}{\sqrt{x-y}}$;　　　　(4) $z = \dfrac{x^2-y^2}{x^2+y^2}$.

2. 已知函数$f(x,y) = x^2 + y^2 - xy\tan\dfrac{x}{y}$,试求$f(tx,ty)$.

3. 求下列函数的极限:

(1) $\lim\limits_{(x,y)\to(0,1)} \dfrac{1-xy}{x^2-y^2}$;　　　　(2) $\lim\limits_{(x,y)\to(0,\frac{1}{2})} \arcsin\sqrt{x+y}$;

(3) $\lim\limits_{(x,y)\to(0,0)} \dfrac{1-\cos(x^2+y^2)}{x^2+y^2}$;　　　　(4) $\lim\limits_{(x,y)\to(0,0)} \dfrac{3-\sqrt{xy+9}}{xy}$.

4. 证明函数$f(x,y) = \dfrac{x+y}{x-y}$在点$(0,0)$处的二重极限不存在.

5. 指出下列函数在何处间断:

(1) $z = \dfrac{1}{x^2+y^2}$;　　　　(2) $z = \dfrac{y^2+2x}{y^2-x}$.

7.2　偏导数与全微分

7.2.1　偏导数

与一元函数类似,对于多元函数也要研究它对自变量的变化率问题,不过多元函数比较复杂. 采用如下方式考虑自变量各自的变化率问题,这就引入了偏导数的概念.

1. 偏导数的概念

定义 7.5　设函数$z = f(x,y)$在点(x_0, y_0)的某个邻域内有定义,当固定$y = y_0$,而给x_0以增量Δx时,相应函数有增量$f(x_0 + \Delta x, y_0) - f(x_0, y_0)$,称$z$对$x$的偏增量,记为$\Delta z_x$,若

$$\lim_{\Delta x \to 0} \frac{\Delta z_x}{\Delta x} = \lim_{\Delta x \to 0} \frac{f(x_0 + \Delta x, y_0) - f(x_0, y_0)}{\Delta x}$$

存在,则称极限值为函数 $z = f(x,y)$ 在点 (x_0, y_0) 处对 x 的偏导数,记为

$$\left.\frac{\partial z}{\partial x}\right|_{\substack{x=x_0 \\ y=y_0}}, \quad \left.\frac{\partial f}{\partial x}\right|_{\substack{x=x_0 \\ y=y_0}}, \quad f_x(x_0, y_0), \quad z_x(x_0, y_0), \quad \left.z_x\right|_{\substack{x=x_0 \\ y=y_0}}, \cdots$$

同样 $z = f(x,y)$ 在点 (x_0, y_0) 处对 y 的偏导数定义为极限

$$\lim_{\Delta y \to 0} \frac{\Delta z_y}{\Delta y} = \lim_{\Delta y \to 0} \frac{f(x_0, y_0 + \Delta y) - f(x_0, y_0)}{\Delta y}$$

其中 $\Delta z_y = f(x_0, y_0 + \Delta y) - f(x_0, y_0)$ 称为 z 对 y 的偏增量,记为

$$\left.\frac{\partial z}{\partial y}\right|_{\substack{x=x_0 \\ y=y_0}}, \quad \left.\frac{\partial f}{\partial y}\right|_{\substack{x=x_0 \\ y=y_0}}, \quad f_y(x_0, y_0), \quad z_y(x_0, y_0), \quad \left.z_y\right|_{\substack{x=x_0 \\ y=y_0}}, \cdots$$

如果 $f(x,y)$ 在区域 D 内每一点 (x,y) 处对 x 偏导数都存在,那么这些偏导数就是 x, y 的二元函数,称为 $z = f(x,y)$ 对自变量 x 的偏导函数;记为 $\frac{\partial z}{\partial x}, \frac{\partial f}{\partial x}, f_x(x,y), z_x$ 等;类似的,可以定义 $z = f(x,y)$ 在区域 D 内对自变量 y 的偏导函数,记为 $\frac{\partial z}{\partial y}, \frac{\partial f}{\partial y}, f_y(x,y), z_y$.

在不至于混淆的情况下,偏导函数简称为偏导数,偏导函数的概念可以类似地推广到二元以上的多元函数,例如三元函数 $u = f(x,y,z)$ 在点 (x,y,z) 处对 x 的偏导数定义为

$$f_x(x,y,z) = \lim_{\Delta x \to 0} \frac{f(x + \Delta x, y, z) - f(x, y, z)}{\Delta x}$$

其中 (x,y,z) 是函数 $u = f(x,y,z)$ 的定义域的内点.

对于 $z = f(x,y)$ 的偏导数,并不需要用新的方法,仍旧是一元函数的微分法问题,求 $\frac{\partial f}{\partial x}$ 时,只要把 y 暂时看做常量而对 x 求导数;求 $\frac{\partial f}{\partial y}$ 时,则只要把 x 暂时看做常量而对 y 求导数,一元函数的求导法则仍然适用.

例 7.2.1 求函数 $z = x^3 - 2xy^2 + 3y$ 在点 $(1,1)$ 处的两个偏导数.

解 对 x 求偏导数,把 y 看做常数,于是得

$$\frac{\partial z}{\partial x} = 3x^2 - 2y^2$$

$$\left.\frac{\partial z}{\partial x}\right|_{\substack{x=1 \\ y=1}} = 3 - 2 = 1$$

对 y 求偏导数,把 x 看做常数,于是得

$$\frac{\partial z}{\partial y} = 3 - 4xy$$

$$\left.\frac{\partial z}{\partial y}\right|_{\substack{x=1 \\ y=1}} = 3 - 4 = -1$$

例 7.2.2 设 $z = x^y (x > 0, x \neq 1)$,求 $\frac{\partial z}{\partial x}, \frac{\partial z}{\partial y}$.

解
$$\frac{\partial z}{\partial x} = yx^{y-1}, \quad \frac{\partial z}{\partial y} = x^y \ln x.$$

例 7.2.3 设 $r = \sqrt{x^2 + y^2 + z^2}$，求证 $x\frac{\partial r}{\partial x} + y\frac{\partial r}{\partial y} + z\frac{\partial r}{\partial z} = r$.

证 $\frac{\partial r}{\partial x} = \frac{x}{\sqrt{x^2+y^2+z^2}} = \frac{x}{r}$，同理可证 $\frac{\partial r}{\partial y} = \frac{y}{r}, \frac{\partial r}{\partial z} = \frac{z}{r}$，所以

$$x\frac{\partial r}{\partial x} + y\frac{\partial r}{\partial y} + z\frac{\partial r}{\partial z} = \frac{x^2+y^2+z^2}{r} = r$$

2. 偏导数的几何意义

设 $M_0(x_0,y_0,z_0)$ 为曲面 $z = f(x,y)$ 上的一点，过 M_0 作平面 $y = y_0$，截此曲面得一曲线，此曲线在平面 $y = y_0$ 上的方程为 $z = f(x,y_0)$，偏导数 $f_x(x_0,y_0)$ 就是曲线在点 M_0 处的切线 M_0T_x 对 x 轴的斜率（图 7.2.1），同样，偏导数 $f_y(x_0,y_0)$ 的几何意义是曲面被平面 $x = x_0$ 所截得的曲线在点 M_0 处的切线 M_0T_y 对 y 轴的斜率.

图 7.2.1

例 7.2.4 设 $f(x,y) = \begin{cases} \dfrac{xy}{x^2+y^2} & x^2+y^2 \neq 0 \\ 0 & x^2+y^2 = 0 \end{cases}$，求 $f(x,y)$ 在点 $(0,0)$ 处的两个偏导数.

解 由偏导数定义，可知

$$f_x(0,0) = \lim_{\Delta x \to 0} \frac{f(0+\Delta x, 0) - f(0,0)}{\Delta x} = \lim_{\Delta x \to 0} \frac{\frac{\Delta x \cdot 0}{(\Delta x)^2 + 0} - 0}{\Delta x} = 0$$

同理

$$f_y(0,0) = 0$$

例 7.1.2 中的函数在原点处的二重极限 $\lim\limits_{(x,y) \to (0,0)} \dfrac{xy}{x^2+y^2}$ 不存在，从而在点 $(0,0)$ 处不连续，本例说明了，尽管 $f(x,y)$ 在 $(0,0)$ 处的两个偏导数都存在（简称可导），但函数 $f(x,y)$ 在此点不连续，从中可以看到，一元函数中"可导必连续"的性质在多元函数中不再成立了，即在多元函数中可导不一定连续，这时因为各偏导数存在只能保证点 P 沿着平行于坐标轴的方向趋于点 P_0 时，函数值 $f(P)$ 趋于 $f(P_0)$，但不能保证点 P 按任何方式趋于 P_0 时，函数值 $f(P)$ 都趋于 $f(P_0)$.

3. 高阶偏导数

设函数 $z = f(x,y)$ 在区域 D 内有偏导数，$\dfrac{\partial z}{\partial x} = f_x(x,y), \dfrac{\partial z}{\partial y} = f_y(x,y)$，如果这两个偏导数在 D 内仍有偏导数，则称它们的偏导数为 $f(x,y)$ 的二阶偏导数. 有下列四个二阶偏导数

$$\frac{\partial}{\partial x}\left(\frac{\partial z}{\partial x}\right) = \frac{\partial^2 z}{\partial x^2} = f_{xx}(x,y), \quad \frac{\partial}{\partial y}\left(\frac{\partial z}{\partial x}\right) = \frac{\partial^2 z}{\partial x \partial y} = f_{xy}(x,y)$$

$$\frac{\partial}{\partial x}\left(\frac{\partial z}{\partial y}\right) = \frac{\partial^2 z}{\partial y \partial x} = f_{yx}(x,y), \quad \frac{\partial}{\partial y}\left(\frac{\partial z}{\partial y}\right) = \frac{\partial^2 z}{\partial y^2} = f_{yy}(x,y).$$

类似地,可以定义三阶,四阶 …… 直至 n 阶偏导数,二阶及二阶以上的偏导数统称为高阶偏导数.

例 7.2.5 设 $z = x^3 y^2 - 3xy^3 - xy + 7$,求 $\dfrac{\partial^2 z}{\partial x^2}, \dfrac{\partial^2 z}{\partial x \partial y}, \dfrac{\partial^2 z}{\partial y \partial x}, \dfrac{\partial^2 z}{\partial y^2}$.

解 $\dfrac{\partial z}{\partial x} = 3x^2 y^2 - 3y^3 - y; \dfrac{\partial z}{\partial y} = 2x^3 y - 9xy^2 - x;$

$\dfrac{\partial^2 z}{\partial x^2} = 6xy^2, \dfrac{\partial^2 z}{\partial y \partial x} = 6x^2 y - 9y^2 - 1;$

$\dfrac{\partial^2 z}{\partial x \partial y} = 6x^2 y - 9y^2 - 1; \dfrac{\partial^2 z}{\partial y^2} = 2x^3 - 18xy.$

可以看到,在本题中两个二阶混合偏导数相等,有下述定理.

定理 7.3 如果函数 $z = f(x,y)$ 的两个混合偏导数 $\dfrac{\partial^2 z}{\partial y \partial x}, \dfrac{\partial^2 z}{\partial x \partial y}$ 在区域 D 内连续,则在该区域内这两个混合偏导数必相等,即 $\dfrac{\partial^2 z}{\partial y \partial x} = \dfrac{\partial^2 z}{\partial x \partial y}$.

例 7.2.6 证明函数 $z = \ln \sqrt{x^2 + y^2}$ 满足方程

$$\frac{\partial^2 z}{\partial x^2} + \frac{\partial^2 z}{\partial y^2} = 0$$

证 因为 $z = \ln \sqrt{x^2 + y^2} = \dfrac{1}{2}\ln(x^2 + y^2)$,所以

$$\frac{\partial z}{\partial x} = \frac{x}{x^2 + y^2}; \quad \frac{\partial z}{\partial y} = \frac{y}{x^2 + y^2};$$

$$\frac{\partial^2 z}{\partial x^2} = \frac{(x^2 + y^2) - x \cdot 2x}{(x^2 + y^2)^2} = \frac{y^2 - x^2}{(x^2 + y^2)^2};$$

$$\frac{\partial^2 z}{\partial y^2} = \frac{(x^2 + y^2) - y \cdot 2y}{(x^2 + y^2)^2} = \frac{x^2 - y^2}{(x^2 + y^2)^2}.$$

因此

$$\frac{\partial^2 z}{\partial x^2} + \frac{\partial^2 z}{\partial y^2} = \frac{y^2 - x^2}{(x^2 + y^2)^2} + \frac{x^2 - y^2}{(x^2 + y^2)^2} = 0.$$

例 7.2.7 证明函数 $u = \dfrac{1}{r}$ 满足方程 $\dfrac{\partial^2 u}{\partial x^2} + \dfrac{\partial^2 u}{\partial y^2} + \dfrac{\partial^2 u}{\partial z^2} = 0$,其中 $r = \sqrt{x^2 + y^2 + z^2}$.

证 $\dfrac{\partial u}{\partial x} = -\dfrac{1}{r^2}\dfrac{\partial r}{\partial x} = -\dfrac{x}{r^3};$

$\dfrac{\partial^2 u}{\partial x^2} = -\dfrac{1}{r^3} + \dfrac{3x}{r^4}\dfrac{\partial r}{\partial x} = -\dfrac{1}{r^3} + \dfrac{3x^2}{r^5}$

由于函数关于自变量的对称性,所以

$\dfrac{\partial^2 u}{\partial y^2} = -\dfrac{1}{r^3} + \dfrac{3y^2}{r^5}; \quad \dfrac{\partial^2 u}{\partial z^2} = -\dfrac{1}{r^3} + \dfrac{3z^2}{r^5}$

因此
$$\frac{\partial^2 u}{\partial x^2} + \frac{\partial^2 u}{\partial y^2} + \frac{\partial^2 u}{\partial z^2} = -\frac{3}{r^3} + \frac{3(x^2+y^2+z^2)}{r^5} = -\frac{3}{r^3} + \frac{3r^2}{r^5} = 0$$

例 7.2.6、例 7.2.7 中的两个方程都称为拉普拉斯方程,它是数学物理方程中一种很重要的方程.

7.2.2 全微分

1. 全微分的定义

定义 7.6 若二元函数 $z = f(x,y)$ 在点 (x,y) 的全增量
$$\Delta z = f(x+\Delta x, y+\Delta y) - f(x,y)$$
可表示为
$$\Delta z = A\Delta x + B\Delta y + o(\rho) \tag{7.2.1}$$
其中 A,B 不依赖于 $\Delta x, \Delta y$,仅与 x,y 有关,$\rho = \sqrt{(\Delta x)^2 + (\Delta y)^2}$,则称函数 $z = f(x,y)$ 在点 (x,y) 可微分,而 $A\Delta x + B\Delta y$ 称为函数 $z = f(x,y)$ 在点 (x,y) 的全微分,记为 $\mathrm{d}z$,即
$$\mathrm{d}z = A\Delta x + B\Delta y$$

如果函数在区域 D 上的每一点都可微,则称函数在区域 D 上可微. 显然,多元函数在某点的偏导数存在,并不保证函数在该点连续,但函数在某点可微则函数在该点必连续.

定理 7.4 如果函数 $z = f(x,y)$ 在点 (x,y) 处可微,则 $z = f(x,y)$ 在点 (x,y) 处的两个偏导数都存在,且函数 $z = f(x,y)$ 在点 (x,y) 的全微分为 $\mathrm{d}z = \frac{\partial z}{\partial x}\Delta x + \frac{\partial z}{\partial y}\Delta y$.

证 设函数 $z = f(x,y)$ 在点 (x,y) 处可微,则在点 (x,y) 的某邻域中式(7.2.1)成立,令 $\Delta y = 0$,此时 $\rho = \sqrt{\Delta^2 x} = |\Delta x|$,则式(7.2.1)变为
$$f(x+\Delta x, y) - f(x,y) = A\Delta x + o|\Delta x|$$
上式两边同除以 Δx,根据偏导数的定义有
$$\frac{\partial z}{\partial x} = \lim_{\Delta x \to 0} \frac{f(x+\Delta x, y) - f(x,y)}{\Delta x} = \lim_{\Delta x \to 0}\left(A + o\frac{|\Delta x|}{\Delta x}\right) = A$$
同理可证 $\frac{\partial z}{\partial y} = B$.

由定理 7.4,当函数 $z = f(x,y)$ 在点 (x,y) 处可微时,$\mathrm{d}z = \frac{\partial z}{\partial x}\Delta x + \frac{\partial z}{\partial y}\Delta y$,与一元函数一样,将 $\Delta x, \Delta y$ 分别记为 $\mathrm{d}x, \mathrm{d}y$,分别称为关于自变量 x, y 的微分,从而函数 $z = f(x,y)$ 的全微分可记为
$$\mathrm{d}z = \frac{\partial z}{\partial x}\mathrm{d}x + \frac{\partial z}{\partial y}\mathrm{d}y \tag{7.2.2}$$

在一元函数中,可微与可导是等价的,但是在多元函数中可导不一定可微. 如本节例 7.2.4 中的函数

$$f(x,y) = \begin{cases} \dfrac{xy}{x^2+y^2} & (x^2+y^2 \neq 0) \\ 0 & (x^2+y^2 = 0) \end{cases}$$

在原点$(0,0)$的两个偏导数都存在,但在原点不连续,从而在原点不可微. 可见偏导数就是可微的必要条件而不是充分条件.

定理 7.5(可微的充分条件) 若函数$z=f(x,y)$的两个偏导数在点(x,y)处连续,则函数$f(x,y)$在点(x,y)可微(证明略).

以上关于二元函数全微分的定义及可微分的必要条件和充分条件,可以完全类似地推广到三元和三元以上的多元函数,例如,如果三元函数$u=f(x,y,z)$可微分,那么它的全微分就等于三个偏导数之和,即

$$du = \frac{\partial u}{\partial x}dx + \frac{\partial u}{\partial y}dy + \frac{\partial u}{\partial z}dz$$

例 7.2.8 求函数$z = e^{\frac{x}{y}}$的全微分.

解 因为$\dfrac{\partial z}{\partial x} = \dfrac{1}{y}e^{\frac{x}{y}}, \dfrac{\partial z}{\partial y} = -\dfrac{x}{y^2}e^{\frac{x}{y}}$,所以

$$dz = \frac{x}{y}e^{\frac{x}{y}}dx - \frac{x}{y^2}e^{\frac{x}{y}}dy$$

例 7.2.9 求函数$u = x + \sin\dfrac{y}{2} + e^{yz}$的全微分.

解 因为$\dfrac{\partial u}{\partial x} = 1, \dfrac{\partial u}{\partial y} = \dfrac{1}{2}\cos\dfrac{y}{2} + ze^{yz}, \dfrac{\partial u}{\partial z} = ye^{yz}$,所以

$$du = dx + \left(\frac{1}{2}\cos\frac{y}{2} + ze^{yz}\right)dy + ye^{yz}dz$$

2. 全微分在近似计算中的应用

由前面的介绍我们知道

$$\Delta z \approx dz = f_x(x,y)\Delta x + f_y(x,y)\Delta y \tag{7.2.3}$$

上式也可以写成

$$f(x+\Delta x, y+\Delta y) \approx f(x,y) + f_x(x,y)\Delta x + f_y(x,y)\Delta y \tag{7.2.4}$$

与一元函数的情形相类似,我们可以利用式(7.2.3)或式(7.2.4)对二元函数作近似计算和误差估计.

例 7.2.10 设圆锥的底半径r由30 cm增加到30.1 cm,高h由60 cm减少到59.5 cm,试求体积变化的近似值.

解 圆锥体积计算公式为:$V = \dfrac{1}{3}\pi r^2 h$,取$r_0 = 30, h_0 = 60$,则$\Delta r = 0.1, \Delta h = -0.5$,因为

$$\left.\frac{\partial V}{\partial r}\right|_{\substack{r_0=30 \\ h_0=60}} = \left.\frac{2}{3}\pi rh\right|_{\substack{r_0=30 \\ h_0=60}} = 1\,200\pi$$

$$\left.\frac{\partial V}{\partial h}\right|_{\substack{r_0=30 \\ h_0=60}} = \left.\frac{1}{3}\pi r^2\right|_{\substack{r_0=30 \\ h_0=60}} = 300\pi$$

由公式(7.2.3) 得
$$\Delta V \approx 1\,200\pi \times 0.1 + 300\pi \times (-0.5) = -30\pi(\text{cm}^3) \approx -94.3(\text{cm}^3)$$
即体积减少约 94.3 cm³.

设有函数 $z = f(x,y)$，若测得 x 的值为 x_0，y 的值为 y_0，测量的绝对误差限分别为 δ_x, δ_y，即
$$|\Delta x| = |x - x_0| \leq \delta_x, |\Delta y| = |y - y_0| \leq \delta_y$$

绝对误差：
$$|\Delta z| = |f(x,y) - f(x_0, y_0)|$$

于是，有
$$|\Delta z| \approx |\mathrm{d}z| = |f_x(x_0, y_0)\Delta x + f_y(x_0, y_0)\Delta y| \leq$$
$$|f_x(x_0, y_0)| \cdot |\Delta x| + |f_y(x_0, y_0)| \cdot |\Delta y| \leq$$
$$|f_x(x_0, y_0)|\delta_x + |f_y(x_0, y_0)|\delta_y \tag{7.2.5}$$

z 的绝对误差为
$$\delta_z = |f_x(x_0, y_0)|\delta_x + |f_y(x_0, y_0)|\delta_y \tag{7.2.6}$$

z 的相对误差约为
$$\frac{\delta_z}{|z|} = \left|\frac{f_x(x_0, y_0)}{z}\right|\delta_x + \left|\frac{f_y(x_0, y_0)}{z}\right|\delta_y$$

习题 7.2

1. 求下列函数的偏导数：

(1) $z = x^3 y - y^3 x$；

(2) $z = \dfrac{u^2 + v^2}{uv}$；

(3) $z = \sqrt{\ln(xy)}$；

(4) $z = \sin(xy) + \cos^2(xy)$；

(5) $z = \ln\tan\dfrac{x}{y}$；

(6) $z = (1 + xy)^y$；

(7) $u = x^{\frac{y}{z}}$；

(8) $u = \arctan(x - y)^z$.

2. 设 $f(x,y) = x + (y-2)\arcsin\sqrt{\dfrac{y}{x}}$，求 $f_x(x, 2)$.

3. 求下列函数的所有二阶偏导数：

(1) $z = x^3 + y^3 - 2x^2 y^2$；

(2) $z = \arctan\dfrac{x}{y}$；

(3) $z = x^y$；

(4) $z = \mathrm{e}^y \cos(x - y)$.

4. 求下列函数的全微分：

(1) $z = xy + \dfrac{x}{y}$；

(2) $z = \ln(1 + x^2 + y^2)$；

(3) $z = y^x$；

(4) $u = x^{yz}$.

5. 证明：函数 $z = \sqrt{x^2 + y^2}$ 在点 $(0,0)$ 连续，但两个偏导数不存在.

6. 设 $z = e^{-(\frac{1}{x}+\frac{1}{y})}$，证明：$x^2 \frac{\partial z}{\partial x} + y^2 \frac{\partial z}{\partial y} = 2z$.

7. 设 $f(x,y) = \ln(\sqrt{x} + \sqrt{y})$，证明：$x \frac{\partial f}{\partial x} + y \frac{\partial f}{\partial y} = \frac{1}{2}$.

8. 设 $u = \sqrt{x^2 + y^2 + z^2}$，证明：$\frac{\partial^2 u}{\partial x^2} + \frac{\partial^2 u}{\partial y^2} + \frac{\partial^2 u}{\partial z^2} = \frac{2}{u}$.

*9. 计算 $(1.97)^{1.05}$ 的近似值.

*10. 测得一块三角形土地的两边长分别为 (63 ± 0.1) m 和 (78 ± 0.1) m，这两边的夹角为 $60° \pm 1°$，试求三角形面积的近似值，并求其绝对误差和相对误差.

*7.3 方向导数与梯度

*7.3.1 方向导数

在很多实际问题中，尤其是许多物理与工程技术中，还常常需要研究沿着非平行于坐标轴方向的变化率. 这就是要引入方向导数的概念.

1. 方向导数的定义

定义 7.7 设函数 $z = f(x,y)$ 在点 $P(x,y)$ 的某个邻域中有定义，l 是从点 $P(x,y)$ 引出的一条射线，$Q(x+\Delta x, y+\Delta y)$ 是 l 上的点，记 $\rho = \sqrt{(\Delta x)^2 + (\Delta y)^2}$，如果比值

$$\frac{\Delta z}{\rho} = \frac{f(x+\Delta x, y+\Delta y) - f(x,y)}{\rho}$$

当 Q 沿着 l 趋于 P（即 $\rho \to 0^+$）时的极限存在，则将这个极限值称为函数 $z = f(x,y)$ 在点 P 处沿方向 l 的方向导数，记为 $\frac{\partial f}{\partial l}$ 或 $\frac{\partial z}{\partial l}$，于是

$$\frac{\partial f}{\partial l} = \lim_{\rho \to 0^+} \frac{f(x+\Delta x, y+\Delta y) - f(x,y)}{\rho}$$

注 （1）设 l 是 xOy 平面上的以 $P(x,y)$ 为始点的一条射线，$e_l = (\cos\alpha, \cos\beta)$ 是与 l 同方向的单位向量（图 7.3.1），则有

$$\begin{cases} \Delta x = \rho \cos\alpha \\ \Delta y = \rho \cos\beta \end{cases} \quad (7.3.1)$$

图 7.3.1

（2）从方向导数的定义可知，方向导数 $\frac{\partial f}{\partial l}$ 就是函数 $f(x,y)$ 在点 $P(x,y)$ 处沿 l 方向的变化率，若函数 $f(x,y)$ 在点 $P(x,y)$ 的偏导数存在，$e_l = \boldsymbol{i} = (1,0)$，则

$$\frac{\partial f}{\partial l} = \lim_{\rho \to 0^+} \frac{f(x+\rho, y) - f(x,y)}{\rho} = f_x(x,y)$$

又若 $e_l = \boldsymbol{j} = (0,1)$ 则

$$\frac{\partial f}{\partial l} = \lim_{\rho \to 0^+} \frac{f(x, y+\rho) - f(x,y)}{\rho} = f_y(x,y)$$

但反之,若 $e_l = i$,$\frac{\partial z}{\partial l}$ 存在,但 $\frac{\partial z}{\partial x}$ 未必存在,例如 $z = \sqrt{x^2+y^2}$ 在点 $(0,0)$ 处沿 $e_l = i$ 方向的方向导数 $\left.\frac{\partial z}{\partial l}\right|_{(0,0)} = 1$,而偏导数 $\left.\frac{\partial z}{\partial x}\right|_{(0,0)}$ 不存在.

2. 方向导数的计算公式

定理 7.6 如果函数 $f(x,y)$ 在点 $P(x,y)$ 可微分,那么函数在该点沿任一方向 l 的方向导数存在,且有

$$\frac{\partial f}{\partial l} = f_x(x,y)\cos\alpha + f_y(x,y)\cos\beta$$

其中 $\cos\alpha, \cos\beta$ 是方向 l 的方向余弦.

证 由假设 $f(x,y)$ 在点 (x,y) 处可微分,故有

$$f(x+\Delta x, y+\Delta y) - f(x,y) = f_x(x,y)\Delta x + f_y(x,y)\Delta y + o(\rho)$$

由式(7.3.1)知

$$\frac{\partial z}{\partial l} = \lim_{\rho \to 0^+} \frac{\Delta z}{\rho} = \lim_{\rho \to 0^+}\left(\frac{\partial z}{\partial x}\cos\alpha + \frac{\partial z}{\partial y}\cos\beta + \frac{o(\rho)}{\rho}\right) = \frac{\partial z}{\partial x}\cos\alpha + \frac{\partial z}{\partial y}\cos\beta$$

方向导数的概念可以推广到三元函数,设函数 $u = f(x,y,z)$ 在点 $P(x,y,z)$ 的某一邻域中有定义,l 是由点 P 出发的一条射线,点 $Q(x+\Delta x, y+\Delta y, z+\Delta z)$ 是 l 上的一个点,函数 $f(x,y,z)$ 在点 P 处沿方向 l 的方向导数定义为

$$\frac{\partial f}{\partial l} = \lim_{\rho \to 0^+} \frac{f(x+\Delta x, y+\Delta y, z+\Delta z) - f(x,y,z)}{\rho}$$

其中 $\rho = \sqrt{(\Delta x)^2 + (\Delta y)^2 + (\Delta z)^2}$.

同理可证:如果函数 $f(x,y,z)$ 在点 (x,y,z) 可微分,射线 l 的方向余弦为 $\cos\alpha, \cos\beta, \cos\gamma$,则该函数在点 P 处沿 l 的方向导数为

$$\frac{\partial f}{\partial l} = \frac{\partial f}{\partial x}\cos\alpha + \frac{\partial f}{\partial y}\cos\beta + \frac{\partial f}{\partial z}\cos\gamma$$

例 7.3.1 求函数 $z = xe^{2y}$ 在点 $P(1,0)$ 处沿从点 $P(1,0)$ 到点 $Q(2,-1)$ 方向的方向导数.

解 方向向量 $\overrightarrow{PQ} = (1,-1)$ 即为 l 的方向,与 l 同向的单位向量为 $e_l = \left(\frac{1}{\sqrt{2}}, -\frac{1}{\sqrt{2}}\right)$.

因为函数可微分,且

$$\left.\frac{\partial z}{\partial x}\right|_{(1,0)} = e^{2y}\big|_{(1,0)} = 1, \left.\frac{\partial z}{\partial y}\right|_{(1,0)} = 2xe^{2y}\big|_{(1,0)} = 2$$

故所求方向导数为

$$\left.\frac{\partial z}{\partial l}\right|_{(1,0)} = 1 \cdot \frac{1}{\sqrt{2}} + 2\left(-\frac{1}{\sqrt{2}}\right) = -\frac{\sqrt{2}}{2}$$

例 7.3.2 求函数 $f(x,y,z) = xy + yz + zx$ 在点 $(1,1,2)$ 处沿方向角为 $\alpha = 60°, \beta = 45°, \gamma = 60°$ 的方向导数.

解 由题设得 $\dfrac{\partial f}{\partial x} = y+z$, $\dfrac{\partial f}{\partial y} = x+z$, $\dfrac{\partial f}{\partial z} = x+y$, 于是

$$\dfrac{\partial f}{\partial x}\bigg|_{(1,1,2)} = 3, \quad \dfrac{\partial f}{\partial y}\bigg|_{(1,1,2)} = 3, \quad \dfrac{\partial f}{\partial z}\bigg|_{(1,1,2)} = 2$$

$$\boldsymbol{e}_l = (\cos 60°, \cos 45°, \cos 60°) = \left(\dfrac{1}{2}, \dfrac{\sqrt{2}}{2}, \dfrac{1}{2}\right)$$

$$\dfrac{\partial f}{\partial l}\bigg|_{(1,1,2)} = 3 \cdot \dfrac{1}{2} + 3 \cdot \dfrac{\sqrt{2}}{2} + 2 \cdot \dfrac{1}{2} = \dfrac{1}{2}(5+3\sqrt{2})$$

*7.3.2 梯 度

对于固定的点,函数在不同方向上的变化率也有不同,那么在点 P 的什么方向上,函数的变化率可以达到最大? 为此我们引入梯度的概念.

定义7.8 设函数 $f(x,y)$ 在点 (x_0,y_0) 处可微,且 $f_x(x,y)$ 与 $f_y(x,y)$ 不同时为零,则非零向量

$$f_x(x_0,y_0)\boldsymbol{i} + f_y(x_0,y_0)\boldsymbol{j}$$

称为函数 $z=f(x,y)$ 在点 (x_0,y_0) 处的梯度,记为 $\mathbf{grad}\, f(x_0,y_0)$,即

$$\mathbf{grad}\, f(x_0,y_0) = f_x(x_0,y_0)\boldsymbol{i} + f_y(x_0,y_0)\boldsymbol{j} = \{f_x(x_0,y_0), f_y(x_0,y_0)\} \tag{7.3.2}$$

如果函数 $f(x,y)$ 在点 $P_0(x_0,y_0)$ 可微分,$\boldsymbol{e}_l = (\cos\alpha, \cos\beta)$ 是与向量 l 同方向的单位向量,则

$$\dfrac{\partial f}{\partial l}\bigg|_{(x_0,y_0)} = f_x(x_0,y_0)\cos\alpha + f_y(x_0,y_0)\cos\beta =$$

$$\mathbf{grad}\, f(x_0,y_0) \cdot \boldsymbol{e}_l = |\mathbf{grad}\, f(x_0,y_0)|\cos\theta$$

其中 $\theta = \langle \mathbf{grad}\, f(x_0,y_0), \boldsymbol{e}_l \rangle$.

这一关系式表明了函数在一点的梯度是个向量,它的方向是函数在这点的方向导数取得最大值的方向,它的模就等于方向导数的最大值.

梯度的概念可以推广到三元函数,设函数 $u=f(x,y,z)$ 在空间区域 G 内具有一阶连续偏导数,则对于每一点 $P_0(x_0,y_0,z_0) \in G$,都可定义一个向量

$$f_x(x_0,y_0,z_0)\boldsymbol{i} + f_y(x_0,y_0,z_0)\boldsymbol{j} + f_z(x_0,y_0,z_0)\boldsymbol{k}$$

称为函数 $u=f(x,y,z)$ 在点 $P_0(x_0,y_0,z_0)$ 处的梯度,记为 $\mathbf{grad}\, f(x_0,y_0,z_0)$,类似的,可以证明在点 P_0 处,函数 $u=f(x,y,z)$ 沿梯度方向的方向导数达到最大值 $|\mathbf{grad}\, f(x_0,y_0,z_0)|$.

例7.3.3 求函数 $z=\ln(x^2+y^2)$ 的梯度.

解 因为 $\dfrac{\partial z}{\partial x} = \dfrac{2x}{x^2+y^2}$, $\dfrac{\partial z}{\partial y} = \dfrac{2y}{x^2+y^2}$, 故函数 $z=\ln(x^2+y^2)$ 的梯度为

$$\mathbf{grad}\,\ln(x^2+y^2) = \dfrac{2x}{x^2+y^2}\boldsymbol{i} + \dfrac{2y}{x^2+y^2}\boldsymbol{j}$$

例7.3.4 设函数 $f(x,y,z)=x^2+y^2+z^2$,在点 $(2,1,-1)$ 处求方向 l,使得函数在该点沿 l 的方向导数达到最大,并求 l 的方向余弦和最大方向导数.

解 根据梯度的定义,函数沿梯度方向的方向导数最大,因

$$\mathbf{grad}\, f = \{f_x, f_y, f_z\} = \{2x, 2y, 2z\}$$

故 $\mathbf{grad}\, f(2,1,-1) = \{4,2,-2\}$，因此，函数在点 $(2,1,-1)$ 沿 $l = \{4,2,-2\}$ 的方向导数最大，将 l 单位化得 $e_l = \dfrac{l}{|l|} = \left\{\dfrac{2}{\sqrt{6}}, \dfrac{1}{\sqrt{6}}, \dfrac{-1}{\sqrt{6}}\right\}$，于是所求方向余弦为

$$\cos\alpha = \frac{2}{\sqrt{6}}, \quad \cos\beta = \frac{1}{\sqrt{6}}, \quad \cos\gamma = \frac{-1}{\sqrt{6}}$$

函数在该点最大的方向导数就是该点梯度的模

$$|\mathbf{grad}\, f(2,1,-1)| = \sqrt{24} = 2\sqrt{6}$$

习题 7.3

1. 求下列方向导数：

(1) 函数 $z = x^2 - y^2$ 在点 $(1,1)$ 处，沿与 x 轴正向成 $60°$ 角的方向 l 的方向导数.

(2) 函数 $z = x^2 + y^2$ 在点 $(1,2)$ 处，沿从点 $A(1,2)$ 到点 $B(2, 2+\sqrt{3})$ 的方向 l 的方向导数.

(3) 函数 $u = xy^2 + z^3 - xyz$ 在点 $(1,1,2)$ 处，沿方向角 $\alpha = \dfrac{\pi}{3}, \beta = \dfrac{\pi}{4}, \gamma = \dfrac{\pi}{3}$ 的方向 l 的方向导数.

(4) 函数 $u = xyz$ 在点 $(5,1,2)$ 处，沿从点 $A(5,1,2)$ 到点 $B(9,4,14)$ 的方向 l 的方向导数.

2. 求函数 $z = \ln(x+y)$ 在抛物线 $y^2 = 4x$ 上点 $(1,2)$ 处，沿着这抛物线在该点处偏向 x 轴正向的切线方向的方向导数.

3. 求函数 $u = x^2 + y^2 + z^2$ 在曲线 $x = t, y = t^2, z = t^3$ 上点 $(1,1,1)$ 处，沿曲线在该点的切线正方向（对应于 t 增大的方向）的方向导数.

4. 设 $f(x,y,z) = x^2 + 2y^2 + 3z^2 + xy + 3x - 2y - 6z$，求 $\mathbf{grad}\, f(0,0,0)$ 及 $\mathbf{grad}\, f(1,1,1)$.

5. 求函数 $z = \sqrt{xy}$ 在点 $(4,2)$ 处的最大变化率.

6. 问函数 $u = xy^2 z$ 在点 $P(1,-1,2)$ 处沿什么方向的方向导数最大？并求此方向导数的最大值.

7.4 复合函数与隐函数求导法则

7.4.1 复合函数求偏导数的法则

多元函数的复合求导法则要比一元函数的复合情况复杂得多，这里就几种多元函数的偏导数进行讨论，从中归纳出复合函数求偏导数的法则.

1. 复合函数的中间变量均为一元函数的情形

定理 7.7 如果函数 $u = \varphi(x)$ 及 $v = \psi(x)$ 都在点 x 处可微，函数 $z = f(u,v)$ 在对应点 (u,v) 处也可微，则复合函数 $z = f[\varphi(x), \psi(x)]$ 在点 x 处可导，有

$$\frac{dz}{dx} = \frac{\partial z}{\partial u}\frac{du}{dx} + \frac{\partial z}{\partial v}\frac{dv}{dx} \qquad (7.4.1)$$

证 复合函数 $z = f[\varphi(x), \psi(x)]$ 是一元函数,有
$$\Delta u = \varphi(x + \Delta x) - \varphi(x), \Delta v = \psi(x + \Delta x) - \psi(x)$$
$$\Delta z = f(u + \Delta u, v + \Delta v) - f(u, v)$$

因 $z = f(u, v)$ 在点 (u, v) 处可微,根据公式(7.2.1),有
$$\Delta z = A\Delta u + B\Delta v + o(\rho) \qquad (7.4.2)$$

式(7.4.2)两端除以 Δx,则有
$$\frac{\Delta z}{\Delta x} = A\frac{\Delta u}{\Delta x} + B\frac{\Delta v}{\Delta x} + \frac{o(\rho)}{\Delta x} \qquad (7.4.3)$$

则当 $\Delta x \to 0$ 时,
$$\frac{\Delta u}{\Delta x} \to \frac{du}{dx}, \quad \frac{\Delta v}{\Delta x} \to \frac{dv}{dx}, \quad \rho \to 0$$
$$\lim_{\Delta x \to 0} \frac{\Delta z}{\Delta x} = A \cdot \frac{du}{dx} + B \cdot \frac{dv}{dx}$$

所以 $A = \frac{\partial z}{\partial u}, B = \frac{\partial z}{\partial v}$,从而有
$$\frac{dz}{dx} = \frac{\partial z}{\partial u}\frac{du}{dx} + \frac{\partial z}{\partial v}\frac{dv}{dx}$$

称式(7.4.1)为复合函数的导数 $\frac{dz}{dx}$,即全导数.

例 7.4.1 对于复合函数 $z = u^v, u = x, v = x$,求 $\frac{dz}{dx}$.

解 因为 $\frac{\partial z}{\partial u} = vu^{v-1}, \frac{\partial z}{\partial v} = u^v \ln u, \frac{du}{dx} = 1, \frac{dv}{dx} = 1$,所以由公式(7.4.1)得
$$\frac{dz}{dx} = vu^{v-1} \times 1 + u^v \ln u \times 1 = x^x(1 + \ln x)$$

由例 7.4.1 可知,公式(7.4.1)可用来求幂指函数 $z = [f(x)]^{g(x)}$ 的导数.

2. 复合函数的中间变量为二元函数的情形

定理 7.8 如果函数 $u = \varphi(x, y)$ 及 $v = \psi(x, y)$ 在点 (x, y) 处都是可微的,函数 $z = f(u, v)$ 在对应点 (u, v) 处也可微,则复合函数 $z = f[\varphi(x, y), \psi(x, y)]$ 在点 (x, y) 的两个偏导数都存在,并有
$$\begin{cases} \frac{\partial z}{\partial x} = \frac{\partial z}{\partial u}\frac{\partial u}{\partial x} + \frac{\partial z}{\partial v}\frac{\partial v}{\partial x} \\ \frac{\partial z}{\partial y} = \frac{\partial z}{\partial u}\frac{\partial u}{\partial y} + \frac{\partial z}{\partial v}\frac{\partial v}{\partial y} \end{cases} \qquad (7.4.4)$$

公式(7.4.4)可借助下图记忆

例 7.4.2 $z = e^u \sin v$, 而 $u = xy, v = x + y$, 求 $\dfrac{\partial z}{\partial x}$ 及 $\dfrac{\partial z}{\partial y}$.

解
$$\frac{\partial z}{\partial x} = \frac{\partial z}{\partial u}\frac{\partial u}{\partial x} + \frac{\partial z}{\partial v}\frac{\partial v}{\partial x} = e^u \sin v \cdot y + e^u \cos v =$$
$$e^{xy}[y\sin(x+y) + \cos(x+y)]$$

$$\frac{\partial z}{\partial y} = \frac{\partial z}{\partial u}\frac{\partial u}{\partial y} + \frac{\partial z}{\partial v}\frac{\partial v}{\partial y} =$$
$$e^u \sin v \cdot x + e^u \cos v \cdot 1 =$$
$$e^{xy}[x\sin(x+y) + \cos(x+y)]$$

3. 复合函数的中间变量既有一元函数,又有多元函数的情形

定理 7.9 如果函数 $u = \varphi(x,y)$ 在点 (x,y) 处可微,函数 $v = \psi(y)$ 在点 y 处可微,函数 $z = f(u,v)$ 在对应点 (u,v) 处可微,则复合函数 $z = f[\varphi(x,y), \psi(y)]$ 在点 (x,y) 处的偏导数存在,且有

$$\frac{\partial z}{\partial x} = \frac{\partial z}{\partial u}\frac{\partial u}{\partial x}, \quad \frac{\partial z}{\partial y} = \frac{\partial z}{\partial u}\frac{\partial u}{\partial y} + \frac{\partial z}{\partial v}\frac{dv}{dy} \tag{7.4.5}$$

例 7.4.3 对于复合函数 $z = u^v, u = 1 + xy, v = y$, 求 $\dfrac{\partial z}{\partial x}, \dfrac{\partial z}{\partial y}$.

解 因为 $\dfrac{\partial z}{\partial u} = vu^{v-1}, \dfrac{\partial z}{\partial v} = u^v \ln u, \dfrac{\partial u}{\partial x} = y, \dfrac{\partial u}{\partial y} = x, \dfrac{dv}{dy} = 1$.
所以

$$\frac{\partial z}{\partial x} = \frac{\partial z}{\partial u}\frac{\partial u}{\partial x} = vu^{v-1} \cdot y = y^2(1+xy)^{y-1}$$

$$\frac{\partial z}{\partial y} = \frac{\partial z}{\partial u}\frac{\partial u}{\partial y} + \frac{\partial z}{\partial v}\frac{dv}{dy} =$$
$$vu^{v-1} \cdot x + u^v \ln u \cdot 1 =$$
$$xy(1+xy)^{y-1} + (1+xy)^y \ln(1+xy) =$$
$$(1+xy)^y\left[\frac{xy}{1+xy} + \ln(1+xy)\right]$$

假设以下函数都可微,考虑复合函数的导数或偏导数:

(1) 若函数 $z = f(u,v,w)$, 而 $u = u(t), v = v(t), w = w(t)$, 则复合函数 $z = f[u(t), v(t), w(t)]$ 的全导数为

$$\frac{dz}{dt} = \frac{\partial z}{\partial u}\frac{du}{dt} + \frac{\partial z}{\partial v}\frac{dv}{dt} + \frac{\partial z}{\partial w}\frac{dw}{dt} \tag{7.4.6}$$

(2) 若函数 $z = f(u,v,w)$, 而 $u = u(x,y), v = v(x,y), w = w(x,y)$, 则复合函数 $z = f[u(x,y), v(x,y), w(x,y)]$ 的偏导数为

$$\begin{cases} \dfrac{\partial z}{\partial x} = \dfrac{\partial z}{\partial u}\dfrac{\partial u}{\partial x} + \dfrac{\partial z}{\partial v}\dfrac{\partial v}{\partial x} + \dfrac{\partial z}{\partial w}\dfrac{\partial w}{\partial x} \\ \dfrac{\partial z}{\partial y} = \dfrac{\partial z}{\partial u}\dfrac{\partial u}{\partial y} + \dfrac{\partial z}{\partial v}\dfrac{\partial v}{\partial y} + \dfrac{\partial z}{\partial w}\dfrac{\partial w}{\partial y} \end{cases} \tag{7.4.7}$$

(3) 若 $w = f(u,v)$, 而 $u = u(x,y,z), v = v(x,y,z)$, 则复合函数 $w = f[u(x,y,z), v(x,

$y,z)$]的偏导数为

$$\begin{cases} \dfrac{\partial w}{\partial x} = \dfrac{\partial w}{\partial u}\dfrac{\partial u}{\partial x} + \dfrac{\partial w}{\partial v}\dfrac{\partial v}{\partial x} \\ \dfrac{\partial w}{\partial y} = \dfrac{\partial w}{\partial u}\dfrac{\partial u}{\partial y} + \dfrac{\partial w}{\partial v}\dfrac{\partial v}{\partial y} \\ \dfrac{\partial w}{\partial z} = \dfrac{\partial w}{\partial u}\dfrac{\partial u}{\partial z} + \dfrac{\partial w}{\partial v}\dfrac{\partial v}{\partial z} \end{cases} \qquad (7.4.8)$$

例 7.4.4 设函数 $w = F(x,y,z), z = \varphi(x,y)$ 都可微，求复合函数 $w = F[x, y, \varphi(x, y)]$ 的偏导数.

解 这个复合函数只对其中的一个中间变量 z 进行了复合，我们可以将它看做由函数 $w = F[u, v, z]$ 和中间变量 $u = x, v = y, z = \varphi(x, y)$ 复合而成，复合之后的自变量只有两个.

因为 $\dfrac{\partial u}{\partial x} = 1, \dfrac{\partial u}{\partial y} = 0, \dfrac{\partial v}{\partial x} = 0, \dfrac{\partial v}{\partial y} = 1$，所以

$$\dfrac{\partial w}{\partial x} = \dfrac{\partial w}{\partial u}\dfrac{\partial u}{\partial x} + \dfrac{\partial w}{\partial v}\dfrac{\partial v}{\partial x} + \dfrac{\partial w}{\partial z}\dfrac{\partial z}{\partial x} =$$

$$\dfrac{\partial w}{\partial u} \cdot 1 + \dfrac{\partial w}{\partial v} \cdot 0 + \dfrac{\partial w}{\partial z} \cdot \dfrac{\partial z}{\partial x} = \dfrac{\partial w}{\partial u} + \dfrac{\partial w}{\partial z}\dfrac{\partial z}{\partial x}$$

或记为

$$\dfrac{\partial w}{\partial x} = \dfrac{\partial F}{\partial x} + \dfrac{\partial F}{\partial z}\dfrac{\partial z}{\partial x}$$

$$\dfrac{\partial w}{\partial y} = \dfrac{\partial w}{\partial u}\dfrac{\partial u}{\partial y} + \dfrac{\partial w}{\partial v}\dfrac{\partial v}{\partial y} + \dfrac{\partial w}{\partial z}\dfrac{\partial z}{\partial y} =$$

$$\dfrac{\partial w}{\partial u} \cdot 0 + \dfrac{\partial w}{\partial v} \cdot 1 + \dfrac{\partial w}{\partial z} \cdot \dfrac{\partial z}{\partial y} = \dfrac{\partial w}{\partial v} + \dfrac{\partial w}{\partial z}\dfrac{\partial z}{\partial y}$$

或记为

$$\dfrac{\partial w}{\partial y} = \dfrac{\partial F}{\partial y} + \dfrac{\partial F}{\partial z}\dfrac{\partial z}{\partial y} \qquad (7.4.9)$$

这是一个比较复杂的复合函数，但是，如果掌握好求导法则，我们仍可以处理好它求偏导数的问题. 与此类似，复合函数在隐函数的偏导数中将有应用，此时，公式(7.4.9)中的记号 $\dfrac{\partial w}{\partial x}$ 与 $\dfrac{\partial F}{\partial x}$ 的意义是不同的，$\dfrac{\partial w}{\partial x}$ 表示对于复合后的函数求自变量 x 的偏导数，而 $\dfrac{\partial F}{\partial x}$ 表示对函数 $F(x, y, z)$ 中的第一个变量 x 求偏导数.

例 7.4.5 设 $w = f(x + y + z, xyz)$，f 具有二阶连续偏导数，求 $\dfrac{\partial w}{\partial x}$ 及 $\dfrac{\partial^2 w}{\partial x \partial z}$.

解 令 $u = x + y + z, v = xyz$，则 $w = f(u, v)$，为表示简便起见，引入以下记号：

$$f'_1 = \dfrac{\partial f(u,v)}{\partial u}, \quad f''_{12} = \dfrac{\partial^2 f(u,v)}{\partial u \partial v}$$

这里下标 1 表示对第一个变量 u 求偏导数，下标 2 表示对第二个变量 v 求偏导数，同理有 f'_2, f''_{11}, f''_{22} 等.

因所给函数由 $w = f(u,v)$ 及 $u = x + y + z, v = xyz$ 复合而成，根据复合函数求导法则，有

$$\frac{\partial w}{\partial x} = \frac{\partial f}{\partial u} \cdot \frac{\partial u}{\partial x} + \frac{\partial f}{\partial v} \cdot \frac{\partial v}{\partial x} = f'_1 + yzf'_2$$

$$\frac{\partial^2 w}{\partial x \partial z} = \frac{\partial}{\partial z}(f'_1 + yzf'_2) = \frac{\partial f'_1}{\partial z} + yf'_2 + yz\frac{\partial f'_2}{\partial z}$$

求 $\frac{\partial f'_1}{\partial z}$ 及 $\frac{\partial f'_2}{\partial z}$ 时应注意 f'_1 及 f'_2 仍是复合函数，根据复合函数求导法则，有

$$\frac{\partial f'_1}{\partial z} = \frac{\partial f'_1}{\partial u} \cdot \frac{\partial u}{\partial z} + \frac{\partial f'_1}{\partial v} \cdot \frac{\partial v}{\partial z} = f''_{11} + xyf''_{12}$$

$$\frac{\partial f'_2}{\partial z} = \frac{\partial f'_2}{\partial u} \cdot \frac{\partial u}{\partial z} + \frac{\partial f'_2}{\partial v} \cdot \frac{\partial v}{\partial z} = f''_{21} + xyf''_{22}$$

于是

$$\frac{\partial^2 w}{\partial x \partial z} = f''_{11} + xyf''_{12} + yf'_2 + yzf''_{21} + xy^2zf''_{22}$$

设函数 $z = f(u,v)$ 具有连续偏导数，则有全微分

$$dz = \frac{\partial z}{\partial u}du + \frac{\partial z}{\partial v}dv$$

如果 u,v 又是函数 $u = \varphi(x,y), v = \psi(x,y)$，且这两个函数也具有连续偏导数，则复合函数

$$z = f[\varphi(x,y), \psi(x,y)]$$

的全微分为

$$dz = \frac{\partial z}{\partial x}dx + \frac{\partial z}{\partial y}dy$$

又

$$\frac{\partial z}{\partial x} = \frac{\partial z}{\partial u} \cdot \frac{\partial u}{\partial x} + \frac{\partial z}{\partial v} \cdot \frac{\partial v}{\partial x}$$

$$\frac{\partial z}{\partial y} = \frac{\partial z}{\partial u} \cdot \frac{\partial u}{\partial y} + \frac{\partial z}{\partial v} \cdot \frac{\partial v}{\partial y}$$

所以

$$dz = (\frac{\partial z}{\partial u} \cdot \frac{\partial u}{\partial x} + \frac{\partial z}{\partial v} \cdot \frac{\partial v}{\partial x})dx + (\frac{\partial z}{\partial u} \cdot \frac{\partial u}{\partial y} + \frac{\partial z}{\partial v} \cdot \frac{\partial v}{\partial y})dy =$$

$$\frac{\partial z}{\partial u}(\frac{\partial u}{\partial x}dx + \frac{\partial u}{\partial y}dy) + \frac{\partial z}{\partial v}(\frac{\partial v}{\partial x}dx + \frac{\partial v}{\partial y}dy) =$$

$$\frac{\partial z}{\partial u}du + \frac{\partial z}{\partial v}dv$$

由此可见，无论 z 是自变量 u,v 的函数或中间变量 u,v 的函数，它的全微分形式是一样的，这个性质称为全微分的形式不变性。

7.4.2 隐函数的偏导数

下面我们讨论隐函数的偏导数问题.

1. 一个方程的情形

定理 7.10（隐函数存在定理 1） 设函数 $F(x,y)$ 在点 $P(x_0,y_0)$ 的某一邻域内具有连续偏导数，且 $F(x_0,y_0)=0, F_y(x_0,y_0)\neq 0$，则方程 $F(x,y)=0$ 在点 (x_0,y_0) 的某一邻域内恒能唯一确定一个连续且具有连续导数的函数 $y=f(x)$，它满足条件 $y_0=f(x_0)$，并有

$$\frac{dy}{dx}=-\frac{F_x}{F_y} \tag{7.4.10}$$

式 (7.4.10) 称为隐函数求导公式.

仅就公式 (7.4.10) 作如下推导.

证 由隐函数的意义可知，复合函数 $F(x,f(x))\equiv 0$，在这个等式的两端对 x 求导数，有

$$\frac{\partial F}{\partial x}+\frac{\partial F}{\partial y}\cdot\frac{dy}{dx}=0$$

$$\frac{dy}{dx}=-\frac{\dfrac{\partial F}{\partial x}}{\dfrac{\partial F}{\partial y}}=-\frac{F_x}{F_y}$$

定理 7.11（隐函数存在定理 2） 设函数 $F(x,y,z)$ 在点 $P_0(x_0,y_0,z_0)$ 的某一邻域内具有连续偏导数，且 $F(x_0,y_0,z_0)=0, F_z(x_0,y_0,z_0)\neq 0$，则方程 $F(x,y,z)=0$ 在点 (x_0,y_0,z_0) 的某一邻域内恒能唯一确定一个连续且具有连续偏导数的函数 $z=z(x,y)$，它满足条件 $z_0=z(x_0,y_0)$，并有

$$\frac{\partial z}{\partial x}=-\frac{F_x}{F_z},\quad \frac{\partial z}{\partial y}=-\frac{F_y}{F_z} \tag{7.4.11}$$

仅就公式 (7.4.11) 作如下推导.

证 由于 $F(x,y,f(x,y))\equiv 0$，将上式两端分别对 x 和 y 求导，应用复合函数求导法则得

$$F_x+F_z\frac{\partial z}{\partial x}=0,\quad F_y+F_z\frac{\partial z}{\partial y}=0$$

因为 F_z 连续，且 $F_z(x_0,y_0,z_0)\neq 0$，所以存在点 (x_0,y_0,z_0) 的某一个邻域，在这个邻域内 $F_z\neq 0$，于是得

$$\frac{\partial z}{\partial x}=-\frac{F_x}{F_z},\quad \frac{\partial z}{\partial y}=-\frac{F_y}{F_z}$$

例 7.4.6 设 $\ln\sqrt{x^2+y^2}=\arctan\dfrac{y}{x}$，求 $\dfrac{dy}{dx}$.

解 设 $F(x,y)=\dfrac{1}{2}\ln(x^2+y^2)-\arctan\dfrac{y}{x}$，则

$$F_x=\frac{1}{2}\frac{2x}{x^2+y^2}-\frac{-\dfrac{y}{x^2}}{1+\left(\dfrac{y}{x}\right)^2}=\frac{x+y}{x^2+y^2}$$

$$F_y = \frac{1}{2} \frac{2y}{x^2+y^2} - \frac{\frac{1}{x}}{1+\left(\frac{y}{x}\right)^2} = \frac{y-x}{x^2+y^2}$$

由公式(7.4.11)得

$$\frac{\mathrm{d}y}{\mathrm{d}x} = -\frac{F_x}{F_y} = \frac{x+y}{x-y}$$

例 7.4.7 给定方程 $\mathrm{e}^{-xy} - 2z + \mathrm{e}^z = 0$,而 $z = z(x,y)$ 为该方程确定的函数,求 $\frac{\partial z}{\partial x}, \frac{\partial z}{\partial y}$.

解 令 $F(x,y,z) = \mathrm{e}^{-xy} - 2z + \mathrm{e}^z$,则

$$F_x = -y\mathrm{e}^{-xy}; \quad F_y = -x\mathrm{e}^{-xy}; \quad F_z = -2 + \mathrm{e}^z$$

由公式(7.4.11)得

$$\frac{\partial z}{\partial x} = -\frac{F_x}{F_z} = \frac{y\mathrm{e}^{-xy}}{\mathrm{e}^z - 2}$$

$$\frac{\partial z}{\partial y} = -\frac{F_y}{F_z} = \frac{x\mathrm{e}^{-xy}}{\mathrm{e}^z - 2}$$

例 7.4.8 设由方程 $\frac{x^2}{4} + \frac{y^2}{8} + \frac{z^2}{16} = 1$ 确定了 z 为 x, y 的函数,求:

(1) $\mathrm{d}z$;(2) $\frac{\partial^2 z}{\partial x^2}, \frac{\partial^2 z}{\partial x \partial y}$.

解 方程可变形为 $4x^2 + 2y^2 + z^2 - 16 = 0$,令

$$F(x,y,z) = 4x^2 + 2y^2 + z^2 - 16$$

(1) 因为 $F_x = 8x, F_y = 4y, F_z = 2z$,则

$$\frac{\partial z}{\partial x} = -\frac{F_x}{F_z} = -\frac{4x}{z}; \quad \frac{\partial z}{\partial y} = -\frac{F_y}{F_z} = -\frac{2y}{z}$$

由全微分公式得

$$\mathrm{d}z = -\frac{4x}{z}\mathrm{d}x - \frac{2y}{z}\mathrm{d}y$$

(2) 求二阶偏导数时应记住 z 为自变量 x, y 的函数,则

$$\frac{\partial^2 z}{\partial x^2} = \frac{\partial}{\partial x}\left(-\frac{4x}{z}\right) = -4 \cdot \frac{z - xz_x}{z^2} = -4\frac{z + \frac{4x^2}{z}}{z^2} = -\frac{4(z^2 + 4x^2)}{z^3}$$

$$\frac{\partial^2 z}{\partial x \partial y} = \frac{\partial}{\partial y}\left(-\frac{4x}{z}\right) = \frac{4x}{z^2} \cdot z_y = \frac{4x}{z^2}\left(-\frac{2y}{z}\right) = -\frac{8xy}{z^3}$$

2. 方程组的情形

定理 7.12(隐函数存在定理 3) 设 $F(x,y,z), G(x,y,z)$ 在点 $P_0(x_0, y_0, z_0)$ 的某一邻域内具有对各个变量的连续偏导数,又 $F(x_0, y_0, z_0) = 0, G(x_0, y_0, z_0) = 0$,且偏导数所组成的行列式(或称雅可比(Jacobi)式)

$$J = \frac{\partial(F,G)}{\partial(y,z)} = \begin{vmatrix} \dfrac{\partial F}{\partial y} & \dfrac{\partial F}{\partial z} \\ \dfrac{\partial G}{\partial y} & \dfrac{\partial G}{\partial z} \end{vmatrix}$$

在点 $P_0(x_0,y_0,z_0)$ 不等于零,则方程组 $F(x,y,z)=0, G(x,y,z)=0$ 在点 $P_0(x_0,y_0,z_0)$ 的某一邻域内恒能唯一确定一对连续且具有连续导数的函数 $y=y(x), z=z(x)$,它们满足条件 $y_0=y(x_0), z_0=z(x_0)$,并有

$$\frac{\mathrm{d}y}{\mathrm{d}x} = -\frac{1}{J}\frac{\partial(F,G)}{\partial(x,z)}, \quad \frac{\mathrm{d}z}{\mathrm{d}x} = -\frac{1}{J}\frac{\partial(F,G)}{\partial(y,x)} \tag{7.4.12}$$

下面仅就公式 (7.4.12) 作如下推导.

证 由于 $F(x,y(x),z(x)) \equiv 0, G(x,y(x),z(x)) \equiv 0$,将恒等式两边分别对 x 求导,应用复合函数求导法则得

$$\begin{cases} F_x + F_y \dfrac{\mathrm{d}y}{\mathrm{d}x} + F_z \dfrac{\mathrm{d}z}{\mathrm{d}x} = 0 \\ G_x + G_y \dfrac{\mathrm{d}y}{\mathrm{d}x} + G_z \dfrac{\mathrm{d}z}{\mathrm{d}x} = 0 \end{cases}$$

由假设可知在点 $P_0(x_0,y_0,z_0)$ 的某一邻域内,系数行列式

$$J = \begin{vmatrix} \dfrac{\partial F}{\partial y} & \dfrac{\partial F}{\partial z} \\ \dfrac{\partial G}{\partial y} & \dfrac{\partial G}{\partial z} \end{vmatrix} \neq 0$$

从而可解出 $\dfrac{\mathrm{d}y}{\mathrm{d}x}, \dfrac{\mathrm{d}z}{\mathrm{d}x}$,得

$$\frac{\mathrm{d}y}{\mathrm{d}x} = \frac{\begin{vmatrix} -F_x & F_z \\ -G_x & G_z \end{vmatrix}}{\begin{vmatrix} F_y & F_z \\ G_y & G_z \end{vmatrix}} = -\frac{1}{J}\frac{\partial(F,G)}{\partial(x,z)}$$

$$\frac{\mathrm{d}z}{\mathrm{d}x} = \frac{\begin{vmatrix} F_y & -F_x \\ G_y & -G_x \end{vmatrix}}{\begin{vmatrix} F_y & F_z \\ G_y & G_z \end{vmatrix}} = -\frac{1}{J}\frac{\partial(F,G)}{\partial(y,x)}$$

例 7.4.9 设 $\begin{cases} z = x^2 + y^2 \\ x^2 + 2y^2 + 3z^2 = 20 \end{cases}$,求 $\dfrac{\mathrm{d}y}{\mathrm{d}x}, \dfrac{\mathrm{d}z}{\mathrm{d}x}$.

解 此题可直接利用公式 (7.4.12),但也可依照推导公式 (7.4.12) 的方法来求解,下面用后一种方法来求解.

将所给方程两边对 x 求导,并移项,得

$$\begin{cases} -2y\dfrac{\mathrm{d}y}{\mathrm{d}x} + \dfrac{\mathrm{d}z}{\mathrm{d}x} = 2x \\ 2y\dfrac{\mathrm{d}y}{\mathrm{d}x} + 3z\dfrac{\mathrm{d}z}{\mathrm{d}x} = -x \end{cases}$$

在 $J = \begin{vmatrix} -2y & 1 \\ 2y & 3z \end{vmatrix} = -2y(3z+1) \neq 0$ 的条件下

$$\frac{dy}{dx} = \frac{\begin{vmatrix} 2x & 1 \\ -x & 3z \end{vmatrix}}{\begin{vmatrix} -2y & 1 \\ 2y & 3z \end{vmatrix}} = \frac{6xz+x}{-2y(3z+1)} = -\frac{x(6z+1)}{2y(3z+1)}$$

$$\frac{dz}{dx} = \frac{\begin{vmatrix} -2y & 2x \\ 2y & -x \end{vmatrix}}{\begin{vmatrix} -2y & 1 \\ 2y & 3z \end{vmatrix}} = \frac{-2xy}{-2y(3z+1)} = \frac{x}{3z+1}$$

习题 7.4

1. 求下列复合函数的偏导数或导数,并经中间变量代入复合函数后再对自变量求导来验证所得的结果:

(1) $z = \frac{y}{x}, x = e^t, y = 1 - e^{2t}$,求 $\frac{dz}{dt}$;

(2) $z = u^v, u = x, v = \sin x$,求 $\frac{dz}{dx}$;

(3) $z = u^2 \ln v, u = \frac{y}{x}, v = 3y - 2x$,求 $\frac{\partial z}{\partial x}, \frac{\partial z}{\partial y}$;

(4) $z = e^u, u = x\sin y$,求 $\frac{\partial z}{\partial x}, \frac{\partial z}{\partial y}$.

2. 求下列函数的一阶偏导数(其中 f 具有一阶连续偏导数):

(1) $z = f(x^2 + y^2, e^{xy})$;   (2) $z = f(x + \frac{1}{y}, y + \frac{1}{x})$;

(3) $u = f(\frac{x}{y}, \frac{y}{z})$.

3. 求由下列方程所确定的隐函数的导数或偏导数:

(1) 设 $\sin y + e^x - xy^2 = 0$,求 $\frac{dy}{dx}$;

(2) 设 $x + y + z = e^{-(x+y+z)}$,求 $\frac{\partial z}{\partial x}, \frac{\partial z}{\partial y}$;

(3) 设 $z^x = y^z$,求 $\frac{\partial z}{\partial x}, \frac{\partial z}{\partial y}$;

(4) 设 $x + 2y + 2z - 2\sqrt{xyz} = 0$,求 $\frac{\partial z}{\partial x}, \frac{\partial z}{\partial y}$.

4. 求由下列方程组所确定的隐函数的导数:

(1) $\begin{cases} x + y + z = 0 \\ x^2 + y^2 + z^2 = 1 \end{cases}$,求 $\frac{dx}{dz}, \frac{dy}{dz}$;

(2) $\begin{cases} x + y + z = 0 \\ x^2 + y^2 + z^2 = 6 \end{cases}$,求 $\frac{dy}{dx}, \frac{dz}{dx}$.

5. 设 $2\sin(x + 2y - 3z) = x + 2y - 3z$，证明 $\dfrac{\partial z}{\partial x} + \dfrac{\partial z}{\partial y} = 1$.

6. 设 $z = y + F(u)$，$u = x^2 - y^2$，其中 F 是可微函数，证明 $y\dfrac{\partial z}{\partial x} + x\dfrac{\partial z}{\partial y} = x$.

7. 设 $x = x(y,z)$，$y = y(x,z)$，$z = z(x,y)$ 都是由方程 $F(x,y,z) = 0$ 所确定的具有连续偏导数的函数，证明 $\dfrac{\partial x}{\partial y} \cdot \dfrac{\partial y}{\partial z} \cdot \dfrac{\partial z}{\partial x} = -1$.

7.5 偏导数的应用

7.5.1 偏导数在几何上的应用

1. 空间曲线的切线与法平面

（1）给定空间曲线

$$\Gamma: \begin{cases} x = x(t) \\ y = y(t) \\ z = z(t) \end{cases} \quad (\alpha \leq t \leq \beta) \tag{7.5.1}$$

式(7.5.1)的三个函数都在 $[\alpha,\beta]$ 上可导，且导数不同时为零，在 Γ 上取对应于 $t = t_0$ 的点 $P_0(x_0,y_0,z_0)$ 及对应于 $t = t_0 + \Delta t$ 的邻近的一点 $P(x_0 + \Delta x, y_0 + \Delta y, z_0 + \Delta z)$（图 7.5.1），则割线 $P_0 P$ 方程为

$$\frac{x - x_0}{\Delta x} = \frac{y - y_0}{\Delta y} = \frac{z - z_0}{\Delta z}$$

用 Δt 除上式分母

$$\frac{x - x_0}{\dfrac{\Delta x}{\Delta t}} = \frac{y - y_0}{\dfrac{\Delta y}{\Delta t}} = \frac{z - z_0}{\dfrac{\Delta z}{\Delta t}}$$

图 7.5.1

当 P 沿 Γ 趋于 P_0 时，割线 $P_0 P$ 的极限位置 $P_0 T$ 就是曲线 Γ 在 P_0 处的切线，切线 $P_0 T$ 的方程为

$$\frac{x - x_0}{x'(t_0)} = \frac{y - y_0}{y'(t_0)} = \frac{z - z_0}{z'(t_0)} \tag{7.5.2}$$

由于切线的方向向量就是法平面 π 的法向量，因此根据平面的点法式方程可得法平面 π 的方程为

$$x'(t_0)(x - x_0) + y'(t_0)(y - y_0) + z'(t_0)(z - z_0) = 0 \tag{7.5.3}$$

这里非零向量 $\{x'(t_0), y'(t_0), z'(t_0)\}$ 称为曲线 Γ 在点 P_0 的切向量.

例 7.5.1 求曲线 $\begin{cases} x = a\cos t \\ y = a\sin t \\ z = bt \end{cases}$ （a,b 为常数，$a \neq 0$，$b \neq 0$）在点 $M(a,0,0)$ 处的切线及法平面的方程.

解 点 $M(a,0,0)$ 对应的参数 $t=0$,
$$x'|_{t=0} = -a\sin t|_{t=0} = 0$$
$$y'|_{t=0} = a\cos t|_{t=0} = a$$
$$z'|_{t=0} = b$$

所以,曲线在点 $M(a,0,0)$ 处的切线方程为
$$\frac{x-a}{0} = \frac{y}{a} = \frac{z}{b}$$

即
$$\begin{cases} x-a=0 \\ \dfrac{y}{a} = \dfrac{z}{b} \end{cases}$$

法平面方程为
$$0(x-a) + a(y-0) + b(z-0) = 0$$

即
$$ay + bz = 0$$

(2) 如果空间曲线 Γ 的方程以
$$\begin{cases} y = \varphi(x) \\ z = \psi(x) \end{cases} \tag{7.5.4}$$

的形式给出,取 x 为参数,它就可以表示参数方程的形式
$$\begin{cases} x = x \\ y = \varphi(x) \\ z = \psi(x) \end{cases}$$

若 $\varphi(x), \psi(x)$ 都在点 $x = x_0$ 处可导,那么根据上面的讨论可知
$$\boldsymbol{T} = \{1, \varphi'(x_0), \psi'(x_0)\}$$

因此曲线 Γ 在点 $P_0(x_0, y_0, z_0)$ 处的切线方程为
$$\frac{x-x_0}{1} = \frac{y-y_0}{\varphi'(x_0)} = \frac{z-z_0}{\psi'(x_0)} \tag{7.5.5}$$

在点 $P_0(x_0, y_0, z_0)$ 处的法平面方程为
$$x - x_0 + \varphi'(x_0)(y - y_0) + \psi'(x_0)(z - z_0) = 0 \tag{7.5.6}$$

(3) 设空间曲线 Γ 的方程以
$$\begin{cases} F(x,y,z) = 0 \\ G(x,y,z) = 0 \end{cases} \tag{7.5.7}$$

的形式给出,$P_0(x_0, y_0, z_0)$ 是曲线 Γ 上的一个点,又设 F,G 有对各个变量的连续偏导数,且
$$\left.\frac{\partial(F,G)}{\partial(y,z)}\right|_{(x_0,y_0,z_0)} \neq 0$$

这时方程组 (7.5.7) 在点 $P_0(x_0, y_0, z_0)$ 的某一邻域内确定了一组函数 $y = \varphi(x), z = \psi(x)$,由公式 (7.4.12) 有

$$\frac{dy}{dx} = \varphi'(x) = \frac{\begin{vmatrix} F_z & F_x \\ G_z & G_x \end{vmatrix}}{\begin{vmatrix} F_y & F_z \\ G_y & G_z \end{vmatrix}}$$

$$\frac{dz}{dx} = \psi'(x) = \frac{\begin{vmatrix} F_x & F_y \\ G_x & G_y \end{vmatrix}}{\begin{vmatrix} F_y & F_z \\ G_y & G_z \end{vmatrix}}$$

于是 $\boldsymbol{T} = \{1, \varphi'(x_0), \psi'(x_0)\}$ 是曲线 Γ 在点 P_0 处的一个切向量,其中

$$\varphi'(x_0) = \frac{\begin{vmatrix} F_z & F_x \\ G_z & G_x \end{vmatrix}_0}{\begin{vmatrix} F_y & F_z \\ G_y & G_z \end{vmatrix}_0}, \quad \psi'(x_0) = \frac{\begin{vmatrix} F_x & F_y \\ G_x & G_y \end{vmatrix}_0}{\begin{vmatrix} F_y & F_z \\ G_y & G_z \end{vmatrix}_0}$$

此时切向量可以改写成

$$\boldsymbol{T}_1 = \left\{ \begin{vmatrix} F_y & F_z \\ G_y & G_z \end{vmatrix}_0, \begin{vmatrix} F_z & F_x \\ G_z & G_x \end{vmatrix}_0, \begin{vmatrix} F_x & F_y \\ G_x & G_y \end{vmatrix}_0 \right\}$$

由此可写出曲线 Γ 在点 $P_0(x_0, y_0, z_0)$ 的切线方程

$$\frac{x - x_0}{\begin{vmatrix} F_y & F_z \\ G_y & G_z \end{vmatrix}_0} = \frac{y - y_0}{\begin{vmatrix} F_z & F_x \\ G_z & G_x \end{vmatrix}_0} = \frac{z - z_0}{\begin{vmatrix} F_x & F_y \\ G_x & G_y \end{vmatrix}_0} \tag{7.5.8}$$

曲线 Γ 在点 $P_0(x_0, y_0, z_0)$ 处的法平面方程为

$$\begin{vmatrix} F_y & F_z \\ G_y & G_z \end{vmatrix}_0 (x - x_0) + \begin{vmatrix} F_z & F_x \\ G_z & G_x \end{vmatrix}_0 (y - y_0) + \begin{vmatrix} F_x & F_y \\ G_x & G_y \end{vmatrix}_0 (z - z_0) = 0 \tag{7.5.9}$$

如果 $\left.\frac{\partial(F,G)}{\partial(y,z)}\right|_0 = 0$, 而 $\left.\frac{\partial(F,G)}{\partial(z,x)}\right|_0, \left.\frac{\partial(F,G)}{\partial(x,y)}\right|_0$ 中至少有一个不等于零,可以得同样结果.

例 7.5.2 求曲线 $\begin{cases} x^2 + 2y^2 + z^2 = 7 \\ 2x + 5y - 3z = -4 \end{cases}$ 在点 $(2, -1, 1)$ 处的切线方程及法平面方程.

解 这里可以直接用公式(7.5.8)及(7.5.9)来解,但下面我们依照推导公式来求解.

将所给方程的两边对 x 求导并移项,得

$$\begin{cases} 2y\dfrac{dy}{dx} + z\dfrac{dz}{dx} = -x \\ 5\dfrac{dy}{dx} - 3\dfrac{dz}{dx} = -2 \end{cases}$$

由此得

$$\frac{dy}{dx} = \frac{\begin{vmatrix} -x & z \\ -2 & -3 \end{vmatrix}}{\begin{vmatrix} 2y & z \\ 5 & -3 \end{vmatrix}} = \frac{3x + 2z}{-6y - 5z}$$

$$\frac{dz}{dx} = \frac{\begin{vmatrix} 2y & -x \\ 5 & -2 \end{vmatrix}}{\begin{vmatrix} 2y & z \\ 5 & -3 \end{vmatrix}} = \frac{-4y + 5x}{-6y - 5z}$$

所以

$$\left.\frac{dy}{dx}\right|_{(2,-1,1)} = 8, \quad \left.\frac{dz}{dx}\right|_{(2,-1,1)} = 14$$

从而 $T = \{1, 8, 14\}$，故所求切线方程为

$$\frac{x-2}{1} = \frac{y+1}{8} = \frac{z-1}{14}$$

法平面方程为

$$1(x-2) + 8(y+1) + 14(z-1) = 0$$

即

$$x + 8y + 14z - 8 = 0$$

2. 曲面的切平面与法线

（1）由隐式给出的曲面方程

$$F(x, y, z) = 0 \tag{7.5.10}$$

设曲面 Σ 的方程由式（7.5.10）给出，假定函数 $F(x, y, z)$ 有连续的偏导数且三个偏导数不同时为零，点 $M(x_0, y_0, z_0)$ 是 Σ 上的一个点，Γ 是曲面 Σ 上过定点 M 的曲线，设 Γ 的参数方程为

$$\begin{cases} x = x(t) \\ y = y(t) \quad (\alpha \leq t \leq \beta) \\ z = z(t) \end{cases} \tag{7.5.11}$$

在点 M 处对应的参数是 $t = t_0$，假设曲线参数方程中的三个函数有连续的导数且导数不同时为零，因为 Γ 在 Σ 上，则

$$F[x(t), y(t), z(t)] \equiv 0$$

于是

$$\frac{d}{dt} F[x(t), y(t), z(t)] \equiv 0$$

即有

$$F_x(x, y, z) x'(t) + F_y(x, y, z) y'(t) + F_z(x, y, z) z'(t) \equiv 0$$

取 $t = t_0$，则有

$$F_x(x_0, y_0, z_0) x'(t_0) + F_y(x_0, y_0, z_0) y'(t_0) + F_z(x_0, y_0, z_0) z'(t_0) \equiv 0 \tag{7.5.12}$$

令向量 $\boldsymbol{n} = \{F_x(x_0, y_0, z_0), F_y(x_0, y_0, z_0), F_z(x_0, y_0, z_0)\}$，$\boldsymbol{T} = \{x'(t_0), y'(t_0), z'(t_0)\}$，$\boldsymbol{T}$ 的几何意义是 Γ 在点 $M(x_0, y_0, z_0)$ 处切线的方向向量，则式（7.5.12）可表示为 $\boldsymbol{n} \cdot \boldsymbol{T} = 0$，这

说明 $\boldsymbol{n}$ 与 $\boldsymbol{T}$ 相互垂直. 曲面上通过点 M 的一切曲线在点 M 的切线都在同一平面上(图 7.5.2),这个平面称为曲面 Σ 在点 M 的切平面,这切平面的方程是

图 7.5.2

$$F_x(x_0,y_0,z_0)(x-x_0)+F_y(x_0,y_0,z_0)(y-y_0)+F_z(x_0,y_0,z_0)(z-z_0)=0 \quad (7.5.13)$$

通过点 $M(x_0,y_0,z_0)$ 而垂直于切平面(7.5.13)的直线称为曲面在点 M 的法线,法线方程是

$$\frac{x-x_0}{F_x(x_0,y_0,z_0)}=\frac{y-y_0}{F_y(x_0,y_0,z_0)}=\frac{z-z_0}{F_z(x_0,y_0,z_0)} \quad (7.5.14)$$

垂直于曲面上切平面的向量称为曲面的法向量,向量

$$\boldsymbol{n}=\{F_x(x_0,y_0,z_0),F_y(x_0,y_0,z_0),F_z(x_0,y_0,z_0)\}$$

就是曲面 Σ 在 P_0 处的一个法向量.

(2) 曲面方程

$$z=f(x,y) \quad (7.5.15)$$

令 $F(x,y,z)=f(x,y)-z$,可知 $F_x(x,y,z)=f_x(x,y), F_y(x,y,z)=f_y(x,y), F_z(x,y,z)=-1$.

若当函数 $f(x,y)$ 的偏导数 $f_x(x,y),f_y(x,y)$ 在点 (x_0,y_0) 连续时,曲面 (7.5.15) 在点 $P_0(x_0,y_0)$ 处的法向量为

$$\boldsymbol{n}=\{f_x(x_0,y_0),f_y(x_0,y_0),-1\}$$

切平面方程为

$$f_x(x_0,y_0)(x-x_0)+f_y(x_0,y_0)(y-y_0)-(z-z_0)=0 \quad (7.5.16)$$

而法线方程为

$$\frac{x-x_0}{f_x(x_0,y_0)}=\frac{y-y_0}{f_y(x_0,y_0)}=\frac{z-z_0}{-1} \quad (7.5.17)$$

由方程 (7.5.16) 可知,函数 $z=f(x,y)$ 在点 (x_0,y_0) 的全微分,在几何上表示曲面 $z=f(x,y)$ 在点 (x_0,y_0,z_0) 处的切平面上点的竖坐标的增量.

如果用 α,β,γ 表示曲面的法向量的方向角,并假设法向量的方向是向上的,即使得它与 z 轴的正向所成的角 γ 是一锐角,则法向量的方向余弦为

$$\cos\alpha=\frac{-f_x}{\sqrt{1+f_x^2+f_y^2}}, \quad \cos\beta=\frac{-f_y}{\sqrt{1+f_x^2+f_y^2}}, \quad \cos\gamma=\frac{1}{\sqrt{1+f_x^2+f_y^2}}$$

例 7.5.3 求曲面 $2x^2+3y^2+z^2=9$ 在点 $(1,-1,2)$ 处的切平面和法线方程.

解 $F(x,y,z)=2x^2+3y^2+z^2-9$

$$\boldsymbol{n}=\{F_x,F_y,F_z\}=\{4x,6y,2z\}, \quad \boldsymbol{n}|_{(1,-1,2)}=\{4,-6,4\}$$

所以在点 $(1,-1,2)$ 处曲面的切平面方程为

$$2(x-1)-3(y+1)+2(z-2)=0$$

即

$$2x-3y+2z=9$$

法线方程为

$$\frac{x-1}{2} = \frac{y+1}{-3} = \frac{z-2}{2}$$

例 7.5.4 求曲面 $z = 3x^2 + 2y^2$ 在点 $(1,2,11)$ 处的切平面与法线方程.

解 令 $f(x,y) = 3x^2 + 2y^2$，于是

$$\boldsymbol{n} = \{f_x, f_y, -1\} = \{6x, 4y, -1\}, \quad \boldsymbol{n}|_{(1,2,11)} = \{6, 8, -1\}$$

所以在点 $(1,2,11)$ 处的切平面为

$$6(x-1) + 8(y-2) - (z-11) = 0$$

即

$$6x + 8y - z - 11 = 0$$

法线方程为

$$\frac{x-1}{6} = \frac{y-2}{8} = \frac{z-11}{-1}$$

7.5.2 多元函数的极值与最值

1. 多元函数的极值

本节以二元函数为例，来讨论多元函数的极值问题.

定义 7.9 设函数 $z = f(x,y)$ 在区域 D 上有定义，点 $P_0(x_0, y_0)$ 的某个邻域 $U(P_0) \subset D$.

(1) 如果对于 $U(P_0)$ 中异于 $P_0(x_0, y_0)$ 的任何点 $P(x,y)$，总有不等式 $f(x,y) < f(x_0, y_0)$ 成立，则称 $f(x_0, y_0)$ 为函数 $z = f(x,y)$ 的一个极大值，$P_0(x_0, y_0)$ 称为极大值点.

(2) 如果对于 $U(P_0)$ 中异于 $P_0(x_0, y_0)$ 的任何点 $P(x,y)$，总有不等式 $f(x,y) > f(x_0, y_0)$ 成立，则称 $f(x_0, y_0)$ 为函数 $z = f(x,y)$ 的一个极小值，$P_0(x_0, y_0)$ 称为极小值点.

极大值和极小值统称为极值，极大值点和极小值点统称为极值点.

定理 7.13（极值的必要条件） 设函数 $z = f(x,y)$ 在点 $P_0(x_0, y_0)$ 的两个偏导数都存在，且函数在该点取得极值，则

$$f_x(x_0, y_0) = 0, \quad f_y(x_0, y_0) = 0$$

证 不妨设 $z = f(x,y)$ 在点 $P_0(x_0, y_0)$ 处有极小值，由极小值的定义，在点 $P_0(x_0, y_0)$ 的某邻域 $U(P_0)$ 内异于 $P_0(x_0, y_0)$ 的点 $P(x,y)$ 都有 $f(x,y) > f(x_0, y_0)$ 成立，在这个邻域中取点 $P(x, y_0) \neq P_0(x_0, y_0)$.

$$f(x, y_0) > f(x_0, y_0)$$

这说明一元函数 $F(x)$ 在点 x_0 处取得极小值，必有 $f_x(x_0, y_0) = 0$. 同理又有 $f_y(x_0, y_0) = 0$.
使得 $f_x(x_0, y_0) = 0, f_y(x_0, y_0) = 0$ 的点 (x_0, y_0) 称为函数 $z = f(x,y)$ 的驻点.

例 7.5.5 讨论函数 $z = f(x,y) = 3x^2 + 4y^2$ 的极值.

解 由于总有 $f(x,y) \geq 0$，且只有点 $(0,0)$ 才有 $f(0,0) = 0$，因此 $f(0,0) = 0$ 是最小值，从而是极小值.

对函数求偏导数得 $z_x = 6x, z_y = 8y$，令 $z_x = 0, z_y = 0$，得

$$\begin{cases} z_x = 6x = 0 \\ z_y = 8y = 0 \end{cases}$$

得到唯一的驻点 $(0,0)$，从而验证了定理 7.13 的结论.

显然,可导函数的极值点一定是驻点,反之,驻点不一定是极值点.

例 7.5.6 设 $z = f(x,y) = xy$,讨论点 $(0,0)$ 是否为函数的驻点,是否为函数的极值点.

解 $z_x = y, z_y = x$,令 $z_x = 0, z_y = 0$,得驻点 $(0,0)$,即 $(0,0)$ 是函数 $z = xy$ 的驻点,但 $(0,0)$ 不是函数的极值点.

如何判定一个驻点是否是极值点呢?下面的定理回答了这个问题.

定理 7.14(极值存在的充分条件) 设函数 $z = f(x,y)$ 在其驻点 (x_0, y_0) 的某个邻域内有二阶的连续偏导数,令 $A = f_{xx}(x_0, y_0), B = f_{xy}(x_0, y_0), C = f_{yy}(x_0, y_0), \Delta = AC - B^2$,那么

(1) 如果 $\Delta > 0$,则点 (x_0, y_0) 是函数的极值点,且当 $A < 0$ 时,$f(x_0, y_0)$ 是极大值;当 $A > 0$ 时,$f(x_0, y_0)$ 为极小值;

(2) 如果 $\Delta < 0$,则点 (x_0, y_0) 不是函数的极值点;

(3) 如果 $\Delta = 0$,则函数 $z = f(x,y)$ 在点 (x_0, y_0) 有无极值不能确定,需用其他方法判别.

由定理 7.13 和定理 7.14 可归纳出求二元函数 $z = f(x,y)$ 极值的步骤:

(1) 解方程组 $\begin{cases} f_x(x,y) = 0 \\ f_y(x,y) = 0 \end{cases}$,求出 $f(x,y)$ 的全部驻点;

(2) 对每个驻点 (x_0, y_0),计算 A, B, C, Δ;

(3) 根据定理 7.14 判断在驻点 (x_0, y_0) 处函数有无极值,有何种极值.

例 7.5.7 求函数 $f(x,y) = 3xy - x^3 - y^3$ 的极值.

解 求偏导数得 $f_x = 3y - 3x^2, f_y = 3x - 3y^2$,令

$$\begin{cases} f_x = 3y - 3x^2 = 0 \\ f_y = 3x - 3y^2 = 0 \end{cases}$$

得 $\begin{cases} x_1 = 0 \\ y_1 = 0 \end{cases}, \begin{cases} x_2 = 1 \\ y_2 = 1 \end{cases}$. 再求二阶偏导数

$$A = f_{xx} = -6x, B = f_{xy} = 3, C = f_{yy} = -6y, \Delta = AC - B^2 = 36xy - 9$$

在 $(0,0)$ 处,$\Delta|_{(0,0)} = -9 < 0$,所以 $f(x,y)$ 在 $(0,0)$ 处没有极值;

在 $(1,1)$ 处,$\Delta|_{(1,1)} = 27 > 0$,所以 $f(x,y)$ 在 $(1,1)$ 处有极值,且 $A = -6 < 0$,知函数在点 $(1,1)$ 处有极大值 $f(1,1) = 1$.

对于二元以上的多元函数取得极值的必要条件与定理 7.13 的结论类似,如,设三元函数 $u = f(x,y,z)$ 在点 $P_0(x_0, y_0, z_0)$ 取得极值且在点 P_0 处的偏导数都存在,则

$$f_x(x_0, y_0, z_0) = 0, \quad f_y(x_0, y_0, z_0) = 0, \quad f_z(x_0, y_0, z_0) = 0$$

2. 多元函数的最值

函数的最大值和最小值问题统称为最值问题,通常包括以下两个方面的内容.

(1) 需要解决最值的存在性,对于多元函数,我们已有的结论是:有界闭区域上的连续函数一定有最值;但是在其他情况下函数是否有最值往往需要对具体情况作具体分析.

(2) 在函数最值存在的前提下如何求最值,一般方法是:

将函数 $f(x,y)$ 在 D 内的所有驻点处的函数值及在 D 的边界上的最大值和最小值相

互比较,其中最大的就是最大值,最小的就是最小值,但这种做法,由于要求出$f(x,y)$在D的边界上的最大值和最小值,所以往往相当复杂. 在通常遇到的实际问题中,如果根据问题的性质,知道函数$f(x,y)$的最大(或最小)值一定在D的内部取得,而函数在D内只有一个驻点,那么可以肯定该驻点处的函数值就是函数$f(x,y)$在D上的最大(或最小)值.

例 7.5.8 在 xOy 平面上求一点 $P(x,y)$ 使得它到三个点 $P_1(0,0), P_2(1,0), P_3(0,1)$ 距离的平方和最小,并求最小值.

解 建立点 $P(x,y)$ 与 $P_1(0,0), P_2(1,0), P_3(0,1)$ 的距离的平方和函数
$$z = (x^2 + y^2) + [(x-1)^2 + y^2] + [x^2 + (y-1)^2] = 3x^2 + 3y^2 - 2x - 2y + 2$$

问题归结为在开区域 $\mathbf{R}^2$ 内求函数 z 的最小值.

令
$$\begin{cases} \dfrac{\partial z}{\partial x} = 6x - 2 = 0 \\ \dfrac{\partial z}{\partial y} = 6y - 2 = 0 \end{cases}$$

得驻点
$$\begin{cases} x = \dfrac{1}{3} \\ y = \dfrac{1}{3} \end{cases}$$

由实际问题考虑,z 的最小值存在且驻点是唯一的,可以断定在点 $\left(\dfrac{1}{3}, \dfrac{1}{3}\right)$ 处函数取得最小值,最小值为 $z\left(\dfrac{1}{3}, \dfrac{1}{3}\right) = \dfrac{4}{3}$.

例 7.5.9 要做一个容积为 32 cm^3 的无盖长方体箱子,问当长、宽、高各取多少时,才能使用料最省.

解 设长方体箱子的长为 x cm,宽为 y cm,由已知条件得高为 $\dfrac{32}{xy}$ cm,箱子的表面积为
$$S = xy + 2y \cdot \frac{32}{xy} + 2x \cdot \frac{32}{xy} = xy + \frac{64}{x} + \frac{64}{y} \quad (x > 0, y > 0)$$

当表面积最小时所用料最省,令
$$\begin{cases} S_x = y - \dfrac{64}{x^2} = 0 \\ S_y = x - \dfrac{64}{y^2} = 0 \end{cases}$$

解方程得驻点 $(4,4)$,根据题意可知,水箱所用材料面积的最小值一定存在,并在开区域 $D = \{(x,y) \mid x > 0, y > 0\}$ 内取得,又函数在 D 内只有唯一的驻点 $(4,4)$,因此可断定当 $x = 4, y = 4$ 时,即当水箱的长为 4 cm,宽为 4 cm,高为 2 cm 时,水箱所用的材料最省.

3. 条件极值

上面所讨论的极值问题,对于函数的自变量除了限制在函数的定义域内,没有其他限制,因此称这种极值为无条件极值. 如果对函数的自变量存在附加条件,这种极值称为条件极值. 例如,函数 $z = x^2 + y^2$ 在无条件时,极值点为 $(0,0)$,且极小值为零,如果附加条件 $x + y = 1$,在此条件下极小值不可能在 $(0,0)$ 处取得,因为这一点的坐标不满足方程 $x + y = 1$,要想求出满足条件 $x + y = 1$ 的二元函数 $z = x^2 + y^2$ 的极值,可将条件 $y = 1 - x$ 代入 $z = x^2 + y^2$ 中,即 $z = x^2 + (1-x)^2 = 2x^2 - 2x + 1$,求导 $z_x = 4x - 2$,令 $z_x = 0$ 解得 $x = \dfrac{1}{2}$,于是 $y = 1 - x = \dfrac{1}{2}$,通过本例可以看出,条件极值问题可化为无条件极值问题. 可是,在一般的情况下,把条件极值化为无条件极值并不总是这样简单,为此,我们另有一种直接寻求条件极值的方法,可以不必先把问题化为无条件极值的问题,这就是下面要介绍的方法.

定理 7.15(拉格朗日(Lagrange)乘数法) 设二元函数 $f(x,y)$ 和 $\varphi(x,y)$ 在所考虑的区域内有连续的偏导数,且 $\varphi_x(x,y), \varphi_y(x,y)$ 不同时为零,令拉格朗日函数

$$L(x,y) = f(x,y) + \lambda \varphi(x,y) \tag{7.5.18}$$

其中常数 λ 称为拉格朗日乘数.

求 L 的两个偏导数,并建立方程组

$$\begin{cases} \dfrac{\partial L}{\partial x} = f_x(x,y) + \lambda \varphi_x(x,y) = 0 \\ \dfrac{\partial L}{\partial y} = f_y(x,y) + \lambda \varphi_y(x,y) = 0 \\ \dfrac{\partial L}{\partial \lambda} = \varphi(x,y) = 0 \end{cases} \tag{7.5.19}$$

如果函数 $z = f(x,y)$ 在约束条件 $\varphi(x,y) = 0$ 下的极值点是 (x_0, y_0),则存在 λ_0,使得 λ_0, x_0, y_0 是方程(7.5.19)的解.

用拉格朗日乘数法求条件极值的步骤如下:

(1) 根据目标函数和约束条件写出拉格朗日函数(7.5.18);

(2) 建立方程组(7.5.19);

(3) 求出方程组(7.5.19)的全部解,如果 λ_0, x_0, y_0 是方程组(7.5.19)的解,则点 (x_0, y_0) 就是这个条件极值问题的可能极值点.

(4) 判断点 (x_0, y_0) 是否为条件极值的极值点.

其他多元函数的极值问题也有类似定理 7.15 的结论.

定理 7.16 设三元函数 $f(x,y,z)$ 和 $\varphi(x,y,z)$ 在所考虑的区域内有连续的偏导数,且 $\varphi_x(x,y,z), \varphi_y(x,y,z), \varphi_z(x,y,z)$ 不同时为零,令

$$L(x,y,z) = f(x,y,z) + \lambda \varphi(x,y,z) \tag{7.5.20}$$

其中常数 λ 称为拉格朗日乘数, $L(x,y,z)$ 称为拉格朗日函数.

求 L 的三个偏导数,并建立方程组

$$\begin{cases} \dfrac{\partial L}{\partial x} = f_x(x,y,z) + \lambda \varphi_x(x,y,z) = 0 \\ \dfrac{\partial L}{\partial y} = f_y(x,y,z) + \lambda \varphi_y(x,y,z) = 0 \\ \dfrac{\partial L}{\partial z} = f_z(x,y,z) + \lambda \varphi_z(x,y,z) = 0 \\ \dfrac{\partial L}{\partial \lambda} = \varphi(x,y,z) = 0 \end{cases} \qquad (7.5.21)$$

如果函数 $z = f(x,y,z)$ 在约束条件 $\varphi(x,y,z) = 0$ 下的极值点是 (x_0, y_0, z_0)，则存在 λ_0，使得 λ_0, x_0, y_0 是方程 (7.5.21) 的解.

例 7.5.10 在直线 $x + y = 2$ 上求一点，使得该点到原点的距离最短.

解 $L(x,y) = \sqrt{x^2 + y^2} + \lambda(x + y - 2)$

解方程组

$$\begin{cases} L_x = \dfrac{x}{\sqrt{x^2 + y^2}} + \lambda = 0 & (1) \\ L_y = \dfrac{y}{\sqrt{x^2 + y^2}} + \lambda = 0 & (2) \\ L_\lambda = x + y - 2 = 0 & (3) \end{cases}$$

由式 (1)、(2) 可得 $\dfrac{x}{\sqrt{x^2+y^2}} = \dfrac{y}{\sqrt{x^2+y^2}}$，于是 $x = y$，代入式 (3) 得 $x = y = 1$，所以点 $(1,1)$ 就是可能的极值点.

从几何意义上讲，所求的最小距离一定存在，而可能极值点只有一个，故点 $(1,1)$ 到原点的距离最小，最小值为 $d = \sqrt{2}$.

例 7.5.11 用拉格朗日乘数法求解例 7.5.9.

解 设长方体的表面积为 $S\ \text{cm}^2$，长、宽、高分别为 $x\ \text{cm}, y\ \text{cm}, z\ \text{cm}$，则所解决的问题就是目标函数

$$S = xy + 2yz + 2xz$$

在条件

$$V = xyz = 32$$

下的最小值，作拉格朗日函数

$$L(x,y,z) = xy + 2yz + 2xz + \lambda(xyz - 32)$$

求其对 x, y, z 的偏导数，并建立方程组

$$\begin{cases} L_x = y + 2z + \lambda yz = 0 & (1) \\ L_y = x + 2z + \lambda xz = 0 & (2) \\ L_z = 2y + 2x + \lambda xy = 0 & (3) \\ xyz = 32 & (4) \end{cases}$$

由式 (1), (2), (3) 知 $-\dfrac{y+2z}{yz} = -\dfrac{x+2z}{xz} = -\dfrac{2y+2x}{xy}$，由前两个等式可得 $x = y = 2z$，

代入式(4)便得
$$x=4,\quad y=4,\quad z=2$$

这是唯一极值点,因为由问题可知最大值一定存在,所以最小值就在这个可能的极值点处取得. 所以当 $x=4, y=4, z=2$ 时所用材料最省.

习题 7.5

1. 求下列空间曲面在指定点处的切平面与法线方程：

(1) $z = y + \ln\dfrac{x}{y}$,在点 $(1,1,1)$ 处；

(2) $e^z - z + xy = 3$,在点 $(2,1,0)$ 处.

2. 求下列空间曲线在指定点处的切线与法平面方程：

(1) 曲线 $\begin{cases} x = t - \cos t \\ y = 3 + \sin 2t \\ z = 1 + \cos 3t \end{cases}$ 在对应于 $t = \dfrac{\pi}{2}$ 的点处；

(2) $\begin{cases} y^2 + z^2 = 25 \\ x^2 + y^2 = 10 \end{cases}$ 在点 $(1,3,4)$ 处.

3. 求下列函数的极值：

(1) $z = 4(x - y) - x^2 - y^2$；

(2) $z = x^3 + y^3 - 3xy$.

4. 用拉格朗日乘数法求下列条件极值的可能极值点,并用无条件极值的方法确定是否取得极值：

(1) 目标函数 $z = xy$,约束条件 $x + y = 1$；

(2) 目标函数 $z = x^2 + y^2$,约束条件 $\dfrac{x}{a} + \dfrac{y}{b} = 1$；

(3) 目标函数 $u = x - 2y + 2z$,约束条件 $x^2 + y^2 + z^2 = 1$.

5. 求出曲线 $x = t, y = t^2, z = t^3$ 上的点,使得该点的切线平行于平面 $x + 2y + z = 4$.

6. 求曲面 $\dfrac{x^2}{2} + y^2 + \dfrac{z^2}{4} = 1$ 上平行于平面 $2x + 2y + z + 5 = 0$ 的切平面方程.

7. 在曲面 $z = xy$ 上求一点,使得曲面在该点的法线垂直于平面 $x + 3y + z + 9 = 0$,并求此法线方程.

8. 在平面 $x + y + z = 1$ 上求一点,使它与两定点 $(1,0,1),(2,0,1)$ 的距离平方和为最小.

9. 用铁板制作一个长方体的箱子,要求其表面积为 96 m³. 问：怎样的尺寸才可使箱子的容积最大？并求最大容积.

10. 试证曲面 $\sqrt{x} + \sqrt{y} + \sqrt{z} = \sqrt{a}\,(a > 0)$ 上任何点处的切平面在各坐标轴上的截距之和等于 a.

*7.6 最小二乘法及 RLSE 方法简介

这里再介绍生产实践与科学技术中应用广泛的两种重要方法.

7.6.1 最小二乘法

在实际问题中,常常需要根据实践数据来寻求两个变量之间函数关系的近似表达式,通常把这样得到的表达式,称为经验公式.下面介绍一种寻求两个变量之间函数关系的经验公式的方法.

设根据实践测得的变量 x 与 y 的 n 组数据如下:

x	x_1	x_2	$\cdots$	x_i	$\cdots$	x_n
y	y_1	y_2	$\cdots$	y_i	$\cdots$	y_n

在 xOy 坐标面上可以得到 n 个点 $P_i(x_i,y_i)$ $(i=1,2,\cdots,n)$. 如果这些点在一条直线上,则可以认为两个变量之间的关系式为 $y=ax+b$. 然而,一般说来这种可能性是很小的. 如果这些点近似地在一条直线上,那么我们可以考虑用一次函数 $y=ax+b$ 近似地表达两个变量之间的函数关系,关键的问题是,如何选取 a,b,使直线 $y=ax+b$ 尽可能地靠近这些点,即希望直线上对应于 $x=x_i$ $(i=1,2,\cdots,n)$ 的点的坐标 ax_i+b 与实验数据 y_i 相差"很小". 通常取 $[y_i-(ax_i+b)]$ $(i=1,2,\cdots,n)$ 的平方和最小来衡量. 这样,我们的问题归结为:确定函数 $y=ax+b$ 中的常数 a 和 b,使

$$Q(a,b)=\sum_{i=1}^{n}[y_i-(ax_i+b)]^2=\sum_{i=1}^{n}(y_i-ax_i-b)^2$$

为最小. 由极值原理,这种根据偏差的平方和为最小来选择常数 a 和 b 的方法,称为最小二乘法.

令 $$\frac{\partial Q}{\partial a}=-2\sum_{i=1}^{n}(y_i-ax_i-b)x_i,\quad \frac{\partial Q}{\partial b}=-2\sum_{i=1}^{n}(y_i-ax_i-b)$$

令 $$\begin{cases}-2\sum_{i=1}^{n}(y_i-ax_i-b)x_i=0\\ -2\sum_{i=1}^{n}(y_i-ax_i-b)=0\end{cases},\quad 即有 \begin{cases}\sum_{i=1}^{n}(y_i-ax_i-b)x_i=0\\ \sum_{i=1}^{n}(y_i-ax_i-b)=0\end{cases}$$

即 $$\begin{cases}a\sum_{i=1}^{n}x_i^2+b\sum_{i=1}^{n}x_i=\sum_{i=1}^{n}x_iy_i\\ a\sum_{i=1}^{n}x_i+nb=\sum_{i=1}^{n}y_i\end{cases}$$

解得

$$\begin{cases} a = \dfrac{\begin{vmatrix} \sum\limits_{i=1}^{n} x_i y_i & \sum\limits_{i=1}^{n} x_i \\ \sum\limits_{i=1}^{n} y_i & n \end{vmatrix}}{\begin{vmatrix} \sum\limits_{i=1}^{n} x_i^2 & \sum\limits_{i=1}^{n} x_i \\ \sum\limits_{i=1}^{n} x_i & n \end{vmatrix}} = \dfrac{n\sum\limits_{i=1}^{n} x_i y_i - (\sum\limits_{i=1}^{n} x_i)\cdot(\sum\limits_{i=1}^{n} y_i)}{n\sum\limits_{i=1}^{n} x_i^2 - (\sum\limits_{i=1}^{n} x_i)^2} \\[2em] b = \dfrac{\begin{vmatrix} \sum\limits_{i=1}^{n} x_i^2 & \sum\limits_{i=1}^{n} x_i y_i \\ \sum\limits_{i=1}^{n} x_i & \sum\limits_{i=1}^{n} y_i \end{vmatrix}}{\begin{vmatrix} \sum\limits_{i=1}^{n} x_i^2 & \sum\limits_{i=1}^{n} x_i \\ \sum\limits_{i=1}^{n} x_i & n \end{vmatrix}} = \dfrac{(\sum\limits_{i=1}^{n} x_i^2)\cdot(\sum\limits_{i=1}^{n} y_i) - (\sum\limits_{i=1}^{n} x_i)\cdot(\sum\limits_{i=1}^{n} x_i y_i)}{n\sum\limits_{i=1}^{n} x_i^2 - (\sum\limits_{i=1}^{n} x_i)^2} \end{cases}$$

它还可简化为

$$\begin{cases} a = \dfrac{\sum\limits_{i=1}^{n}(x_i - \bar{x})(y_i - \bar{y})}{\sum\limits_{i=1}^{n}(x_i - \bar{x})^2} \\ b = \bar{y} - a\bar{x} \end{cases} \tag{7.6.1}$$

其中 $\bar{x} = \dfrac{1}{n}\sum\limits_{i=1}^{n} x_i, \bar{y} = \dfrac{1}{n}\sum\limits_{i=1}^{n} y_i$. 从而得经验公式 $y = ax + b$.

*7.6.2 RLSE 方法简介

设 $Y_{n+1}, X_{n+1} = (x_{(n+1),1}, \cdots, x_{(n+1),m})$ 是随着时间的推移而得到的一组新的观察数据，把这些新的观察数据加到方程

$$Y_n = G_n B_n + \varepsilon_n \tag{7.6.2}$$

中得到

$$Y_{n+1} = G_{n+1} B_{n+1} + \varepsilon_{n+1} \tag{7.6.3}$$

其中 $Y_{n+1} = \begin{bmatrix} y_1 \\ \vdots \\ y_n \\ y_{n+1} \end{bmatrix} = \begin{bmatrix} Y_n \\ y_{n+1} \end{bmatrix}, G_{n+1} = \begin{bmatrix} x_1 \\ \vdots \\ x_n \\ x_{n+1} \end{bmatrix} = \begin{bmatrix} G_n \\ x_{n+1} \end{bmatrix}, B_{n+1} = \begin{bmatrix} \beta_0 \\ \beta_1 \\ \vdots \\ \beta_n \end{bmatrix}.$

类似普通最小二乘估计的推导可得新的最小二乘估计为

$$\hat{B}_{n+1} = (G'_{n+1} G_{n+1})^{-1} G'_{n+1} Y_{n+1} \tag{7.6.4}$$

记 $(G'_{n+1} G_{n+1})^{-1} = W_{n+1}$, 则式(7.6.4)可表示为

$$\hat{B}_{n+1} = W_{n+1} G'_{n+1} Y_{n+1} \tag{7.6.5}$$

展开 W_{n+1} 有

$$W_{n+1} = (G'_{n+1} G_{n+1})^{-1} = \left\{ (G'_n \ X'_{n+1}) \begin{bmatrix} G_n \\ X_{n+1} \end{bmatrix} \right\}^{-1} =$$

$$(G'_n G_n + X'_{n+1} X_{n+1})^{-1} = (W_n^{-1} X'_{n+1} X_{n+1})^{-1} \tag{7.6.6}$$

由矩阵的求逆公式可得

$$W_{n+1} = W_n - W_n X'_{n+1} (1 + X_{n+1} W_n X'_{n+1})^{-1} X_{n+1} W_n = W_n - S_{n+1} X_{n+1} W_n \tag{7.6.7}$$

其中 $S_{n+1} = W_n X'_{n+1} (1 + X_{n+1} W_n X'_{n+1})^{-1}$.

又由式(7.6.5)可得

$$\hat{B}_{n+1} = W_{n+1} (G'_{n+1} \ X'_{n+1}) \begin{bmatrix} Y_n \\ y_{n+1} \end{bmatrix} = (W_n - S_{n+1} X_{n+1} W_n)(G'_n Y_n + X'_{n+1} y_{n+1}) =$$

$$\hat{B}_n - S_{n+1} X_{n+1} \hat{B}_n + (W_n X'_{n+1} y_{n+1} - S_{n+1} X_{n+1} W_n X'_{n+1} y_{n+1}) \tag{7.6.8}$$

其中 $W_n X'_{n+1} y_{n+1}$ 又可写为

$$W_n X'_{n+1} y_{n+1} = W_n X'_{n+1} (1 + X_{n+1} W_n X'_{n+1})^{-1} (1 + X_{n+1} W_n X'_{n+1}) y_{n+1} =$$

$$S_{n+1} y_{n+1} + S_{n+1} X_{n+1} W_n X'_{n+1} y_{n+1} \tag{7.6.9}$$

把式(7.6.9)代入式(7.6.8)整理得

$$\hat{B}_{n+1} = \hat{B}_n + S_{n+1} (y_{n+1} - X_{n+1} \hat{B}_n) \tag{7.6.10}$$

组合式(7.6.10)、(7.6.7)便得到一组最小二乘估计的递推公式

$$\hat{B}_{n+1} = \hat{B}_n + S_{n+1} (y_{n+1} - X_{n+1} \hat{B}_n)$$
$$S_{n+1} = W_n X'_{n+1} (1 + X_{n+1} W_n X'_{n+1})^{-1} \tag{7.6.11}$$
$$W_{n+1} = W_n - W_n X'_{n+1} (1 + X_{n+1} W_n X'_{n+1})^{-1} X_{n+1} W_n \tag{7.6.12}$$

为说明这组公式的意义,将 n 换为时间 t 有

$$\hat{B}_{t+1} = \hat{B}_t + S_t (y_{t+1} - X_{t+1} \hat{B}_t) \tag{7.6.13}$$
$$S_{t+1} = W_t X'_{t+1} (1 + X_{t+1} W_t X'_{t+1})^{-1} \tag{7.6.14}$$
$$W_{t+1} = W_t - W_t X'_{t+1} (1 + X_{t+1} W_t X'_{t+1})^{-1} X_{t+1} W_t \tag{7.6.15}$$

式(7.6.13)中 $(y_{t+1} - X_{t+1} \hat{B}_t) = (y_{t+1} - y_{t+1}|_t) = e_{t+1}|_t$, 而 $e_{t+1}|_t$ 实际上体现了 t 时刻对 $t+1$ 时刻的预测误差,由此可见上述递推公式是一个不断根据预测误差对模型的参数向量 $\hat{B}$ 逐期进行自适应校正的过程,我们把这种递推最小二乘估计法记为 RLSE 方法 (Recursive Least Square Etimate),更进一步的理论可参考文献[7].

复习题 7

1. 填空题：

(1) 设 $z = x^2 + 3xy^2$，则 $dz =$ _____．

(2) 若 $x^y = y^x$，则 $\dfrac{dy}{dx} =$ _____．

(3) 由方程 $xyz + \sqrt{x^2 + y^2 + z^2} = \sqrt{2}$ 所确定的函数 $z = z(x,y)$ 在点 $(1, 0, -1)$ 处的全微分 $dz =$ _____．

(4) 设 $z = f(u, v, w)$ 具有连续偏导数，$u = x^2, v = \sin e^y, w = \ln y$，则 $\dfrac{\partial z}{\partial y} =$ _____．

(5) 设 $f(x, y, z) = x^2 + y^2 + z^2$，则 $\mathbf{grad}\, f(1, 2, -1) =$ _____．

(6) 曲面 $x^2 - xy - 8x + z + 5 = 0$ 在点 $(2, -3, 1)$ 处的法线方程为 _____．

(7) 函数 $f(x, y) = x^2 - 2xy + y^3$ 在点 $(2, 1)$ 处的最大方向导数为 _____．

(8) 曲线 $\begin{cases} x = 2t \\ y = t^2 \\ z = t^3 \end{cases}$ 在点 $(2, 1, 1)$ 处的法平面方程为 _____．

(9) 函数 $f(x, y) = x^3 - 4x^2 + 2xy - y^2$ 的极大值点是 _____．

2. 单项选择题：

(1) 设函数 $f(x, y)$ 在点 (x_0, y_0) 的某邻域中有定义，则下列结论正确的是 ( )．

(A) 若 $f_x(x_0, y_0), f_y(x_0, y_0)$ 都存在，则 $f(x, y)$ 在点 (x_0, y_0) 处连续；

(B) 若 $f_x(x_0, y_0), f_y(x_0, y_0)$ 都存在，则 $f(x, y)$ 在点 (x_0, y_0) 处可微；

(C) 若 $f_x(x_0, y_0), f_y(x_0, y_0)$ 都不存在，则 $f(x, y)$ 在点 (x_0, y_0) 处不连续；

(D) 若 $f_x(x_0, y_0), f_y(x_0, y_0)$ 都在 (x_0, y_0) 处连续，则 $f(x, y)$ 在点 (x_0, y_0) 处连续．

(2) 设 $z = \ln \sqrt{x^2 + y^2}$，则 $x \dfrac{\partial z}{\partial x} + y \dfrac{\partial z}{\partial y} = ($)．

(A) 1；　　(B) 2；　　(C) $\sqrt{x^2 + y^2}$；　　(D) $2\sqrt{x^2 + y^2}$．

(3) 函数 $f(x, y) = \sqrt{x^2 + y^2}$ 在点 $(0, 0)$ 处 ( )．

(A) 连续；　　(B) 不连续；　　(C) 可微；　　(D) 偏导数存在．

(4) 设 $z = yf(xy)$，其中 $f(u)$ 具有连续导数，则下面正确的是 ( )．

(A) $\dfrac{\partial z}{\partial x} = y^2 f'_x(xy)$；　　(B) $\dfrac{\partial z}{\partial y} = f(xy) + xyf'_y(xy)$；

(C) $\dfrac{\partial z}{\partial x} = y^2 f'(xy)$；　　(D) $\dfrac{\partial z}{\partial y} = xy^2 f'(xy)$．

(5) 设曲面 $z = x^2 - xy + y^2$ 在点 $M(3, 2, 7)$ 处的切平面为 S，则点 $N(1, 1, -1)$ 到平面 S 的距离为 ( )．

(A) $\dfrac{1}{3\sqrt{2}}$；　　(B) $\dfrac{\sqrt{2}}{3}$；　　(C) $\dfrac{2\sqrt{2}}{3}$；　　(D) $\dfrac{4\sqrt{2}}{3}$．

(6) 函数 $z = xy$ 在条件 $x^2 + y^2 = 1$ 下的最大值为 ( )．

(A) $-\dfrac{1}{2}$;　　　(B) 0;　　　(C) 1;　　　(D) $\dfrac{1}{2}$.

3. 计算题：

(1) 求极限 $\lim\limits_{\substack{x\to 0\\ y\to 0}}\dfrac{(x^2+y^2)^2}{1-\cos(x^2+y^2)}$.

(2) 设函数 $f(x,y)=x+(y-1)\arcsin\sqrt{\dfrac{x}{y}}$，求 $f_x(x,1)$.

(3) 求函数 $z=(x^2+y^2)\mathrm{e}^{\frac{x^2+y^2}{xy}}$ 的偏导数.

(4) 设函数 $z=z(x,y)$ 是由方程 $\mathrm{e}^z-xyz=0$ 确定的函数，求 $\mathrm{d}z$.

(5) 设 $z(x,y)$ 是由方程 $\sin xyz-\dfrac{1}{z-xy}=1$ 所确定的函数，求 $z_x(0,1)$.

(6) 设 $f(x,y,z)=xy^2z^3$，且
$$x^2+y^2+z^2-3xyz=0 \qquad\qquad (*)$$
① 若 $z=z(x,y)$ 为由方程 $(*)$ 确定的隐函数，求 $f_x(1,1,1)$；
② 若 $y=y(x,z)$ 为由方程 $(*)$ 确定的隐函数，求 $f_x(1,1,1)$.

(7) 求曲线 $y=\mathrm{e}^x,z=\mathrm{e}^x\sin x$ 在点 $(0,1,0)$ 处的切线与法平面方程.

(8) 求球面 $x^2+y^2+z^2=50$ 与锥面 $x^2+y^2=z^2$ 交线上的点 $M(3,4,5)$ 处的切线与法平面方程.

(9) 求坐标原点到曲面 $z=y\tan x$ 在 $\left(\dfrac{\pi}{4},1,1\right)$ 处的切平面的距离.

(10) 求函数 $f(x,y)=xy(3-x-y)$ 的极值.

(11) 在第一卦限内作椭球面 $\dfrac{x^2}{a^2}+\dfrac{y^2}{b^2}+\dfrac{z^2}{c^2}=1$ 的切平面，使得该切平面与三个坐标面所围成的四面体的体积最小，求出这个切平面的切点及相应的最小体积.

(12) 工厂生产某种产品的数量 S（单位：吨）与所用的两种原料 A,B 的数量 x,y（单位：吨）的关系为 $S=0.005x^2y$，现准备向银行贷款 150 万元购进原料，已知 A,B 两种原料每吨的价格分别为 1 万元和 2 万元，问：怎样购进两种原料才能使产品的产量最大？

4. 证明题：

(1) 设函数 $f(x,y)=x^2+y^2-xy\arctan\dfrac{x}{y}$，证明：$f(tx,ty)=t^2f(x,y)$.

(2) 证明极限 $\lim\limits_{(x,y)\to(0,0)}\dfrac{xy^2}{x^2+y^4}$ 不存在.

(3) 设函数 $z=\dfrac{y}{f(x^2-y^2)}$，其中 f 为可导函数，证明：$\dfrac{1}{x}\dfrac{\partial z}{\partial x}+\dfrac{1}{y}\dfrac{\partial z}{\partial y}=\dfrac{z}{y^2}$.

(4) 设函数 $F(x,y)$ 有连续的偏导数，且 $F(x,y)(y\mathrm{d}x+x\mathrm{d}y)$ 是某个函数的全微分，证明：$x\dfrac{\partial F}{\partial x}=y\dfrac{\partial F}{\partial y}$.

第 8 章

多元函数积分学

本章将一元函数定积分的概念进行推广,一种是推广到二元、三元函数上得到二重积分、三重积分等,另一种是推广到向量值函数上得到曲线积分与曲面积分. 这两种积分在实际问题中有很重要的应用. 本章将分别介绍它们的概念、计算法及一些应用.

8.1 二重积分的概念、性质与计算

8.1.1 二重积分的概念与性质

1. 二重积分的概念

例 8.1.1 求曲顶柱体的体积问题. 设在空间直角坐标系中给定了以母线平行于轴的柱体,柱体的顶面是连续曲面 $z=f(x,y)$(其中二元函数 $f(x,y)$ 为非负函数),底面是柱面在 xOy 平面上的有界闭域 D(图 8.1.1),此柱体称为曲顶柱体. 求该曲顶柱体的体积.

我们已经熟悉柱体的体积公式,如何利用柱体的体积公式求曲顶柱体的体积? 我们可以仿照求曲边梯形面积的思路求之.

首先,将区域 D 任意分成 n 个小区域
$$\Delta\sigma_1,\Delta\sigma_2,\cdots,\Delta\sigma_n$$
分别以这些小区域的边界曲线为准线作母线平行于 z 轴的柱面(图 8.1.2),这些柱面就把原来的曲顶柱体分成 n 个小曲顶柱体,而原曲顶柱体体积就等于这 n 个小曲顶柱体体积之和(即立体体积具有可加性).

图 8.1.1　　　　　　图 8.1.2

其次,由于$f(x,y)$连续,对同一小闭区域来说$f(x,y)$的变化很小,这时每个小曲顶柱体可近似看做平顶柱体,我们在每个$\Delta\sigma_i$上任取一点$(\xi_i,\eta_i)(i=1,2,\cdots,n)$,$\Delta\sigma_i$表示小区域的面积,则乘积

$$f(\xi_i,\eta_i)\Delta\sigma_i$$

就为$\Delta\sigma_i$对应的小曲顶柱体体积的近似值(图8.1.2),和

$$\sum_{i=1}^n f(\xi_i,\eta_i)\Delta\sigma_i$$

为原曲顶柱体体积的近似值.

最后取极限,这个近似值就趋近于原曲顶柱体的体积,即

$$V=\lim_{\lambda\to 0}\sum_{i=1}^n f(\xi_i,\eta_i)\Delta\sigma_i$$

其中λ是这n个小区域$\Delta\sigma_i$的最大直径(有界闭区域的直径是区域中任意两个点距离的最大值).

例8.1.2 求平面薄片的质量. 设有一平面薄片占有xOy面上的闭区域D(图8.1.3),它在点(x,y)处的面密度为$\rho(x,y)$,这里$\rho(x,y)$是在D上的正值连续函数,求该薄片的质量.

对于质量分布均匀的薄片,即$\rho(x,y)=\rho$(ρ为常数,$\rho>0$)时,该薄片的质量$M=$面密度×薄片面积$=\rho\sigma$(σ为薄片的面积). 现在面密度$\rho(x,y)$为变量,因而它的质量就不能用上面的公式计算,但上面用来处理曲顶柱体体积的方法完全适用于本问题.

将区域D任意分成n个小区域

$$\Delta\sigma_1,\Delta\sigma_2,\cdots,\Delta\sigma_n$$

$\Delta\sigma_i$同时表示小区域$\Delta\sigma_i$的面积. 在$\Delta\sigma_i$上任取一点(ξ_i,η_i),作乘积

$$\rho(\xi_i,\eta_i)\Delta\sigma_i$$

求和

$$\sum_{i=1}^n \rho(\xi_i,\eta_i)\Delta\sigma_i$$

最后取极限,则

$$M=\lim_{\lambda\to 0}\sum_{i=1}^n \rho(\xi_i,\eta_i)\Delta\sigma_i$$

图8.1.3

上面两个例子虽然是来自两个不同背景的实际问题,但两个问题最终都归结为同一形式的和的极限. 在几何、物理、力学和工程技术中的许多实际问题的求解都可以归结为这样一个特殊形式的极限. 就可抽象如下的二重积分的定义.

定义8.1 设$f(x,y)$是有界闭区域D上的有界函数,将区域D任意分成n个小区域: $\Delta\sigma_1,\Delta\sigma_2,\cdots,\Delta\sigma_n$,并以$\Delta\sigma_i(i=1,2,3,\cdots,n)$表示第$i$个小区域$\Delta\sigma_i$的面积,在$\Delta\sigma_i$上任取一点$(\xi_i,\eta_i)$,作乘积

$$f(\xi_i,\eta_i)\Delta\sigma_i$$

再求和

$$\sum_{i=1}^n f(\xi_i,\eta_i)\Delta\sigma_i$$

如果各个小闭区域的直径中的最大值 λ 趋于零时,此和式的极限存在,则称此极限为函数 $f(x,y)$ 在区域 D 上的二重积分,记为 $\iint\limits_{D} f(x,y)\,d\sigma$.

即

$$\iint\limits_{D} f(x,y)\,d\sigma = \lim_{\lambda \to 0} \sum_{i=1}^{n} f(\xi_i, \eta_i) \Delta\sigma_i$$

这里,$f(x,y)$ 称为被积函数,$f(x,y)\,d\sigma$ 称为被积表达式,$d\sigma$ 称为面积元素,x,y 称为积分变量,D 称为积分区域,$\iint$ 称为二重积分号. 这时,也称 $f(x,y)$ 在 D 上可积.

显然例 8.1.1 中的曲顶柱体的体积和例 8.1.2 中薄片的质量可分别表示为 $V = \iint\limits_{D} f(x,y)\,d\sigma$ 和 $M = \iint\limits_{D} \rho(x,y)\,d\sigma$.

函数 $f(x,y)$ 在 D 上满足什么条件时,二重积分 $\iint\limits_{D} f(x,y)\,d\sigma$ 存在呢?这里我们不加证明地给出如下定理:

定理 8.1　如果函数 $f(x,y)$ 在闭区域 D 上连续,则 $f(x,y)$ 在 D 上可积.

2. 二重积分的性质

二重积分与定积分有类似的性质,叙述如下.

性质 1(积分的线性运算性质)

$$\iint\limits_{D} kf(x,y)\,d\sigma = k \iint\limits_{D} f(x,y)\,d\sigma \quad (k \text{ 为常数})$$

$$\iint\limits_{D} [f(x,y) + g(x,y)]\,d\sigma = \iint\limits_{D} f(x,y)\,d\sigma + \iint\limits_{D} g(x,y)\,d\sigma$$

性质 2(二重积分的区域可加性)　若积分区域可分为两个小闭区域 D_1 和 D_2(如图 8.1.4),则

$$\iint\limits_{D} f(x,y)\,d\sigma = \iint\limits_{D_1} f(x,y)\,d\sigma + \iint\limits_{D_2} f(x,y)\,d\sigma$$

性质 3　$\iint\limits_{D} d\sigma = A$($A$ 为区域 D 的面积)

性质 4　若 $f(x,y) \geq 0, (x,y) \in D$,则 $\iint\limits_{D} f(x,y)\,d\sigma \geq 0$

推论　若 $f(x,y) \geq g(x,y), (x,y) \in D$,则

$$\iint\limits_{D} f(x,y)\,d\sigma \geq \iint\limits_{D} g(x,y)\,d\sigma$$

图 8.1.4

亦有

$$\left| \iint\limits_{D} f(x,y)\,d\sigma \right| \leq \iint\limits_{D} |f(x,y)|\,d\sigma$$

性质 5(估值性质)　若 $m \leq f(x,y) \leq M, (x,y) \in D, M,m$ 为常数,则

$$mA \leqslant \iint\limits_D f(x,y)\mathrm{d}\sigma \leqslant MA\;(A\text{ 为区域 }D\text{ 的面积})$$

性质6(中值定理)   若 $f(x,y)$ 在闭区域 D 上连续,则存在点 $(\xi,\eta) \in D$,使

$$\iint\limits_D f(x,y)\mathrm{d}\sigma = f(\xi,\eta)A$$

证明   显然 $A \neq 0$,把性质 5 中不等式各除以 A,有

$$m \leqslant \frac{1}{A}\iint\limits_D f(x,y)\mathrm{d}\sigma \leqslant M$$

就是说数值 $\dfrac{1}{A}\iint\limits_D f(x,y)\mathrm{d}\sigma$ 是介于函数的最大值 M 与最小值 m 之间的. 由闭区域上连续函数的介值定理,在 D 上至少存在一点 (ξ,η) 使得函数在该点的值与这个数值相等,即

$$\frac{1}{A}\iint\limits_D f(x,y)\mathrm{d}\sigma = f(\xi,\eta)$$

上式两端各乘以 A,就得所需证明的公式.

8.1.2 二重积分的计算

按定义计算二重积分显然是很困难的,需要找到一种实际可行的计算方法,这里我们将给出二重积分在直角坐标系和极坐标系下的计算方法.

1. 直角坐标系下二重积分的计算

在直角坐标系中二重积分的面积元素 $\mathrm{d}\sigma$ 表示为 $\mathrm{d}x\mathrm{d}y$,即 $\mathrm{d}\sigma = \mathrm{d}x\mathrm{d}y$. 设 $f(x,y) \geqslant 0\;((x,y) \in D)$,则二重积分的值等于一个以 D 为底,以曲面 $z = f(x,y)$ 为顶的曲顶柱体的体积,我们利用前面定积分计算平行截面面积为已知立体体积的方法,可以计算这个曲顶柱体的体积.

设积分区域 D(如图 8.1.5) 可用不等式组表示为

图 8.1.5

$$\begin{cases}\phi_1(x) \leqslant y \leqslant \phi_2(x) \\ a \leqslant x \leqslant b\end{cases} \tag{8.1.1}$$

此积分区域 D 称为 X - 型区域.

在区间 $[a,b]$ 上任取一点 x,过点 x 作垂直于 x 轴的平面,则它与曲顶柱体相交的截面面积 $A(x)$ 为

$$A(x) = \int_{\phi_1(x)}^{\phi_2(x)} f(x,y)\mathrm{d}y \tag{8.1.2}$$

于是,应用计算平行截面面积为已知的立体体积的方法,得曲顶柱体体积为

$$V = \int_a^b A(x)\,dx = \int_a^b \left[\int_{\phi_1(x)}^{\phi_2(x)} f(x,y)\,dy\right] dx$$

这个体积就是二重积分 $\iint_D f(x,y)\,d\sigma$ 的值,即

$$\iint_D f(x,y)\,d\sigma = \int_a^b \left[\int_{\phi_1(x)}^{\phi_2(x)} f(x,y)\,dy\right] dx \qquad (8.1.3)$$

公式(8.1.3)称为先积 y 后积 x 的累次积分公式,它通常可以记为

$$\iint_D f(x,y)\,d\sigma = \int_a^b dx \int_{\phi_1(x)}^{\phi_2(x)} f(x,y)\,dy \qquad (8.1.4)$$

如果积分区域 D(如图 8.1.6)可用不等式

图 8.1.6

$$\begin{cases} \psi_1(y) \leqslant x \leqslant \psi_2(y) \\ c \leqslant y \leqslant d \end{cases}$$

表示,此时称区域 D 为 Y – 型区域. 类似地,还有先积 x 后积 y 的累次积分公式

$$\iint_D f(x,y)\,d\sigma = \int_c^d dy \int_{\psi_1(y)}^{\psi_2(y)} f(x,y)\,dx \qquad (8.1.5)$$

例 8.1.3 将二重积分 $\iint_D f(x,y)\,d\sigma$ 化为两种不同积分次序的累次积分,其中 D 是由 $x=a, x=b, y=c, y=d\,(a<b, c<d)$ 所围成的矩形区域.

解 (1) 画出区域 D 如图 8.1.7(a) 所示,

图 8.1.7

先积 y 后积 x,D 的不等式表示为

$$\begin{cases} c \leqslant y \leqslant d \\ a \leqslant x \leqslant b \end{cases}$$

则得

$$\iint_D f(x,y)\,d\sigma = \int_a^b dx \int_c^d f(x,y)\,dy$$

(2) 画出区域 D 如图 8.1.7(b) 所示

先积 x 后积 y，D 的不等式表示为
$$\begin{cases} a \leq x \leq b \\ c \leq y \leq d \end{cases}$$

则得
$$\iint\limits_D f(x,y)\mathrm{d}\sigma = \int_c^d \mathrm{d}y \int_a^b f(x,y)\mathrm{d}x$$

例 8.1.3 中的被积函数 $f(x,y) = f_1(x)f_2(y)$ 时，有
$$\iint\limits_D f(x,y)\mathrm{d}\sigma = \int_a^b f_1(x)\mathrm{d}x \int_c^d f_2(y)\mathrm{d}y$$

例 8.1.4 试将 $\iint\limits_D f(x,y)\mathrm{d}\sigma$ 化为两种不同次序的累次积分，其中 D 是由 $x+y=1, y-x=1$ 及 x 轴围成的区域.

解 画出积分区域，如图 8.1.8 所示

(1) 先积 x 后积 y，区域 D 表示为 Y-型区域的不等式形式，
$$D: \begin{cases} y-1 \leq x \leq 1-y \\ 0 \leq y \leq 1 \end{cases}$$

图 8.1.8

则
$$\iint\limits_D f(x,y)\mathrm{d}\sigma = \int_0^1 \mathrm{d}y \int_{y-1}^{1-y} f(x,y)\mathrm{d}x$$

(2) 先积 y 后积 x，用直线 $x=0$ 将 D 分成两部分 D_1 和 D_2，如图 8.1.9

D_1 表示 X-型不等式形式
$$\begin{cases} 0 \leq y \leq 1+x \\ -1 \leq x \leq 0 \end{cases}$$

D_2 表示 X-型不等式形式
$$\begin{cases} 0 \leq y \leq 1-x \\ 0 \leq x \leq 1 \end{cases}$$

图 8.1.9

故
$$\iint\limits_D f(x,y)\mathrm{d}\sigma = \iint\limits_{D_1} f(x,y)\mathrm{d}\sigma + \iint\limits_{D_2} f(x,y)\mathrm{d}\sigma =$$
$$\int_{-1}^0 \mathrm{d}x \int_0^{1+x} f(x,y)\mathrm{d}y + \int_0^1 \mathrm{d}x \int_0^{1-x} f(x,y)\mathrm{d}y$$

从这个例子中可以看出积分区域 D 为 X-型区域还是 Y-型区域不是绝对的，只是计算的难度有所不同，所以二重积分的计算选取积分次序很重要. 请看：

例 8.1.5 计算 $\iint\limits_D e^{-y^2}\mathrm{d}\sigma$，其中 D 是由直线 $y=x, y=1$ 与 y 轴所围成的.

解 画出积分区域 D（图 8.1.10），D 即为 X-型区域，也可以看成 Y-型区域.

(1) 先积 y 后积 x，D 表示成 X-型区域不等式形式

图 8.1.10

$$D:\begin{cases} x \leq y \leq 1 \\ 0 \leq x \leq 1 \end{cases}$$

则

$$\iint_D e^{-y^2} d\sigma = \int_0^1 dx \int_x^1 e^{-y^2} dy$$

但注意到 $\int_x^1 e^{-y^2} dy$ 这个定积分我们无法计算.

(2) 先积 x 后积 y,D 表示成 Y - 型区域不等式形式

$$D:\begin{cases} 0 \leq x \leq y \\ 0 \leq y \leq 1 \end{cases}$$

则

$$\iint_D e^{-y^2} d\sigma = \int_0^1 dy \int_0^y e^{-y^2} dx = \int_0^1 y e^{-y^2} dy = -\frac{1}{2} e^{-y^2} \Big|_0^1 = \frac{1}{2}(1 - e^{-1})$$

从例 8.1.5 可以看出,积分次序选的不合适,可能使积分计算无法进行.

例 8.1.6 计算二重积分 $\iint_D xy d\sigma$,其中 D 是抛物线 $y^2 = x$ 与直线 $y = x - 2$ 所围的区域.

解 画出积分区域 D(图 8.1.11)

由 $\begin{cases} y^2 = x \\ y = x - 2 \end{cases}$ 得两曲线的交点 $(1, -1)$ 和 $(4, -2)$,由图可知先积 x 后积 y 较为简单. D 表示为 Y - 型区域的不等式形式

图 8.1.11

$$\begin{cases} y^2 \leq x \leq y + 2 \\ -1 \leq y \leq 2 \end{cases}$$

所以

$$\iint_D xy d\sigma = \int_{-1}^2 y dy \int_{y^2}^{y+2} x dx =$$

$$\frac{1}{2} \int_{-1}^2 [y(y+2)^2 - y^5] dy =$$

$$\frac{1}{2} \left[\frac{y^4}{4} + \frac{4}{3} y^3 + 2y^2 - \frac{y^6}{6} \right] \Big|_{-1}^2 = \frac{45}{8}$$

在本例题中,如果先积 y 后积 x,应如何计算这个二重积分?请读者思考完成.

2. 极坐标系中二重积分的累次积分法

有些二重积分在直角坐标系中计算很烦琐或不易算出,但在极坐标系中计算就比较方便. 下面我们来介绍二重积分在极坐标系中的累次积分法.

显然,将二重积分 $\iint\limits_{D} f(x,y) d\sigma$ 化为极坐标形式,会遇到两个问题:一个问题是如何把面积元素 $d\sigma$ 化为极坐标形式;另一问题是如何把被积函数 $f(x,y)$ 化为极坐标形式.

假设 $z = f(x,y)$ 在闭区域 D(如图 8.1.12)上连续,我们选取极点 O 为直角坐标系中的原点,极轴为 x 轴正向.

我们用以极点为中心的一族同心圆(ρ = 常数)以及从极点出发的一族射线(θ = 常数),把 D 分成 n 个小闭区域(图 8.1.12),则第 i 个小区域 $\Delta\sigma_i$ 的面积为

$$\Delta\sigma \approx \rho\Delta\rho\Delta\theta$$

(为简单起见下标 i 均省略不写),又由直角坐标和极坐标的关系

$$\begin{cases} x = \rho\cos\theta \\ y = \rho\sin\theta \end{cases} \quad (0 \leq \theta \leq 2\pi)$$

图 8.1.12

所以有

$$\iint\limits_{D} f(x,y) d\sigma = \lim_{\lambda \to 0} \sum_{i=1}^{n} f(\xi_i, \eta_i) \Delta\sigma_i =$$

$$\lim_{\lambda \to 0} \sum f(\rho\cos\theta, \rho\sin\theta) \rho\Delta\rho\Delta\theta$$

即

$$\iint\limits_{D} f(x,y) d\sigma = \iint\limits_{D} f(\rho\cos\theta, \rho\sin\theta) \rho d\rho d\theta \quad (8.1.6)$$

怎样把二重积分的极坐标形式化为累次积分,首先将区域 D 的边界曲线方程用极坐标方程 $\rho = \rho(\theta)$ 来表示,所以一般用先积 ρ 后积 θ 的积分次序. 将积分区域 D 表示成极坐标下的不等式形式

$$\begin{cases} \rho_1(\theta) \leq \rho \leq \rho_2(\theta) \\ \alpha \leq \theta \leq \beta \end{cases}$$

积分区域 D 如图 8.1.13.

图 8.1.13

所以

$$\iint\limits_{D} f(x,y) d\sigma = \int_{\alpha}^{\beta} d\theta \int_{\rho_1(\theta)}^{\rho_2(\theta)} f(\rho\cos\theta, \rho\sin\theta) \rho d\rho \quad (8.1.7)$$

例 8.1.7 将二重积分 $\iint\limits_{D} f(x,y) d\sigma$ 化为极坐标下的累次积分,其中积分区域 D 为

(1) $D: x^2 + y^2 \leq R^2$;

(2) D 由 $y = x, y = 0$ 及 $x = 1$ 围成的闭区域.

解 （1）画出积分区域（图 8.1.14），D 在极坐标系下的不等式表示为

$$\begin{cases} 0 \leq \rho \leq R \\ 0 \leq \theta \leq 2\pi \end{cases}$$

所以

$$\iint_D f(x,y)\mathrm{d}\sigma = \int_0^{2\pi}\mathrm{d}\theta\int_0^R f(\rho\cos\theta,\rho\sin\theta)\rho\mathrm{d}\rho$$

图 8.1.14

（2）画出积分区域（图 8.1.15）

$y=x, y=0$ 及 $x=1$ 在极坐标下对应的方程分别是 $\theta=\dfrac{\pi}{4}$，$\theta=0$ 及 $\rho=\dfrac{1}{\cos\theta}$，$D$ 在极坐标下的不等式表示为

$$\begin{cases} 0 \leq \rho \leq \dfrac{1}{\cos\theta} \\ 0 \leq \theta \leq \dfrac{\pi}{4} \end{cases}$$

图 8.1.15

所以

$$\iint_D f(x,y)\mathrm{d}\sigma = \int_0^{\frac{\pi}{4}}\mathrm{d}\theta\int_0^{\frac{1}{\cos\theta}} f(\rho\cos\theta,\rho\sin\theta)\rho\mathrm{d}\rho$$

例 8.1.8 计算二重积分 $\iint_D \sqrt{a^2-x^2-y^2}\,\mathrm{d}\sigma, D:x^2+y^2 \leq a^2 (a>0)$。

解 由例 8.1.7 中（1）得

$$\iint_D \sqrt{a^2-x^2-y^2}\,\mathrm{d}\sigma = \int_0^{2\pi}\mathrm{d}\theta\int_0^a \sqrt{a^2-\rho^2}\,\rho\mathrm{d}\rho =$$

$$\int_0^{2\pi}\frac{1}{3}a^3\mathrm{d}\theta = \frac{2}{3}\pi a^3$$

例 8.1.9 计算 $\iint_D \mathrm{e}^{-x^2-y^2}\mathrm{d}\sigma, D:x^2+y^2 \leq a^2 (a>0)$。

这个二重积分在角坐标系中无法计算（为什么？请读者想一想），现在把它放在极坐标系中计算.

解 区域 D 在极坐标系下的不等式表示形式为

$$\begin{cases} 0 \leq \rho \leq a \\ 0 \leq \theta \leq 2\pi \end{cases}$$

所以

$$\iint_D \mathrm{e}^{-x^2-y^2}\mathrm{d}\sigma = \int_0^{2\pi}\mathrm{d}\theta\int_0^a \mathrm{e}^{-\rho^2}\rho\mathrm{d}\rho = 2\pi\int_0^a \rho\mathrm{e}^{-\rho^2}\mathrm{d}\rho = -\pi\left[\mathrm{e}^{-\rho^2}\right]\Big|_0^a = \pi(1-\mathrm{e}^{-a^2})$$

通过上面例子我们看到，如果二重积分的被积函数是以 x^2+y^2 的形式出现，或积分区域 D 是圆形区域或扇形区域等，利用极坐标计算一般要比在直角坐标系下计算简便.

习题 8.1

1. 设平面薄板所占 xOy 平面上的区域为 $1 \leqslant x^2 + y^2 \leqslant 4, x \geqslant 0, y \geqslant 0$,其面密度为 $\mu(x,y) = x^2 + y^2$,试用二重积分表示薄板的质量.

2. 利用二重积分的定义证明:

(1) $\iint\limits_{D} d\sigma = A$(其中 A 为 D 的面积);

(2) $\iint\limits_{D} kf(x,y) d\sigma = k \iint\limits_{D} f(x,y) d\sigma$(其中 k 为常数);

(3) $\iint\limits_{D} f(x,y) d\sigma = \iint\limits_{D_1} f(x,y) d\sigma + \iint\limits_{D_2} f(x,y) d\sigma$,

其中 $D = D_1 \cup D_2, D_1, D_2$ 为两个无公共内点的闭区域.

3. 根据二重积分的性质,比较下列积分的大小:

(1) $\iint\limits_{D} (x+y)^2 d\sigma$ 与 $\iint\limits_{D} (x+y)^3 d\sigma$,

其中积分区域 D 是由 x 轴、y 轴与直线 $x+y=1$ 所围成;

(2) $\iint\limits_{D} \ln(x+y) d\sigma$ 与 $\iint\limits_{D} \ln^2(x+y) d\sigma$,

其中 $D = \{(x,y) \mid 3 \leqslant x \leqslant 5, 0 \leqslant y \leqslant 1\}$.

4. 利用二重积分的性质估计下列积分的值:

(1) $I = \iint\limits_{D} xy(x+y) d\sigma$,

其中 $D = \{(x,y) \mid 0 \leqslant x \leqslant 1, 0 \leqslant y \leqslant 1\}$;

(2) $I = \iint\limits_{D} (x^2 + 4y^2 + 9) d\sigma$,其中 $D = \{(x,y) \mid x^2 + y^2 \leqslant 4\}$.

5. 画出下列积分区域的图形,并计算下列二重积分:

(1) $\iint\limits_{D} (x^2 + y^2) d\sigma$,其中 $D = \{(x,y) \mid |x| \leqslant 1, |y| \leqslant 1\}$;

(2) $\iint\limits_{D} \cos(x+y) d\sigma$,其中 D 是由 $x = 0, y = \pi, y = x$ 所围成的区域;

(3) $\iint\limits_{D} x^2 y d\sigma$,其中 $D = \{(x,y) \mid x^2 + y^2 \leqslant 4, y \geqslant 0\}$;

(4) $\iint\limits_{D} x\sqrt{y} d\sigma$,其中 D 是由两条抛物线 $y = \sqrt{x}$ 与 $y = x^2$ 所围成的闭区域;

(5) $\iint\limits_{D} (1-y) d\sigma$,其中 D 是由抛物线 $y^2 = x$ 与直线 $x+y = 2$ 所围成的闭区域.

6. 利用极坐标计算下列二重积分:

(1) $\iint\limits_{D} \sin\sqrt{x^2+y^2} d\sigma$,其中 D 为圆环 $\pi^2 \leqslant x^2 + y^2 \leqslant 4\pi^2$ 所围成的区域;

(2) $\iint\limits_{D} e^{x^2+y^2} d\sigma$,其中 D 是由圆周 $x^2 + y^2 = 4$ 所围成的闭区域;

(3) $\iint\limits_{D} \ln(1 + x^2 + y^2) d\sigma$,其中 D 是由圆周 $x^2 + y^2 = 1$ 及坐标轴所围成的第一象限内闭区域.

7. 改变下列二次积分的积分次序:

(1) $\int_0^1 dx \int_0^x f(x,y) dy$; (2) $\int_0^2 dx \int_{x^2}^{2x} f(x,y) dy$;

(3) $\int_1^e dx \int_0^{\ln x} f(x,y) dy$; (4) $\int_0^1 dy \int_0^{2y} f(x,y) dx + \int_1^3 dy \int_0^{3-y} f(x,y) dx$.

8. 计算下列立体的体积:

(1) 由四个平面 $x = 0, y = 0, x = 1, y = 1$ 所围成的柱体被平面 $z = 0$ 及 $2x + 3y + z = 6$ 截得的立体;

(2) 由平面 $x = 0, y = 0, x + y = 1$ 所围成的柱体被平面 $z = 0$ 及抛物面 $x^2 + y^2 = 6 - z$ 截得的立体.

9. 选用适当的坐标系计算下列二重积分:

(1) $\iint\limits_{D} \dfrac{x^2}{y^2} d\sigma$,其中 D 是由直线 $x = 2, y = x$ 与双曲线 $xy = 1$ 所围成的闭区域;

(2) $\iint\limits_{D} xy d\sigma$,其中 $D = \{(x,y) \mid x^2 + y^2 \leq 1, x \geq 0, y \geq 0\}$.

10. 设平面薄片占据的闭区域 D 是由螺线 $\rho = 2\theta$ 的一段弧 $(0 \leq \theta \leq \dfrac{\pi}{2})$ 与射线 $\theta = \dfrac{\pi}{2}$ 所围成,它的面密度 $\mu(x,y) = \sqrt{x^2 + y^2}$,求该薄片的质量.

8.2 三重积分的概念与计算

8.2.1 三重积分的概念

我们将二重积分中的平面区域推广到空间区域,就得到了三重积分.

定义 8.2 设三元函数 $f(x,y,z)$ 是空间闭区域 Ω 上的有界函数,将区间 Ω 任意分成 n 个小闭区域:$\Delta v_1, \Delta v_2, \cdots, \Delta v_n$,并以 Δv_i 表示第 i 个小区域的体积,在 Δv_i 上任意取一点 (ξ_i, η_i, ζ_i),作乘积 $f(\xi_i, \eta_i, \zeta_i) \Delta v_i$,再作和 $\sum\limits_{i=1}^{n} f(\xi_i, \eta_i, \zeta_i) \Delta v_i$,如果当各个小闭区域的直径中最大值 λ 趋于零时,此和式的极限存在,则称此极限为函数 $f(x,y,z)$ 在区域 Ω 上的三重积分,记为 $\iiint\limits_{\Omega} f(x,y,z) dv$,即

$$\iiint\limits_{\Omega} f(x,y,z) dv = \lim_{\lambda \to 0} \sum_{i=1}^{n} f(\xi_i, \eta_i, \zeta_i) \Delta v_i \qquad (8.2.1)$$

这里 $f(x,y,z)$ 称为被积函数,$f(x,y,z) dv$ 称为被积表达式,dv 称为体积元素,x,y,z 称为积

分变量，Ω 称为积分区域．

如果极限 $\lim\limits_{\lambda \to 0} \sum\limits_{i=1}^{n} f(\xi_i, \eta_i, \zeta_i) \Delta v_i$ 存在，又称函数 $f(x,y,z)$ 在 Ω 上可积．

定理 8.2 如果函数 $f(x,y,z)$ 在闭区域 Ω 上连续，则 $f(x,y,z)$ 在 Ω 上可积．

三重积分具有与二重积分完全类似的性质，这里不再重述．

8.2.2 三重积分的计算

同二重积分的计算类似，三重积分也是化为累次积分来计算，根据区域和被积函数的特点，我们可以分别采用直角坐标、柱面坐标和球面坐标等来计算．

1. 直角坐标系中三重积分的累次积分法

首先，直角坐标系下三重积分的体积元素 $dv = dxdydz$．

直角坐标系下三重积分的计算可归为先一后二和先二后一两种方法．

(1) 先一后二法

积分区域 Ω 的特点：设 Ω 投影到 xOy 坐标面上的投影区域为 D，如图 8.2.1，在区域 D 内任取一点 (x,y) 作平行 z 轴的直线，交区域 Ω 的边界曲面上两点

图 8.2.1

$$M_1(x,y,z_1(x,y)), \quad M_2(x,y,z_2(x,y))$$

Ω 可表示成不等式形式

$$\begin{cases} z_1(x,y) \leq z \leq z_2(x,y) \\ (x,y) \in D \end{cases}$$

这时

$$\iiint\limits_{\Omega} f(x,y,z) dxdydz = \iint\limits_{D} dxdy \int_{z_1(x,y)}^{z_2(x,y)} f(x,y,z) dz \tag{8.2.2}$$

即先一后二法．

如果区域 D 又能表示成不等式形式 $\begin{cases} y_1(x) \leq y \leq y_2(x) \\ a \leq x \leq b \end{cases}$，则式(8.2.2)又可写为

$$\iiint\limits_{\Omega} f(x,y,z) dxdydz = \int_a^b dx \int_{y_1(x)}^{y_2(x)} dy \int_{z_1(x,y)}^{z_2(x,y)} f(x,y,z) dz \tag{8.2.3}$$

即先积 z 次积 y 后积 x 的累次积分．

例 8.2.1 计算三重积分 $\iiint\limits_{\Omega} x dxdydz$，其中区域 Ω 由平面 $x=0, y=0, z=0$ 及 $x+2y+$

$2z=2$ 围成.

解 画出积分区域 Ω(如图8.2.2),Ω 在 xOy 面上的投射是三角形区域 $D=\left\{(x,y)\left|0\leqslant y\leqslant 1-\dfrac{x}{2},0\leqslant x\leqslant 2\right.\right\}$,在 D 上任取一点 (x,y),z 的范围为 $0\leqslant z\leqslant 1-\dfrac{x}{2}-y$.

所以

图8.2.2

$$\iiint_\Omega x\mathrm{d}x\mathrm{d}y\mathrm{d}z = \iint_D \mathrm{d}x\mathrm{d}y\int_0^{1-\frac{x}{2}-y} x\mathrm{d}z =$$

$$\int_0^2 \mathrm{d}x\int_0^{1-\frac{x}{2}}\mathrm{d}y\int_0^{1-\frac{x}{2}-y} x\mathrm{d}z =$$

$$\int_0^2 \mathrm{d}x\int_0^{1-\frac{x}{2}} x\left(1-\frac{x}{2}-y\right)\mathrm{d}y =$$

$$\int_0^2 x\left[\left(1-\frac{x}{2}\right)^2-\frac{1}{2}\left(1-\frac{x}{2}\right)^2\right]\mathrm{d}x =$$

$$\int_0^2 \frac{1}{2}x\left(1-\frac{x}{2}\right)^2\mathrm{d}x =$$

$$\frac{1}{2}\int_0^2 \left(x-x^2+\frac{x^3}{4}\right)\mathrm{d}x =$$

$$\frac{1}{2}\left[\frac{x^2}{2}-\frac{x^3}{3}+\frac{x^4}{16}\right]\Big|_0^2 = \frac{1}{6}$$

此题还可以直接将区域 Ω 表示成不等式形式,三重积分直接划为累次积分计算如下:

Ω 的不等式表示形式:

$$\begin{cases} 0\leqslant z\leqslant 1-\dfrac{x}{2}-y \\ 0\leqslant y\leqslant 1-\dfrac{x}{2} \\ 0\leqslant x\leqslant 2 \end{cases}$$

所以

$$\iiint_D x\mathrm{d}x\mathrm{d}y\mathrm{d}z = \int_0^2 x\mathrm{d}x\int_0^{1-\frac{x}{2}}\mathrm{d}y\int_0^{1-\frac{x}{2}-y}\mathrm{d}z = \frac{1}{6}$$

(2) 先二后一法

积分区域 Ω 的特点:设 Ω 在 z 轴上的投影区间为 $[c,d]$,在 $[c,d]$ 上任取一点 z 作垂直于 z 轴的平面与区域 Ω 的截面为 D_z,这时有

$$\iiint_\Omega f(x,y,z)\mathrm{d}v = \int_c^d \mathrm{d}z\iint_{D_z} f(x,y,z)\mathrm{d}x\mathrm{d}y$$

即先二后一法.

例8.2.2 计算三重积分 $\iiint_\Omega z\mathrm{d}v$,其中 Ω 是由 $z=\sqrt{x^2+y^2}$ 与 $z=1$ 所围成.

解 画出积分区域 Ω 如图 8.2.3, Ω 在 z 轴上的投影区间为 $[0,1]$, 过任意点 $z \in [0,1]$ 作垂直于 z 轴的平面得与 Ω 交的截面 $D_z = \{(x,y) \mid x^2 + y^2 \leq z^2\}$.

所以

$$\iiint_\Omega z\,dxdydz = \int_0^1 z\,dz \iint_{D_z} dxdy =$$

$$\int_0^1 z\pi z^2\,dz = \frac{\pi}{4}$$

图 8.2.3

当区域 Ω 是由平行于三个坐标面的平面围成的长方体时,即 $\Omega = \{(x,y,z) \mid a \leq x \leq b, c \leq y \leq d, e \leq z \leq f\}$,三重积分

$$\iiint_\Omega f(x,y,z)\,dxdydz = \int_a^b dx \int_c^d dy \int_e^f f(x,y,z)\,dz$$

特别地,$f(x,y,z) = f_1(x)f_2(y)f_3(z)$ 时,

$$\iiint_\Omega f(x,y,z)\,dxdydz = \int_a^b f_1(x)\,dx \int_c^d f_2(y) \int_e^f f_3(z)\,dz$$

2. 柱面坐标系下三重积分的累次积分法

(1) 柱坐标

设空间中的一点 $M(x,y,z)$,它在 xOy 面上的投影记为 P,设 P 的极坐标为 (ρ,θ),则有序数组 (ρ,θ,z) 称为点 M 的柱坐标(如图 8.2.4).

对于柱坐标,规定 ρ,θ,z 的取值范围为

$$0 \leq \rho < +\infty, 0 \leq \theta \leq 2\pi, -\infty < z < +\infty$$

柱坐标系的三组坐标曲面分别是:

$\rho =$ 常数,是以 z 轴为轴的圆柱面;

$\theta =$ 常数,是过 z 轴的半平面;

$z =$ 常数,垂直于 z 轴的平面.

显然,直角坐标与柱坐标的关系是

$$\begin{cases} x = \rho\cos\theta \\ y = \rho\sin\theta \\ z = z \end{cases}$$

图 8.2.4

(2) 柱坐标系下的累次积分法

用柱坐标的坐标曲面族分割空间区域 Ω 得一些小区域(除了含 Ω 的边界点的小区域外)都是柱体,这个体积等于高与底面积的乘积,由极坐标系下的面积元素容易得到柱坐标系下的体积元素

$$dv = \rho\,d\rho\,d\theta\,dz$$

所以,有

$$\iiint_\Omega f(x,y,z)\,dxdydz = \iiint_\Omega f(\rho\cos\theta,\rho\sin\theta,z)\rho\,d\rho\,d\theta\,dz \tag{8.2.4}$$

式(8.2.4)是把直角坐标系下的三重积分转换为柱坐标系下的三重积分公式,再将变量 ρ,θ,z 在积分区域 Ω 中的变化范围确定下来,化为累次积分计算.

例8.2.3 将三重积分 $\iiint_\Omega f(x,y,z)\mathrm{d}v$ 化为柱坐标系下的累次积分,其中 Ω 是由曲面 $z=x^2+y^2$ 及平面 $z=h(h>0)$ 所围成的区域.

解 画积分区域 Ω(图8.2.5),Ω 在 xOy 面上的投影区域

$$D=\{(x,y)\mid x^2+y^2\leqslant h\}=\{(\rho,\theta)\mid 0\leqslant\rho\leqslant\sqrt{h},0\leqslant\theta\leqslant 2\pi\}$$

在 D 上任取一点 (ρ,θ),得 z 的范围 $\rho^2\leqslant z\leqslant h$,所以

$$\iiint_\Omega f(x,y,z)\mathrm{d}v=$$

$$\iint_D\left[\int_{\rho^2}^h f(\rho\cos\theta,\rho\sin\theta,z)\mathrm{d}z\right]\rho\mathrm{d}\rho\mathrm{d}\theta=$$

$$\int_0^{2\pi}\mathrm{d}\theta\int_0^{\sqrt{h}}\rho\mathrm{d}\rho\int_{\rho^2}^h f(\rho\cos\theta,\rho\sin\theta,z)\mathrm{d}z$$

此题还可以直接将区域 Ω 在柱坐标系下表示成不等式的形式,直接化为累次积分.

图8.2.5

Ω 在柱坐标下的不等式表示形式为

$$\begin{cases}\rho^2\leqslant z\leqslant h\\0\leqslant\rho\leqslant\sqrt{h}\\0\leqslant\theta\leqslant 2\pi\end{cases}$$

所以

$$\iiint_\Omega f(x,y,z)\mathrm{d}v=\int_0^{2\pi}\mathrm{d}\theta\int_0^{\sqrt{h}}\rho\mathrm{d}\rho\int_{\rho^2}^h f(\rho\cos\theta,\rho\sin\theta,z)\mathrm{d}z$$

例8.2.4 计算三重积分 $\iiint_\Omega(x^2+y^2)\mathrm{d}v$,其中 Ω 由 $z=\sqrt{x^2+y^2}$ 及 $z=1$ 所围成的区域.

解 画积分区域 Ω(如图8.2.6),Ω 在 xOy 面上的投影区域 D 为

$$D=\{(x,y)\mid x^2+y^2\leqslant 1\}=\{(\rho,\theta)\mid 0\leqslant\rho\leqslant 1,0\leqslant\theta\leqslant 2\pi\}$$

Ω 在柱坐标下的不等式表示形式为

$$\begin{cases}\rho\leqslant z\leqslant 1\\0\leqslant\rho\leqslant 1\\0\leqslant\theta\leqslant 2\pi\end{cases}$$

所以

$$\iiint_\Omega(x^2+y^2)\mathrm{d}v=\int_0^{2\pi}\mathrm{d}\theta\int_0^1\rho\mathrm{d}\rho\int_\rho^1\rho^2\mathrm{d}z=$$

$$2\pi\int_0^1\rho^3(1-\rho)\mathrm{d}\rho=$$

$$2\pi\left[\frac{\rho^4}{4}-\frac{\rho^5}{5}\right]\bigg|_0^1=\frac{\pi}{10}$$

图8.2.6

3. 球坐标系下三重积分的累次积分法

（1）球坐标

设空间中一点 $M(x,y,z)$，它在 xOy 面上的投影为 P，原点 O 到 M 的距离为 r，OM 与 z 轴正向的夹角为 φ，OP 与 x 轴正向夹角为 θ（如图 8.2.7）.

对于球坐标，规定 r,φ,θ 的取值范围为
$$0 \leqslant r < +\infty, 0 \leqslant \varphi \leqslant \pi, 0 \leqslant \theta \leqslant 2\pi$$

图 8.2.7

则有序数组 (r,φ,θ) 就称为点 M 的球坐标. 球坐标系中的三组坐标曲面分别是：

$r =$ 常数，是以原点为球心的球面；

$\varphi =$ 常数，是以原点为顶点、以 z 轴为对称轴的圆锥面；

$\theta =$ 常数，是过 z 轴的半平面. 显然，直角坐标与球坐标的关系是
$$\begin{cases} x = r\sin\varphi\cos\theta \\ y = r\sin\varphi\sin\theta \\ z = r\cos\varphi \end{cases}$$

（2）球坐标系下的累次积分法

用球坐标的坐标曲面族分割空间区域 Ω，得一些小区域. 考虑由 r,φ,θ 各取得微小增量 $dr, d\varphi, d\theta$，所成的六面体体积（图 8.2.8）. 把这个六面体近似看成长方体，其经线方向的长为 $rd\varphi$，纬线方向的宽为 $r\sin\varphi d\theta$，向经方向的高为 dr，于是得球坐标系的体积元素
$$dv = r^2\sin\varphi dr d\varphi d\theta$$

所以，有

$$\iiint\limits_{\Omega} f(x,y,z) dxdydz = \\ \iiint\limits_{\Omega} f(r\sin\varphi\cos\theta, r\sin\varphi\sin\theta, r\cos\varphi) r^2 \sin\varphi dr d\varphi d\theta \qquad (8.2.5)$$

图 8.2.8

式(8.2.5)是直角坐标系下的三重积分转换为球坐标系下的三重积分公式.

再将变量 r,φ,θ 在积分区域 Ω 中的变化范围确定下来，化为累次积分计算.

例 8.2.5 将三重积分 $\iiint\limits_{\Omega} f(x,y,z) dv$ 化为球坐标系下的累次积分，其中 Ω 是由 $z = \sqrt{R^2 - x^2 - y^2}$ 及 $z=0$ 围成的区域.

解 积分区域 Ω（如图 8.2.9）在球坐标系下表示成不等式形式
$$\begin{cases} 0 \leqslant r \leqslant R \\ 0 \leqslant \varphi \leqslant \dfrac{\pi}{2} \\ 0 \leqslant \theta \leqslant 2\pi \end{cases}$$

图 8.2.9

所以

$$\iiint\limits_{\Omega} f(x,y,z)\,\mathrm{d}v = \int_0^{2\pi}\mathrm{d}\theta\int_0^{\frac{\pi}{2}}\sin\varphi\mathrm{d}\varphi\int_0^R f(r\sin\varphi\cos\theta, r\sin\varphi\sin\theta, r\cos\varphi)r^2\,\mathrm{d}r$$

例 8.2.6 计算三重积分 $\iiint\limits_{\Omega} z\mathrm{d}v$,其中 Ω 为球面 $x^2 + y^2 + z^2 = 2z$ 围成的区域.

解 积分区域 Ω(如图 8.2.10),球面 $x^2 + y^2 + z^2 = 2z$ 的球坐标方程为 $r = 2\cos\varphi$,Ω 在球坐标系下表示成不等式的形式

$$\begin{cases} 0 \leqslant r \leqslant 2\cos\varphi \\ 0 \leqslant \varphi \leqslant \dfrac{\pi}{2} \\ 0 \leqslant \theta \leqslant 2\pi \end{cases}$$

图 8.2.10

所以,有

$$\iiint\limits_{\Omega} z\mathrm{d}v = \int_0^{2\pi}\mathrm{d}\theta\int_0^{\frac{\pi}{2}}\mathrm{d}\varphi\int_0^{2\cos\varphi} r\cos\varphi \cdot r^2\sin\varphi\,\mathrm{d}r =$$

$$\int_0^{2\pi}\mathrm{d}\theta\int_0^{\frac{\pi}{2}}\sin\varphi\cos\varphi\mathrm{d}\varphi\int_0^{2\cos\varphi} r^3\,\mathrm{d}r =$$

$$4\int_0^{2\pi}\mathrm{d}\theta\int_0^{\frac{\pi}{2}}\sin\varphi\cos^5\varphi\,\mathrm{d}\varphi =$$

$$8\pi\left(-\frac{1}{6}\cos^6\varphi\right)\Big|_0^{\frac{\pi}{2}} = \frac{4}{3}\pi$$

习题 8.2

1. 化三重积分 $\iiint\limits_{\Omega} f(x,y,z)\,\mathrm{d}v$ 为直角坐标系下的累次积分,其中积分区域 Ω 分别为:

(1) 由三个坐标面与平面 $6x + 3y + 2z - 6 = 0$ 所围成;

(2) 由旋转抛物面 $z = x^2 + y^2$ 与平面 $z = 1$ 所围成;

(3) 由圆锥面 $z = \sqrt{x^2 + y^2}$ 与上半球 $z = \sqrt{2 - x^2 - y^2}$ 所围成.

2. 计算下列三重积分:

(1) $\iiint\limits_{\Omega} xy\mathrm{d}v$,其中 Ω 是由三个坐标面与平面 $x + \dfrac{y}{2} + \dfrac{z}{3} = 1$ 所围成的闭区域;

(2) $\iiint\limits_{\Omega} xyz\mathrm{d}v$,其中 Ω 是由双曲面 $z = xy$ 与平面 $y = x, x = 1$ 及 $z = 0$ 所围成的区域;

(3) $\iiint\limits_{\Omega} z^2\mathrm{d}v$,其中 Ω 是由上半球面 $z = \sqrt{1 - x^2 - y^2}$ 与平面 $z = 0$ 所围成的闭区域;

(4) $\iiint\limits_{\Omega} z^2\mathrm{d}v$,其中 Ω 是由球面 $x^2 + y^2 + z^2 = 2z$ 所围成的闭区域.

3. 利用柱坐标计算下面三重积分:

(1) $\iiint\limits_{\Omega} z\mathrm{d}v$,其中 Ω 是由上半球面 $z = \sqrt{2 - x^2 - y^2}$ 与旋转抛物面 $z = x^2 + y^2$ 所围成的

闭区域;

(2) $\iiint_\Omega z\sqrt{x^2+y^2}\,dv$,其中 Ω 是由旋转抛物面 $z=x^2+y^2$ 与平面 $z=1$ 所围成的闭区域.

4. 利用球坐标计算下列三重积分:

(1) $\iiint_\Omega (x^2+y^2+z^2)\,dv$,其中 Ω 是由球面 $x^2+y^2+z^2=1$ 所围成的闭区域;

(2) $\iiint_\Omega z\,dv$,其中 Ω 是由不等式 $x^2+y^2+(z-a)^2 \leqslant a^2, x^2+y^2 \leqslant z^2$ 所确定.

5. 利用三重积分计算下列由曲面所围成的立体的体积:

(1) $z=\sqrt{x^2+y^2}$ 及 $z=6-x^2-y^2$;

(2) $z=\sqrt{x^2+y^2}$ 及 $z=x^2+y^2$.

6. 球心在原点,半径为 R 的球体,在其上任意一点的密度的大小与这点到球心的距离成正比,求这球体的质量.

8.3 重积分的应用

本节我们介绍重积分在几何及物理上的应用.

8.3.1 几何上的应用

1. 求立体的体积

由二重积分的几何意义,我们知道:当 $f(x,y) \geqslant 0$ 时,以 D 为底,曲面 $z=f(x,y)$ 为顶的曲顶柱体的体积等于 $\iint_D f(x,y)\,d\sigma$;当 $f(x,y) \leqslant 0$ 时,该曲顶柱体的体积为 $\iint_D f(x,y)\,d\sigma$ 的相反数,由多个曲面围成的立体的体积同样可以利用二重积分计算,请看几个例子.

例 8.3.1 求由圆柱面 $x^2+y^2=R^2$ 与 $x^2+z^2=R^2$ 所围成的立体的体积.

解 由对称性,我们只要求出立体在第一卦限部分(如图 8.3.1)的体积 V_1,所求立体的体积 $V=8V_1$.

第一卦限部分立体的顶面方程为 $z=\sqrt{R^2-x^2}$,底面区域 D 为 $D=\{(x,y) \mid x^2+y^2 \leqslant R^2, x \geqslant 0, y \geqslant 0\}$,所以

$$V_1 = \iint_D \sqrt{R^2-x^2}\,d\sigma = \int_0^R dx \int_0^{\sqrt{R^2-x^2}} \sqrt{R^2-x^2}\,dy =$$

$$\int_0^R (R^2-x^2)\,dx = \frac{2}{3}R^3$$

图 8.3.1

所以,所求立体的体积 $V=8V_1=\frac{16}{3}R^3$.

例 8.3.2 求由锥面 $z=\sqrt{x^2+y^2}$ 及旋转抛物面 $z=6-x^2-y^2$ 所围成的立体的体积.

解 积分区域 Ω（如图 8.3.2），曲线 $\begin{cases} z = \sqrt{x^2 + y^2} \\ z = 6 - x^2 - y^2 \end{cases}$ 在 xOy 面上的投影为 $\begin{cases} x^2 + y^2 = 4 \\ z = 0 \end{cases}$，它是所求立体在 xOy 平面上的投影区域 D 的边界曲线，由图 8.3.2 可见，所求立体的体积 V 可以看做以 $z = 6 - x^2 - y^2$ 为顶，以 D 为底的曲顶柱体的体积 V_2 减去以 $z = \sqrt{x^2 + y^2}$ 为顶、以 D 为底的曲顶柱体的体积 V_1 所得，即

$$V = V_2 - V_1 = \iint_D (6 - x^2 - y^2) d\sigma - \iint_D \sqrt{x^2 + y^2} d\sigma = \iint_D (6 - x^2 - y^2 - \sqrt{x^2 + y^2}) d\sigma$$

图 8.3.2

利用极坐标计算这个二重积分，得

$$V = V_2 - V_1 = \iint_D (6 - \rho^2 - \rho)\rho d\rho d\theta = \int_0^{2\pi} d\theta \int_0^a (6\rho - \rho^3 - \rho^2) d\rho = \frac{32}{3}\pi$$

三重积分 $I = \iiint_\Omega f(x,y,z) dv$，当被积函数 $f(x,y,z) = 1$ 时，三重积分 I 就是积分区域的体积. 例 8.3.2 利用三重积分同样可求出立体的体积.

$$V = \iiint_\Omega dv = \int_0^{2\pi} d\theta \int_0^2 \rho d\rho \int_\rho^{6-\rho^2} dz = 2\pi \int_0^2 \rho(6 - \rho^2 - \rho) d\rho = \frac{32}{3}\pi$$

2. 曲面的面积

设曲面 S 的方程为 $z = f(x,y)$，它在 xOy 面上的投影区域为 D，函数 $f(x,y)$ 在 D 上具有连续的偏导数，求曲面 S 的面积.

在 D 上任取小区域 $d\sigma$（$d\sigma$ 也代表该小区域的面积），在 σ 上任取一点 (x,y)，对应有曲面上一点 $M(x,y,(x,y))$，曲面 S 在点 M 处的切平面为 T，以 $d\sigma$ 的边界曲线为准线，母线平行于 z 轴的柱面截曲面 S 的部分为 ΔS，截切平面 T 的部分为 ΔT，ΔT 的面积记为 dS，则小曲面 ΔS 的面积可用 ΔT 的面积 dS 近似代替（图 8.3.3）. 显然，切平面 T 的法线向量 $\mathbf{n} = (-f_x(x,y), -f_y(x,y), 1)$，法线向量 $\mathbf{n}$ 与 z 轴的交角 r 满足 $\cos r = \dfrac{1}{\sqrt{1 + f_x^2 + f_y^2}}$，则由立体几何知

图 8.3.3

$$dS = \frac{1}{\cos\gamma}d\sigma = \sqrt{1+f_x^2+f_y^2}d\sigma$$

所以曲面的面积可表示为二重积分

$$S = \iint_D \sqrt{1+f_x^2+f_y^2}d\sigma \qquad (8.3.1)$$

式(8.3.1)和平面或空间曲线的弧长公式相似.

例8.3.3 求半径为 a 的球面的面积.

解 取球心为坐标原点,该球面方程为 $x^2+y^2+z^2=a^2$,由于它的对称性,该球面的面积是上半球面 $z=\sqrt{a^2-x^2-y^2}$ ($x^2+y^2\leqslant a^2$) 的面积的 2 倍,由于

$$f_x = \frac{-x}{\sqrt{a^2-x^2-y^2}}, \quad f_y = \frac{-y}{\sqrt{a^2-x^2-y^2}}$$

所以

$$dS = \sqrt{1+f_x^2+f_y^2}d\sigma = \frac{a}{\sqrt{a^2-x^2-y^2}}d\sigma$$

$$S = 2\iint_D dS = 2\iint_D \frac{a}{\sqrt{a^2-x^2-y^2}}d\sigma = 2\int_0^{2\pi}d\theta\int_0^a \frac{a}{\sqrt{a^2-\rho^2}}\rho d\rho = 4\pi a^2$$

例8.3.4 求马鞍面 $z=xy$ 在柱面 $x^2+y^2=4$ 内的面积.

解 因为 $\frac{\partial z}{\partial x}=y, \frac{\partial z}{\partial y}=x$,所以

$$dS = \sqrt{1+\left(\frac{\partial z}{\partial x}\right)^2+\left(\frac{\partial z}{\partial y}\right)^2}d\sigma = \sqrt{1+x^2+y^2}d\sigma$$

所以

$$S = \iint_D dS = \iint_D \sqrt{1+x^2+y^2}d\sigma =$$
$$\int_0^{2\pi}d\theta\int_0^2 \sqrt{1+\rho^2}\rho d\rho = 2\pi\frac{1}{3}(1+\rho^2)^{\frac{3}{2}}\Big|_0^2 =$$
$$\frac{2\pi}{3}(5\sqrt{5}-1)$$

8.3.2 重积分在物理上的应用

1. 求物体的重心

平面薄片的重心 $(\bar{x},\bar{y})$ 是满足等式 $M\bar{x}=M_y, M\bar{y}=M_x$ 的点,其中 M 为薄片的质量,M_x,M_y 分别是薄片关于 x 轴,y 轴的静力矩,于是,重心坐标为 $\bar{x}=\frac{M_y}{M}, \bar{y}=\frac{M_x}{M}$. 可见,求平面薄片的重心关键在于求出它的质量 M 及关于坐标轴的静力矩 M_x 与 M_y.

设平面薄片在 xOy 平面上的闭区域 D 在点 (x,y) 处的面密度为 $\rho(x,y)$,由 8.1.1 中

的例 8.1.2 知 $M = \iint\limits_{D} \rho(x,y) \mathrm{d}\sigma$，同样的方法在 D 上任取一小区域 $\mathrm{d}\sigma$（$\mathrm{d}\sigma$ 又表示小区域的面积），点 (x,y) 是 $\mathrm{d}\sigma$ 上的任一点（图 8.3.4），小薄片 $\mathrm{d}\sigma$ 看成为质点，质量为 $\rho(x,y) \mathrm{d}\sigma$，则关于两个坐标轴的静力矩 $\mathrm{d}M_x$，$\mathrm{d}M_y$ 分别为 $\mathrm{d}M_x = y\rho(x,y)\mathrm{d}\sigma$，$\mathrm{d}M_y = x\rho(x,y)\mathrm{d}\sigma$，所以整个薄片关于 x 轴、y 轴的静力矩分别为

$$M_x = \iint\limits_{D} \mathrm{d}M_x = \iint\limits_{D} y\rho(x,y)\mathrm{d}\sigma$$

$$M_y = \iint\limits_{D} \mathrm{d}M_y = \iint\limits_{D} x\rho(x,y)\mathrm{d}\sigma$$

图 8.3.4

于是得重心坐标 $(\bar{x}, \bar{y})$ 为

$$\bar{x} = \frac{M_y}{M} = \frac{\iint\limits_{D} x\rho(x,y)\mathrm{d}\sigma}{\iint\limits_{D} \rho(x,y)\mathrm{d}\sigma}$$

$$\bar{y} = \frac{M_x}{M} = \frac{\iint\limits_{D} y\rho(x,y)\mathrm{d}\sigma}{\iint\limits_{D} \rho(x,y)\mathrm{d}\sigma} \qquad (8.3.2)$$

如果薄片是均匀的，即 $\rho(x,y) = \rho$（常数），则式 (8.3.2) 化为

$$\bar{x} = \frac{1}{A} \iint\limits_{D} x\mathrm{d}\sigma, \quad \bar{y} = \frac{1}{A} \iint\limits_{D} y\mathrm{d}\sigma \qquad (8.3.3)$$

其中 A 表示区域 D 的面积，这时也称点 $(\bar{x}, \bar{y})$ 是平面图形的形心.

例 8.3.5 一半径为 1 的半圆形薄片，其各点处的密度等于该点到圆心的距离，求此薄片的重心坐标.

解 如图 8.3.5，半圆的圆心在原点，直径在 x 轴上，则半圆形薄片对称于 y 轴，薄片的密度函数 $\rho(x,y) = \sqrt{x^2 + y^2}$，关于 y 轴对称，所以重心必在 y 轴上，我们只需求出重心的纵坐标 $\bar{y}$.

$$M = \iint\limits_{D} \sqrt{x^2+y^2}\,\mathrm{d}\sigma = \int_0^\pi \mathrm{d}\theta \int_0^1 \rho^2 \mathrm{d}\rho = \frac{1}{3}\pi$$

$$M_x = \iint\limits_{D} y\sqrt{x^2+y^2}\,\mathrm{d}\sigma = \int_0^\pi \mathrm{d}\theta \int_0^1 \rho\sin\theta\,\rho^2 \mathrm{d}\rho =$$

$$\int_0^\pi \sin\theta\,\mathrm{d}\theta \int_0^1 \rho^3 \mathrm{d}\rho = \frac{1}{2}$$

图 8.3.5

所以

$$\bar{y} = \frac{M_x}{M} = \frac{\frac{1}{2}}{\frac{\pi}{3}} = \frac{3}{2\pi}$$

即重心的坐标为 $\left(0, \dfrac{3}{2\pi}\right)$.

类似地,占有空间有界闭区域 Ω、在点 (x,y,z) 处的密度为 $\rho(x,y,z)$(假设 $\rho(x,y,z)$ 在 Ω 上连续)的物体的重心坐标是

$$\bar{x} = \frac{1}{M}\iiint_\Omega x\rho(x,y,z)\mathrm{d}v, \quad \bar{y} = \frac{1}{M}\iiint_\Omega y\rho(x,y,z)\mathrm{d}v, \quad \bar{z} = \frac{1}{M}\iiint_\Omega z\rho(x,y,z)\mathrm{d}v$$

其中 $M = \iiint_\Omega \rho(x,y,z)\mathrm{d}v$.

例 8.3.6 求均匀半球体的重心.

解 设球心在原点,半球体的对称轴为 z 轴,又设球的半径为 R,则半球体所占空间区域

$$\Omega = \{(x,y,z) \mid x^2 + y^2 + z^2 \leqslant R^2, z \geqslant 0\}$$

显然,重心在 z 轴上,所以 $\bar{x} = \bar{y} = 0$

$$\bar{z} = \frac{1}{M}\iiint_\Omega z\rho\,\mathrm{d}v = \frac{1}{V}\iiint_\Omega z\,\mathrm{d}v$$

其中 $V = \dfrac{2}{3}\pi R^3$,为半球体的体积.

$$\iiint_\Omega z\,\mathrm{d}v = \int_0^{2\pi}\mathrm{d}\theta\int_0^{\frac{\pi}{2}}\cos\varphi\sin\varphi\,\mathrm{d}\varphi\int_0^R r^3\,\mathrm{d}r = \frac{\pi}{4}R^4$$

因此,$\bar{z} = \dfrac{3}{8}R$,重心为 $\left(0, 0, \dfrac{3}{8}R\right)$.

2. 求物体的转动惯量

设在 xOy 平面上的一质点 $P(x,y)$,其质量为 m,则该质点关于 x 轴、y 轴和原点 O 的转动惯量依次为 $I_x = my^2$,$I_y = mx^2$,$I_O = m(x^2 + y^2)$,显然 $I_O = I_x + I_y$,即质点的转动惯量等于各个质点转动惯量之和(即转动惯量具有可加性).

现有一平面薄片,它占有 xOy 平面上的区域 D,薄片在点 (x,y) 处的密度为 $\rho(x,y)$,且函数 $\rho(x,y)$ 在 D 上连续. 在 D 上任取一小区域 $\mathrm{d}\sigma$($\mathrm{d}\sigma$ 又表示小区域的面积),在 $\mathrm{d}\sigma$ 上任取一点 (x,y),把小区域 $\mathrm{d}\sigma$ 的小块薄片看成质点,则该质点上关于 x 轴、y 轴的转动惯量 $\mathrm{d}I_x,\mathrm{d}I_y$ 分别为

$$\mathrm{d}I_x = y^2\rho(x,y)\mathrm{d}\sigma, \quad \mathrm{d}I_y = x^2\rho(x,y)\mathrm{d}\sigma$$

所以,平面薄片关于 x 轴、y 轴和原点的转动惯量分别为

$$I_x = \iint_D y^2\rho(x,y)\mathrm{d}\sigma, \quad I_y = \iint_D x^2\rho(x,y)\mathrm{d}\sigma \tag{8.3.4}$$

显然对平面薄片来说,仍有 $I_O = I_x + I_y$.

例 8.3.7 设一平面薄片位于以心形线 $\rho = a(1 + \cos\theta)$ 为边界的区域 D 上,求此薄片对于原点的转动惯量(密度为 1).

解 如图 8.3.6

$$I_O = \iint_D (x^2 + y^2)\mathrm{d}\sigma$$

利用极坐标

$$I_O = \iint_D \rho^2 \rho \mathrm{d}\rho \mathrm{d}\theta = \int_0^{2\pi} \mathrm{d}\theta \int_0^{a(1+\cos\theta)} \rho^3 \mathrm{d}\rho =$$

$$\frac{a^4}{4}\int_0^{2\pi}(1+4\cos\theta+6\cos^2\theta+4\cos^3\theta+\cos^4\theta)\mathrm{d}\theta$$

$$= \frac{a^4}{4}(2\pi+0+6\pi+0+\frac{3}{4}\pi) = \frac{35}{16}\pi a^4$$

图 8.3.6

类似地，占有空间有界闭区域 Ω、在点 (x,y,z) 处的密度为 $\rho(x,y,z)$（假设 $\rho(x,y,z)$ 在 Ω 上连续）的物体的转动惯量为

$$I_x = \iiint_\Omega (y^2+z^2)\rho(x,y,z)\mathrm{d}v$$

$$I_y = \iiint_\Omega (z^2+x^2)\rho(x,y,z)\mathrm{d}v$$

$$I_z = \iiint_\Omega (x^2+y^2)\rho(x,y,z)\mathrm{d}v$$

习题 8.3

1. 求上半球面 $z = \sqrt{a^2-x^2-y^2}$ 含在圆柱面 $x^2+y^2 = ax$ 内部的那部分曲面的面积.

2. 求圆锥面 $z = \sqrt{x^2+y^2}$ 被柱面 $z^2 = 2x$ 所割下的部分曲面的面积.

3. 求底圆半径相等的两个直交圆柱面 $x^2+y^2 = R^2$ 及 $x^2+z^2 = R^2$ 所围成的立体的表面积.

4. 圆盘 $x^2+y^2 \leq 2ax(a>0)$ 内各点处的面密度 $\mu(x,y) = \sqrt{x^2+y^2}$，求此圆盘的重心.

5. 设有一等腰直角三角形薄片，腰长为 a，各点处的面密度等于该点到直角顶点的距离的平方，求此薄片的重心.

6. 设均匀薄片（面密度为常数 μ）所占闭区域 D 如下，求指定的转动惯量：

(1) D 由抛物线 $y^2 = \frac{9}{2}x$ 与直线 $x = 2$ 所围成，求 I_x, I_y；

(2) D 为矩形闭区域 $\{(x,y) \mid 0 \leq x \leq a, 0 \leq y \leq b\}$，求 I_x, I_y.

7. 求半径为 a，高为 h 的均匀圆柱体对于过重心而平行于母线的轴的转动惯量（设密度为 1）.

8.4 向量值函数的积分

本节我们将定积分、重积分的思想推广到向量值（当然也包括数量值）函数，得到的就是向量值函数在曲线和曲面上的积分，分别称为曲线积分和曲面积分.

8.4.1 曲线积分

1. 数量场和向量场

设空间区域 Ω 上每一点 $P(x,y,z)$，都有一个确定的数值 $u(x,y,z)$，我们就说在区域 Ω 上确定了一个数量场 $u(x,y,z)$，函数 $u(x,y,z)$ 称为数值函数. 温度场和电位场等都是数量场. 设空间区域 Ω 上每一点 $P(x,y,z)$，都对应一个向量 $\boldsymbol{A}(x,y,z)$，我们就说在区域 Ω 上确定了一个向量场 $\boldsymbol{A}(x,y,z)$，$\boldsymbol{A}(x,y,z)$ 称为向量值函数. 引力场和速度场等都是向量场. 凡是不随时间而变化的场，都称为稳定场.

如果一个向量场 $\boldsymbol{A}(x,y,z)$ 是某个可微函数 $f(x,y,z)$ 的梯度场，即

$$\boldsymbol{A}(x,y,z) = \frac{\partial f}{\partial x}\boldsymbol{i} + \frac{\partial f}{\partial y}\boldsymbol{j} + \frac{\partial f}{\partial z}\boldsymbol{k}$$

则称该向量场 $\boldsymbol{A}(x,y,z)$ 是一个有势场，函数 $f(x,y,z)$ 称为 $\boldsymbol{A}(x,y,z)$ 的一个势函数.

2. 数值函数在曲线上的积分（对弧长的曲线积分）

(1) 对弧长的曲线积分的概念

先来看一个例子.

例 8.4.1 设平面曲线 L 上任意一点 $M(x,y)$ 的线密度（单位长度的质量）为 $\rho(x,y)$，求平面曲线的质量.

若平面曲线 L 的线密度 $\rho(x,y) = \rho$ 是常数，曲线 L 的长为 l，则曲线 L 的质量为 $m = l\rho$.

若平面曲线 L 的线密度 $\rho(x,y)$ 不是常数，那么，如何计算该曲线的质量？

图 8.4.1

类似于定积分解决问题的方法. 我们把曲线 L（如图 8.4.1）任意分成 n 个小弧段 $\Delta s_i (i=1,2,\cdots,n)$，且用 Δs_i 表示该小弧段的长度，在 Δs_i 上任取一点 $M_i(\xi_i,\eta_i)$，则该小弧段的质量等于 $\rho(\xi_i,\eta_i)\Delta s_i$，和式 $\sum_{i=1}^{n}\rho(\xi_i,\eta_i)\Delta s_i$ 就是曲线 L 的质量的近似值，当 $\Delta s_i(i=1,2,\cdots,n)$ 的最大长度 λ 趋于零时，上面和式的极限即为 L 的质量.

定义 8.3 设函数 $f(x,y)$ 在曲线 L 上有界，Δs_i 是将 L 任意分成 n 个小弧段后第 i 段的长度，$M(\xi_i,\eta_i)$ 是第 i 段上任意一点，λ 是 n 个小段弧长度中的最大值，若极限

$$\lim_{\lambda \to 0}\sum_{i=1}^{n}f(\xi_i,\eta_i)\Delta s_i$$

存在，则称极限为数值函数 $f(x,y)$ 在曲线 L 上的积分，又称为 $f(x,y)$ 沿曲线 L 关于弧长的积分，也称为第一类曲线积分，记 $\int_L f(x,y)\mathrm{d}s$.

(2) 对弧长曲线积分的计算

对弧长曲线积分的计算要转化到定积分上计算.

设曲线 L 的参数方程为 $x = x(t), y = y(t)(a \leqslant t \leqslant b)$，当 $x(t), y(t)$ 具有一阶连续导数，且 $[x'(t)]^2 + [y'(t)]^2 \neq 0$ 时，曲线 L 称为光滑曲线. 对于定义在光滑曲线 L 上的连续函数 $f(x,y)$，有如下公式

$$\int_L f(x,y)\mathrm{d}s = \int_a^b f(x(t),y(t))\sqrt{[x'(t)]^2+[y'(t)]^2}\mathrm{d}t \qquad (8.4.1)$$

此时,$\mathrm{d}s = \sqrt{[x'(t)]^2+[y'(t)]^2}\mathrm{d}t$. 这就是将曲线积分的计算转化成了定积分的计算公式.

当曲线 L 的方程为 $y=g(x)(a\leq x\leq b)$ 时,曲线积分为

$$\int_L f(x,y)\mathrm{d}s = \int_a^b f(x,g(x))\sqrt{1+[g'(x)]^2}\mathrm{d}x \qquad (8.4.2)$$

此时,$\mathrm{d}s = \sqrt{1+[g'(x)]^2}\mathrm{d}x$.

在上述公式中,定积分的积分下限一定不能大于它的积分上限.

关于第一类曲线积分具有如下性质:

① $\int_L [\alpha f(x,y)+\beta g(x,y)]\mathrm{d}s = \alpha\int_L f(x,y)\mathrm{d}s + \beta\int_L g(x,y)\mathrm{d}s$;

② 如果曲线弧 L 分为两段 L_1 和 L_2,则

$$\int_L f(x,y)\mathrm{d}s = \int_{L_1} f(x,y)\mathrm{d}s + \int_{L_2} f(x,y)\mathrm{d}s$$

例 8.4.2 计算曲线积分 $\int_L y\mathrm{d}s$,其中

(1) L 为圆 $x^2+y^2=a^2$ 的上半部;

(2) L 为抛物线 $y^2=4x$ 介于 $(0,0)$ 与点 $(1,2)$ 之间的一弧段.

解 如图 8.4.2

(1) L 的方程为 $\begin{cases} x=a\cos\theta \\ y=a\sin\theta \end{cases}$ $(0\leq\theta\leq\pi)$

$$\mathrm{d}s = \sqrt{[x'(\theta)]^2+[y'(\theta)]^2}\mathrm{d}\theta = a\mathrm{d}\theta$$

所以

$$\int_L y\mathrm{d}s = \int_0^\pi a\sin\theta\cdot a\mathrm{d}\theta = 2a^2$$

图 8.4.2

(2) L 的方程为 $x=\dfrac{y^2}{4}(0\leq y\leq 2)$

$$\mathrm{d}s = \sqrt{1+[x'(y)]^2}\mathrm{d}y = \sqrt{1+\dfrac{y^2}{4}}\mathrm{d}y = \dfrac{1}{2}\sqrt{4+y^2}\mathrm{d}y$$

所以

$$\int_L y\mathrm{d}s = \int_0^2 y\dfrac{1}{2}\sqrt{4+y^2}\mathrm{d}y = \dfrac{1}{6}(4+y^2)^{\frac{3}{2}}\Big|_0^2 = \dfrac{4}{3}(2\sqrt{2}-1)$$

例 8.4.3 计算 $\oint_L x\mathrm{d}s$,L 为由 $y=x^2$ 及 $y=x$ 围成的闭曲线弧.

解 $L=L_1+L_2$(如图 8.4.3)

L_1 的方程为 $y=x^2(0\leq x\leq 1)$

$$\mathrm{d}s = \sqrt{1+4x^2}\mathrm{d}x$$

所以

$$\int_{L_1} x\,\mathrm{d}s = \int_0^1 x\sqrt{1+4x^2}\,\mathrm{d}x = \frac{1}{12}(1+4x^2)^{\frac{3}{2}}\bigg|_0^1 = \frac{1}{12}(5\sqrt{5}-1)$$

L_2 的方程为 $y = x (0 \leqslant x \leqslant 1)$

$$\mathrm{d}s = \sqrt{2}\,\mathrm{d}x$$

图 8.4.3

所以

$$\int_{L_2} x\,\mathrm{d}s = \int_0^1 x\sqrt{2}\,\mathrm{d}x = \frac{\sqrt{2}}{2}$$

从而

$$\int_L x\,\mathrm{d}s = \int_{L_1} x\,\mathrm{d}s + \int_{L_2} x\,\mathrm{d}s = \frac{1}{12}(5\sqrt{5}-1) + \frac{\sqrt{2}}{2}$$

当曲线为空间曲线 Γ 时,有类似的定义及计算公式. 设空间曲线 Γ 的参数方程为:
$x = x(t), y = y(t), z = z(t) (a \leqslant t \leqslant b)$,则有

$$\mathrm{d}s = \sqrt{[x'(t)]^2 + [y'(t)]^2 + [z'(t)]^2}\,\mathrm{d}t$$

$$\int_\Gamma f(x,y,z)\,\mathrm{d}s = \int_a^b f(x(t),y(t),z(t))\sqrt{[x'(t)]^2 + [y'(t)]^2 + [z'(t)]^2}\,\mathrm{d}t$$

(8.4.3)

例 8.4.4 计算曲线积分 $\int_\Gamma (x^2 + y^2)\,\mathrm{d}s$,$\Gamma$ 为连接原点 $(0,0,0)$ 与点 $(1,2,2)$ 的直线段.

解 Γ 的方程为 $\begin{cases} x = t \\ y = 2t \\ z = 2t \end{cases} (0 \leqslant t \leqslant 1)$

$$\mathrm{d}s = \sqrt{x'^2 + y'^2 + z'^2}\,\mathrm{d}t = 3\,\mathrm{d}t$$

所以

$$\int_\Gamma (x^2 + y^2)\,\mathrm{d}s = \int_0^1 (t^2 + 4t^2) \cdot 3\,\mathrm{d}t = 5$$

3. 向量值函数在有向曲线上的积分

向量值函数在曲线上的积分的概念涉及曲线的方向. 规定了方向的曲线称为有向曲线. 曲线 L 的正向记为 L,L 的反方向即 L 的负向记为 L^-.

先来看一个例子.

例 8.4.5 力场做功问题. 设已给平面力场,$\boldsymbol{F} = P\boldsymbol{i} + Q\boldsymbol{j}$,$P,Q$ 为常数. 又设点 A 的坐标为 (x,y),点 B 的坐标为 $(x+\Delta x, y+\Delta y)$,某质点由点 A 作直线运动到点 B,位移向量为

$$\overrightarrow{AB} = \Delta x \boldsymbol{i} + \Delta y \boldsymbol{j}$$

于是,力场对质点所做的功为

$$\Delta W = \boldsymbol{F} \cdot \overrightarrow{AB} = P\Delta x + Q\Delta y$$

在一般的情况下,力 $\boldsymbol{F} = P(x,y)\boldsymbol{i} + Q(x,y)\boldsymbol{j}$ 不是常向量,而质点运动的路程 L 又是曲线. 这时,可用分点 $A = M_0, M_1, \cdots, M_n = B$ 把曲线(如图 8.4.4) 按顺序任意分成 n 个小弧段 $\widehat{M_{i-1}M_i}$,其长为 $\Delta s_i (i = 1,2,\cdots,n)$. 弧段 $\widehat{M_{i-1}M_i}$ 所对应的矢量 $\overrightarrow{M_{i-1}M_i} = \Delta x_i \boldsymbol{i} + \Delta y_i \boldsymbol{j}$,可近

似看做是质点由 M_{i-1} 至 M_i 的直线位移;在小弧段 $\widehat{M_{i-1}M_i}$ 上任取一点 $N_i(\xi_i,\eta_i)$,在 $\widehat{M_{i-1}M_i}$ 上把 F 近似看成常力,等于 $F(\xi_i,\eta_i)$. 数量积

$$F(\xi_i,\eta_i)\cdot\overrightarrow{M_{i-1}M_i}$$

图 8.4.4

近似为质点移动一个小弧段 $\widehat{M_{i-1}M_i}$ 时力场所做的功. 于是

$$\sum_{i=1}^n F(\xi_i,\eta_i)\cdot\overrightarrow{M_{i-1}M_i}=\sum_{i=1}^n[P(\xi_i,\eta_i)\Delta x_i+Q(\xi_i,\eta_i)\Delta y_i]$$

即为力场 F 对质点沿曲线 L 由点 A 到点 B 运动所做的功的近似值. 其中 $\sum_{i=1}^n P(\xi_i,\eta_i)\Delta x_i$, $\sum_{i=1}^n Q(\xi_i,\eta_i)\Delta y_i$ 分别为 F 在两个坐标轴方向的分力做功的近似值. 记 $\lambda=\max\{\Delta s_i\}$,当 $\lambda\to 0$ 时,上面和式的极限即为力场 F 对质点所做的功.

定义 8.4 设平面有向曲线 L. $P(x,y),Q(x,y)$ 为定义在 L 上的有界函数. 沿曲线 L 的正向将 L 任意分成 n 个有向子弧段 $\widehat{M_{i-1}M_i}(i=1,2,\cdots,n)$, $\widehat{M_{i-1}M_i}$ 其长记为 Δs_i,有向子弧段对应的向量 $\overrightarrow{M_{i-1}M_i}=\Delta x_i\boldsymbol{i}+\Delta y_i\boldsymbol{j}$,在每个子弧段上任取一点 $N_i(\xi_i,\eta_i)$,记 $\lambda=\max\{\Delta s_i\}$,如果极限

$$\lim_{\lambda\to 0}\sum_{i=1}^n P(\xi_i,\eta_i)\Delta x_i$$

存在,则称此极限为函数 $P(x,y)$ 沿曲线 L 的正向对坐标 x 的曲线积分. 记为 $\int_L P(x,y)\mathrm{d}x$.

如果极限

$$\lim_{\lambda\to 0}\sum_{i=1}^n Q(\xi_i,\eta_i)\Delta y_i$$

存在,则称此极限为函数 $Q(x,y)$ 沿曲线 L 的正向对坐标 y 的曲线积分. 记为 $\int_L Q(x,y)\mathrm{d}y$.

上例做功可表为 $W=\int_L P(x,y)\mathrm{d}x+Q(x,y)\mathrm{d}y$.

记 $\mathrm{d}\boldsymbol{r}=\mathrm{d}x\boldsymbol{i}+\mathrm{d}y\boldsymbol{j}$,则

$$W=\int_L P(x,y)\mathrm{d}x+Q(x,y)\mathrm{d}y=\int_L \boldsymbol{F}\cdot\mathrm{d}\boldsymbol{r}$$

也称为向量值函数 $\boldsymbol{F}(x,y)$ 沿有向曲线 L 的积分,又称为第二类曲线积分.

当有向光滑曲线 L 的参数方程为 $\begin{cases}x=x(t)\\y=y(t)\end{cases}$, t 为参数. 曲线 L 起点对应的参数为 a,终点对应的参数为 b 时,对于连续向量值函数 $\boldsymbol{F}(x,y)=P(x,y)\boldsymbol{i}+Q(x,y)\boldsymbol{j}$. 我们有以下计算公式

$$\int_L \boldsymbol{F}(x,y)\cdot\mathrm{d}\boldsymbol{r}=\int_L P(x,y)\mathrm{d}x+Q(x,y)\mathrm{d}y=$$
$$\int_a^b[P(x(t),y(t))x'(t)+Q(x(t),y(t))y'(t)]\mathrm{d}t \tag{8.4.4}$$

这就是计算第二类曲线积分的一般公式.

当 L 的方程为 $y = y(x)$ (x 从 a 到 b) 时,

$$\int_L \boldsymbol{F}(x,y) \cdot \mathrm{d}\boldsymbol{r} = \int_L P(x,y)\mathrm{d}x + Q(x,y)\mathrm{d}y = \int_a^b [P(x,y(x)) + Q(x,y(x))y'(x)]\mathrm{d}x \tag{8.4.5}$$

注意,这里的积分下限 a 可能大于积分上限 b.

例 8.4.6 计算 $\int_L xy\mathrm{d}x$,其中 L 为:

(1) 抛物线 $y^2 = x$ 从点 $A(1,-1)$ 到点 $B(1,1)$ 的一段弧;

(2) 从点 $A(1,-1)$ 到点 $B(1,1)$ 的直线段.

解 如图 8.4.5

(1) L 的方程为 $x = y^2$,y 从 -1 到 1,$\mathrm{d}x = 2y\mathrm{d}y$

$$\int_L xy\mathrm{d}x = \int_{-1}^1 y^2 \cdot y \cdot 2y\mathrm{d}y = \frac{4}{5}$$

(2) L 的方程为 $x = 1$,y 从 -1 到 1,$\mathrm{d}x = 0$

$$\int_L xy\mathrm{d}x = 0$$

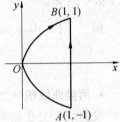

图 8.4.5

例 8.4.7 计算 $I = \int_L (x+y)\mathrm{d}x + (x-y)\mathrm{d}y$,其中 L 为:

(1) 圆弧 $x^2 + y^2 = a^2$ ($a > 0$) 上从点 $A(a,0)$ 到点 $B(-a,0)$ 的上半圆周;

(2) 从点 $A(a,0)$ 到点 $B(-a,0)$ 的直线段.

解 如图 8.4.6

(1) L 的方程为 $\begin{cases} x = a\cos t \\ y = a\sin t \end{cases}$,$t$ 从 0 到 π,$\mathrm{d}x = -a\sin t$,$\mathrm{d}y = a\cos t$,

$$I = \int_0^\pi [(a\cos t + a\sin t)(-a\sin t) + (a\cos t - a\sin t)a\cos t]\mathrm{d}t = a^2 \int_0^\pi (\cos 2t - \sin 2t)\mathrm{d}t = 0$$

图 8.4.6

(2) L 的方程为 $y = 0$,x 从 a 到 $-a$,$\mathrm{d}y = 0$,

$$I = \int_a^{-a} x\mathrm{d}x = 0$$

例 8.4.8 计算 $I = \oint_L \frac{x\mathrm{d}y - y\mathrm{d}x}{x^2 + y^2}$,其中 L 是圆周 $x^2 + y^2 = a^2$ ($a > 0$) 逆时针方向.

解 L 的方程为 $\begin{cases} x = a\cos t \\ y = a\sin t \end{cases}$,$t$ 从 0 到 2π,$\mathrm{d}x = -a\sin t$,$\mathrm{d}y = a\cos t$,

$$I = \int_0^{2\pi} \frac{a\cos t \cdot a\cos t - a\sin t \cdot (-a\sin t)}{(a\cos t)^2 + (a\sin t)^2}\mathrm{d}t = \int_0^{2\pi} \mathrm{d}t = 2\pi$$

当曲线为空间有向曲线时,有类似的结果.

设曲线 Γ 的方程 $\begin{cases} x = x(t) \\ y = y(t), t \text{ 为参数. 曲线起点对应的参数值为 } a, \text{ 终点对应的参数值} \\ z = z(t) \end{cases}$

为 b. 向量值函数为 $\boldsymbol{A} = P(x,y,z)\boldsymbol{i} + Q(x,y,z)\boldsymbol{j} + R(x,y,z)\boldsymbol{k}$, $\mathrm{d}\boldsymbol{r} = \mathrm{d}x\boldsymbol{i} + \mathrm{d}y\boldsymbol{j} + \mathrm{d}z\boldsymbol{k}$, 则

$$\int_\Gamma \boldsymbol{A} \cdot \mathrm{d}\boldsymbol{r} = \int_\Gamma P\mathrm{d}x + Q\mathrm{d}y + R\mathrm{d}z =$$
$$\int_a^b [P(x(t),y(t),z(t))x'(t) + Q(x(t),y(t),z(t))y'(t) +$$
$$R(x(t),y(t),z(t))z'(t)]\mathrm{d}t \tag{8.4.6}$$

例 8.4.9 计算 $\int_\Gamma x^2 \mathrm{d}x + z\mathrm{d}y - y\mathrm{d}z$, Γ 的方程为 $x = 2t, y = 3\cos t, z = 3\sin t$, 方向为参数 t 从 0 到 π.

解 $\int_\Gamma x^2 \mathrm{d}x + z\mathrm{d}y - y\mathrm{d}z = \int_0^\pi [4t^2 \cdot 2 + 3\sin t \cdot (-3\sin t) - 3\cos t \cdot 3\cos t]\mathrm{d}t =$
$\int_0^\pi (8t^2 - 9)\mathrm{d}t = \dfrac{8}{3}\pi^3 - 9\pi$

4. 两类曲线积分之间的关系

设曲线 L 上在点 $M(x,y)$ 处的切线的方向余弦为 $\cos\alpha, \cos\beta$(切线的方向与曲线的正向相同), 即有

$$\cos\alpha = \frac{\mathrm{d}x}{\mathrm{d}s}, \cos\beta = \frac{\mathrm{d}y}{\mathrm{d}s}$$

从而有

$$\mathrm{d}x = \cos\alpha\mathrm{d}s, \mathrm{d}y = \cos\beta\mathrm{d}s$$

于是得两类曲线积分之间的转换公式

$$\int_L P\mathrm{d}x + Q\mathrm{d}y = \int_L (P\cos\alpha + Q\cos\beta)\mathrm{d}s \tag{8.4.7}$$

类似地, 设空间曲线 Γ 上在点 $M(x,y,z)$ 处的切线的方向余弦为 $\cos\alpha, \cos\beta, \cos\gamma$(切线的方向与曲线的正向相同), 则有两类曲线积分之间的转换公式

$$\int_\Gamma P\mathrm{d}x + Q\mathrm{d}y + R\mathrm{d}z = \int_\Gamma (P\cos\alpha + Q\cos\beta + R\cos\gamma)\mathrm{d}s \tag{8.4.8}$$

8.4.2 格林公式 平面曲线积分与路径无关的条件

1. 格林公式

微积分基本定理——牛顿-莱布尼茨公式确定了一元函数在闭区间上的定积分与它的原函数在该区间的端点上的值的关系. 下面要介绍的格林(Green)公式告诉我们, 在平面闭区域 D 上的二重积分与沿区域 D 的边界曲线 L 上的曲线积分也有类似的关系.

先来明确有向曲线的概念. 给定方向的曲线称为有向曲线. 对于单连通域或复连通域边界闭曲线的正向规定为: 当观察者沿该方向前行时, 区域总在它的左侧.

定理 8.3(格林公式) 设 D 是由分段光滑的曲线 L 围成的平面有界闭区域, 函数 $P(x,y)$ 及 $Q(x,y)$ 在 D 上具有一阶连续偏导数, 则有

$$\iint\limits_D \left(\frac{\partial Q}{\partial x} - \frac{\partial P}{\partial y}\right) d\sigma = \oint_L P dx + Q dy \tag{8.4.9}$$

其中 L 是 D 的取正向的边界曲线. 公式(8.4.9)称为格林公式.

证明 先假设区域 D 既是 X – 型的区域又是 Y – 型的区域(如图 8.4.7)

设 $D = \{(x,y) \mid y_1(x) \leq y \leq y_2(x), a \leq x \leq b\}$，则有

$$\iint\limits_D \frac{\partial P}{\partial y} d\sigma = \int_a^b dx \int_{y_1(x)}^{y_2(x)} \frac{\partial P(x,y)}{\partial y} dy = $$
$$\int_a^b \{P[x, y_2(x)] - P[x, y_1(x)]\} dx$$

图 8.4.7

而

$$\oint_L P dx = \int_{L_1} P dx + \int_{L_2} P dx = $$
$$\int_a^b P[x, y_1(x)] dx + \int_b^a P[x, y_2(x)] dx = $$
$$\int_a^b \{P[x, y_1(x)] - P[x, y_2(x)]\} dx$$

所以

$$-\iint\limits_D \frac{\partial P}{\partial y} d\sigma = \oint_L P dx$$

设 $D = \{(x,y) \mid x_1(y) \leq x \leq x_2(y), c \leq y \leq d\}$，类似地可证

$$\iint\limits_D \frac{\partial Q}{\partial x} d\sigma = \oint_L Q dy$$

于是

$$\iint\limits_D \left(\frac{\partial Q}{\partial x} - \frac{\partial P}{\partial y}\right) d\sigma = \oint_L P dx + Q dy$$

再考虑一般情形，如果区域 D 如图 8.4.8 所示，则 $D = D_1 + D_2 + D_3$，利用二重积分的区域可加性，对坐标的曲线积分曲线方向相反积分变号的性质，结合上面的结果，便得

$$\iint\limits_D \left(\frac{\partial Q}{\partial x} - \frac{\partial P}{\partial y}\right) d\sigma = \oint_L P dx + Q dy$$

图 8.4.8

注意，对复连通区域 D，格林公式右端包括沿区域 D 的全部边界的曲线积分，且边界的方向对区域 D 来说都是正向.

例 8.4.10 计算 $\oint_L x dy - y dx$，其中 L 是有界闭区域 D 上的正向曲线，D 的面积为 A.

解 $P = -y, Q = x$

$$\frac{\partial P}{\partial y} = -1, \quad \frac{\partial Q}{\partial x} = 1$$

由格林公式

$$\oint_L x\mathrm{d}y - y\mathrm{d}x = \iint_D 2\mathrm{d}x\mathrm{d}y = 2A$$

此例也给出了格林公式的一个简单应用,即利用格林公式求平面图形的面积 A.

$$A = \frac{1}{2}\oint_L x\mathrm{d}y - y\mathrm{d}x$$

例 8.4.11 计算 $\oint_L 3xy\mathrm{d}x + x^2\mathrm{d}y$,其中 L 是区域 $D = \{(x,y)\mid -1 \leq x \leq 3, 0 \leq y \leq 2\}$ 的正向边界闭曲线.

解 $P = 3xy, Q = x^2$

$$\frac{\partial P}{\partial y} = 3x, \quad \frac{\partial Q}{\partial x} = 2x$$

由格林公式

$$\oint_L 3xy\mathrm{d}x + x^2\mathrm{d}y = \iint_D -x\mathrm{d}x\mathrm{d}y = -\int_0^2 \mathrm{d}y \int_{-1}^3 x\mathrm{d}x = -8$$

例 8.4.12 计算 $I = \oint_L \dfrac{x\mathrm{d}y - y\mathrm{d}x}{x^2 + y^2}$,其中 L 是不通过原点而按逆时针方向的简单闭曲线.

解 $P = \dfrac{-y}{x^2 + y^2}, \quad Q = \dfrac{x}{x^2 + y^2}$

$(x,y) \neq (0,0)$ 时, $\dfrac{\partial P}{\partial y} = \dfrac{\partial Q}{\partial x} = \dfrac{-x^2 + y^2}{(x^2 + y^2)^2}$

当 L 的内部不包含原点时,由格林公式, $I = 0$.

当 L 的内部包含原点时(如图 8.4.9),以原点为中心、充分小的正数 r 为半径作圆周 C,则在以 $L + C$ 为边界的复连通区域 D 内,格林公式成立:

$$\oint_{L+C} \frac{x\mathrm{d}y - y\mathrm{d}x}{x^2 + y^2} = 0$$

即

$$\oint_{L+C} \frac{x\mathrm{d}y - y\mathrm{d}x}{x^2 + y^2} = \oint_L \frac{x\mathrm{d}y - y\mathrm{d}x}{x^2 + y^2} + \oint_C \frac{x\mathrm{d}y - y\mathrm{d}x}{x^2 + y^2} = 0$$

图 8.4.9

所以

$$I = \oint_L \frac{x\mathrm{d}y - y\mathrm{d}x}{x^2 + y^2} = -\oint_C \frac{x\mathrm{d}y - y\mathrm{d}x}{x^2 + y^2} = \oint_{C^-} \frac{x\mathrm{d}y - y\mathrm{d}x}{x^2 + y^2}$$

其中 C^- 为逆时针方向(这说明沿任何包围原点的闭曲线积分均相等).

由例 8.4.8,于是 $I = 2\pi$.

2. 平面曲线积分与路径无关的条件

现在研究平面上第二类曲线积分 $\int_L P(x,y)\mathrm{d}x + Q(x,y)\mathrm{d}y$ 与路径 L 无关的条件. 曲线

积分 $\int_L P(x,y)\mathrm{d}x + Q(x,y)\mathrm{d}y$ 与路径无关的具体意义是：已给平面上的区域 D，A,B 为区域 D 内任意两点，如果沿着任何一条以 A,B 两点为端点且完全含于 D 内的曲线 AB，曲线积分 $\int_L P(x,y)\mathrm{d}x + Q(x,y)\mathrm{d}y$ 的值均相等，即曲线积分 $\int_L P(x,y)\mathrm{d}x + Q(x,y)\mathrm{d}y$ 的值只由端点 A,B 而定，而与路径 AB 的形状无关. 这个问题在许多物理场中是有重要意义的. 例如由 $P(x,y)$ 及 $Q(x,y)$ 给出一个力场 $\boldsymbol{F} = P(x,y)\boldsymbol{i} + Q(x,y)\boldsymbol{j}$，那么曲线积分 $\int_L P(x,y)\mathrm{d}x + Q(x,y)\mathrm{d}y$ 表示沿路径 AB 由点 A 到点 B 力场所做的功，如果此曲线积分与路径无关，那就表示在力场 $\boldsymbol{F}$ 中，不管由点 A 沿什么路线到点 B，力场所做的功都相同，这是力场 $\boldsymbol{F}$ 的一个重要性质，具有这种性质的力场叫做保守力场.

下面我们不加证明地给出曲线积分与路径无关条件的定理.

定理 8.4 设 $P(x,y),Q(x,y)$ 以及它们的一阶偏导数在单连通区域 D 上连续，下面四个命题等价：

(1) 在 D 中的曲线积分 $\int_L P(x,y)\mathrm{d}x + Q(x,y)\mathrm{d}y$ 与路径无关；

(2) 在 D 上存在函数 $u(x,y)$，使表达式 $P(x,y)\mathrm{d}x + Q(x,y)\mathrm{d}y$ 是函数 $u(x,y)$ 的全微分，即 $\mathrm{d}u = P(x,y)\mathrm{d}x + Q(x,y)\mathrm{d}y$；

(3) 在 D 上的任意点 (x,y)，恒有 $\dfrac{\partial P}{\partial y} = \dfrac{\partial Q}{\partial x}$；

(4) 在 D 中沿任何一条闭曲线 L 的积分为零，即 $\oint_L P\mathrm{d}x + Q\mathrm{d}y = 0$.

定理中的四个命题，每个命题都是其他命题的充要条件.

当已判断曲线积分与路径无关后，为简化计算，可选择较合适的积分路径计算，通常取由平行于坐标轴的直线组成的折线作为积分路径. 此时，曲线积分又可表示为

$$\int_{(x_1,y_1)}^{(x_2,y_2)} P(x,y)\mathrm{d}x + Q(x,y)\mathrm{d}y$$

其中 (x_1,y_1) 为起点的坐标，(x_2,y_2) 为终点的坐标.

例 8.4.13 证明曲线积分 $\int_L \mathrm{e}^x\cos y\mathrm{d}x - \mathrm{e}^x\sin y\mathrm{d}y$ 与路径无关，并计算

$$\int_{(0,0)}^{(2,1)} \mathrm{e}^x\cos y\mathrm{d}x - \mathrm{e}^x\sin y\mathrm{d}y$$

解 $P = \mathrm{e}^x\cos y, Q = -\mathrm{e}^x\sin y$

因为 $\dfrac{\partial P}{\partial y} = \dfrac{\partial Q}{\partial x} = -\mathrm{e}^x\sin y$，所以曲线积分 $\int_{(0,0)}^{(2,1)} \mathrm{e}^x\cos y\mathrm{d}x - \mathrm{e}^x\sin y\mathrm{d}y$ 与路径无关. 取路径为由点 $O(0,0)$ 到点 $A(2,0)$ 再到点 $B(2,1)$ 的折线（如图 8.4.10）

$$\int_{(0,0)}^{(2,1)} \mathrm{e}^x\cos y\mathrm{d}x - \mathrm{e}^x\sin y\mathrm{d}y = \int_0^2 \mathrm{e}^x\mathrm{d}x + \int_0^1 \mathrm{e}^2(-\sin y)\mathrm{d}y = \mathrm{e}^2\cos 1 - 1$$

上面四个等价命题，还得出判断表达式 $P(x,y)\mathrm{d}x + Q(x,y)\mathrm{d}y$ 为全微分的准则和求出其原函数的方法. 利用曲线积分 $\int_L P(x,y)\mathrm{d}x + Q(x,y)\mathrm{d}y$ 与路径无关的性质可得出表达

式 $P(x,y)\mathrm{d}x + Q(x,y)\mathrm{d}y$ 的一个原函数为

$$u(x,y) = \int_{(x_0,y_0)}^{(x,y)} P(x,y)\mathrm{d}x + Q(x,y)\mathrm{d}y \qquad (8.4.10)$$

(1) 如取积分路径为由点 $A(x_0,y_0)$ 到点 $N(x,y_0)$ 的直线段和由点 $N(x,y_0)$ 到点 $B(x,y)$ 的直线段组成的折线（当然要假设折线 ANB 完全属于 D），如图 8.4.11，于是得

$$u(x,y) = \int_{x_0}^{x} P(x,y_0)\mathrm{d}x + \int_{y_0}^{y} Q(x,y)\mathrm{d}y \qquad (8.4.11)$$

(2) 如取积分路径为由点 $A(x_0,y_0)$ 到点 $M(x_0,y)$ 的直线段和由点 $M(x_0,y)$ 到点 $B(x,y)$ 的直线段组成的折线（当然要假设折线 AMB 完全属于 D），如图 8.4.12，于是得

$$u(x,y) = \int_{y_0}^{y} Q(x_0,y)\mathrm{d}y + \int_{x_0}^{x} P(x,y)\mathrm{d}x \qquad (8.4.12)$$

图 8.4.10　　　　　图 8.4.11　　　　　图 8.4.12

例 8.4.14　判断表达式 $(4x + 2y)\mathrm{d}x + (2x - 6y)\mathrm{d}y$ 在整个平面上是否为某一函数 $u(x,y)$ 的全微分？并求函数 $u(x,y)$.

解　　　　　　　　　　$P = 4x + 2y, \quad Q = 2x - 6y$

因为 $\dfrac{\partial P}{\partial y} = 2, \dfrac{\partial Q}{\partial x} = 2$，所以，$\dfrac{\partial P}{\partial y} = \dfrac{\partial Q}{\partial x}$，

故表达式 $(4x + 2y)\mathrm{d}x + (2x - 6y)\mathrm{d}y$ 在整个平面上是某一函数 $u(x,y)$ 的全微分，

$$u(x,y) = \int_0^x 4x\mathrm{d}x + \int_0^y (2x - 6y)\mathrm{d}y = 2x^2 + 2xy - 3y^2$$

8.4.3　曲面积分

曲线积分是一维定积分概念的推广. 用类似的方法，可以将二重积分的概念推广到曲面积分.

1. 数值函数在曲面上的积分

定义 8.5　设 Σ 是一片可求面积的空间曲面（如图 8.4.13），函数 $f(x,y,z)$ 在 Σ 上有界，将 Σ 任意分成 n 片小曲面 $\Delta S_1, \Delta S_2, \cdots, \Delta S_n$，任取点 $(\xi_i, \eta_i, \zeta_i) \in \Delta S_i$，第 i 片小曲面的面积仍记为 ΔS_i，作积分和式 $\sum_{i=1}^{n} f(\xi_i, \eta_i, \zeta_i)\Delta S_i$，记 λ 为 $\Delta S_i (i = 1,2,\cdots,n)$ 中直径的最大值，如果极限

$$\lim_{\lambda \to 0} \sum_{i=1}^{n} f(\xi_i, \eta_i, \zeta_i)\Delta S_i$$

存在,则称此极限为函数$f(x,y,z)$在Σ上关于面积的积分,也称为第一类曲面积分. 记为$\iint\limits_{\Sigma} f(x,y,z)\mathrm{d}S$.

第一类曲面积分的计算要化为二重积分进行.

设Σ的方程为$z = z(x,y)$,$(x,y) \in D_{xy}$,且z'_x,z'_y连续,函数$f(x,y,z)$在Σ上连续,则

$$\iint\limits_{\Sigma} f(x,y,z)\mathrm{d}S = \iint\limits_{D_{xy}} f(x,y,z(x,y))\sqrt{1 + z'^2_x + z'^2_y}\,\mathrm{d}x\mathrm{d}y$$

(8.4.13)

图 8.4.13

设Σ的方程为$y = y(x,z)$,$(x,z) \in D_{xz}$,且y'_x,y'_z连续,函数$f(x,y,z)$在Σ上连续,则

$$\iint\limits_{\Sigma} f(x,y,z)\mathrm{d}S = \iint\limits_{D_{xz}} f(x,y(x,z),z)\sqrt{1 + y'^2_x + y'^2_z}\,\mathrm{d}x\mathrm{d}z \qquad (8.4.14)$$

设Σ的方程为$x = x(y,z)$,$(y,z) \in D_{yz}$,且x'_y,x'_z连续,函数$f(x,y,z)$在Σ上连续,则

$$\iint\limits_{\Sigma} f(x,y,z)\mathrm{d}S = \iint\limits_{D_{yz}} f(x(y,z),y,z)\sqrt{1 + x'^2_y + x'^2_z}\,\mathrm{d}y\mathrm{d}z \qquad (8.4.15)$$

式(8.4.13),(8.4.14),(8.4.15)就是计算第一类曲面积分的公式.

当被积函数$f(x,y,z) = 1$时,$\iint\limits_{\Sigma}\mathrm{d}S = A$($A$为曲面$\Sigma$的面积).

例 8.4.15 计算$\iint\limits_{\Sigma}(y + z)\mathrm{d}S$,$\Sigma$是平面$x + y + z = 1$在第一卦限部分.

解 如图 8.4.14,曲面Σ的方程为$z = 1 - x - y$,$D = \{(x,y) \mid 0 \leq y \leq 1 - x, 0 \leq x \leq 1\}$

$$\iint\limits_{\Sigma}(y+z)\mathrm{d}S = \iint\limits_{D}(y + (1-x-y))\sqrt{1 + z'^2_x + z'^2_y}\,\mathrm{d}x\mathrm{d}y =$$

$$\sqrt{3}\int_0^1 \mathrm{d}x \int_0^{1-x}(1-x)\mathrm{d}y =$$

$$\sqrt{3}\int_0^1 (1-x)^2\mathrm{d}x = \frac{\sqrt{3}}{3}$$

例 8.4.16 计算$\iint\limits_{\Sigma}(x^2 + y^2 + z^2)\mathrm{d}S$,其中$\Sigma$是球面$x^2 + y^2 + z^2 = R^2$($R > 0$).

图 8.4.14

解 $\iint\limits_{\Sigma}(x^2 + y^2 + z^2)\mathrm{d}S = \iint\limits_{\Sigma} R^2 \mathrm{d}S = 4\pi R^4$

2. 向量值函数在有向曲面上的积分

首先,我们要明确单侧曲面和双侧曲面. 我们知道同一条曲线可以有正反两个不同的方向,而同一张曲面也可以有两个不同的侧面. 一个曲面Σ被称为是"双侧"的,如果在Σ上的点P选定其法线的正向后,点P沿Σ上任意一条不经过边界的闭曲线移动,回到点P后法线的方向不变,这时规定法线正方向所指的一侧为Σ的正侧,另一侧为负侧. 如果法线移动回到点P时方向与原来的相反,则说这个曲面Σ是"单侧曲面".

对于一般的双侧曲面,当规定了其指向某侧的法向量是正向法向量时,就称此曲面为有向曲面.

定义 8.6 设曲面 Σ 是一片光滑的有向曲面,$\boldsymbol{n} = \{\cos\alpha, \cos\beta, \cos\gamma\}$ 是 Σ 上点 (x, y, z) 处的正向单位法向量,$\boldsymbol{F}(x,y,z) = P(x,y,z)\boldsymbol{i} + Q(x,y,z)\boldsymbol{j} + R(x,y,z)\boldsymbol{k}$ 是定义在 Σ 上的一个向量值函数,则称 $\iint_\Sigma \boldsymbol{F}(x,y,z) \cdot \boldsymbol{n} \mathrm{d}S$ 是向量值函数 $\boldsymbol{F}(x,y,z)$ 在有向曲面上的积分,记作 $\iint_\Sigma \boldsymbol{F}(x,y,z) \cdot \mathrm{d}\boldsymbol{S}$,其中 $\mathrm{d}\boldsymbol{S} = \boldsymbol{n}\mathrm{d}S$ 称为有向面积元素.

又 $\mathrm{d}\boldsymbol{S} = \boldsymbol{n}\mathrm{d}S = \cos\alpha \mathrm{d}S\boldsymbol{i} + \cos\beta \mathrm{d}S\boldsymbol{j} + \cos\gamma \mathrm{d}S\boldsymbol{k} = \mathrm{d}y\mathrm{d}z\boldsymbol{i} + \mathrm{d}z\mathrm{d}x\boldsymbol{j} + \mathrm{d}x\mathrm{d}y\boldsymbol{k}$,其中 $\mathrm{d}y\mathrm{d}z$ 表示有向面积元素 $\mathrm{d}\boldsymbol{S}$ 在平面 yOz 上的投影,$\mathrm{d}z\mathrm{d}x$ 和 $\mathrm{d}x\mathrm{d}y$ 分别表示有向面积元素 $\mathrm{d}\boldsymbol{S}$ 在 xOz 平面和 xOy 平面上的投影. $\iint_\Sigma \boldsymbol{F}(x,y,z) \cdot \mathrm{d}\boldsymbol{S}$ 又可表示成

$$\iint_\Sigma P(x,y,z)\mathrm{d}y\mathrm{d}z + Q(x,y,z)\mathrm{d}z\mathrm{d}x + R(x,y,z)\mathrm{d}x\mathrm{d}y$$

其中 $\iint_\Sigma P(x,y,z)\mathrm{d}y\mathrm{d}z$ 又称为函数 $P(x,y,z)$ 在有向曲面 Σ 上关于坐标 y 和 z 的积分; $\iint_\Sigma Q(x,y,z)\mathrm{d}z\mathrm{d}x$ 又称为函数 $Q(x,y,z)$ 在有向曲面 Σ 上关于坐标 z 和 x 的积分; $\iint_\Sigma R(x,y,z)\mathrm{d}x\mathrm{d}y$ 又称为函数 $R(x,y,z)$ 在有向曲面 Σ 上关于坐标 x 和 y 的积分. 上述积分也称为第二类曲面积分.

由于法向量 $\boldsymbol{n}$ 的方向余弦可正可负,所以有向面积元素的投影可正可负.

下面以 $\iint_\Sigma R(x,y,z)\mathrm{d}x\mathrm{d}y$ 为例说明第二类曲面积分的计算.

设有向曲面 Σ 的方程 $z = z(x,y)$,$(x,y) \in D_{xy}$,曲面的方向为上侧,即法向量的正向与 z 轴正向的夹角为锐角,参见 8.3.1 及式(8.4.13),则

$$\iint_\Sigma R(x,y,z)\mathrm{d}x\mathrm{d}y = \iint_\Sigma R(x,y,z)\cos\gamma \mathrm{d}S = \iint_{D_{xy}} R(x,y,z(x,y))\mathrm{d}x\mathrm{d}y \quad (8.4.16)$$

如果曲面的方向为下侧,则

$$\iint_\Sigma R(x,y,z)\mathrm{d}x\mathrm{d}y = \iint_\Sigma R(x,y,z)\cos\gamma \mathrm{d}S = -\iint_{D_{xy}} R(x,y,z(x,y))\mathrm{d}x\mathrm{d}y \quad (8.4.17)$$

即曲面的方向相反,第二类曲面积分值的符号相反.

例 8.4.17 计算 $\iint_\Sigma xz\mathrm{d}x\mathrm{d}y$,其中 Σ 是平面 $x + y + 2z = 1$ 在第一卦限部分的上侧.

解 如图 8.4.15

曲面 Σ 的方程为 $z = \dfrac{1-x-y}{2}$,$D_{xy} = \{(x,y) \mid 0 \leq y \leq 1-x, 0 \leq x \leq 1\}$,所以

$$\iint_\Sigma xz\mathrm{d}x\mathrm{d}y = \iint_{D_{xy}} x\frac{1-x-y}{2}\mathrm{d}x\mathrm{d}y =$$

$$\frac{1}{2}\int_0^1 dx\int_0^{1-x} x(1-x-y)dy =$$
$$\frac{1}{4}\int_0^1 (x-2x^2+x^3)dx = \frac{1}{48}$$

例 8.4.18 计算 $\iint_\Sigma xyzdxdy$，其中 Σ 是球面 $x^2+y^2+z^2=1$ 的外侧在 $x\geqslant 0, y\geqslant 0$ 的部分.

图 8.4.15

解 球面 Σ 分为两部分 Σ_1 和 Σ_2（如图 8.4.16），Σ_1 的方程为 $z=\sqrt{1-x^2-y^2}$，曲面为上侧，Σ_2 的方程为 $z=-\sqrt{1-x^2-y^2}$，曲面为下侧，Σ_1 和 Σ_2 在 xOy 平面上的投影区域 $D=\{(x,y)\mid x^2+y^2\leqslant 1, x\geqslant 0, y\geqslant 0\}$

图 8.4.16

$$\iint_\Sigma xyzdxdy = \iint_{\Sigma_1} xyzdxdy + \iint_{\Sigma_2} xyzdxdy =$$
$$\iint_D xy\sqrt{1-x^2-y^2}\,dxdy -$$
$$\iint_D xy(-\sqrt{1-x^2-y^2})\,dxdy =$$
$$2\iint_D xy\sqrt{1-x^2-y^2}\,dxdy =$$
$$\int_0^{\frac{\pi}{2}} \sin 2\theta\, d\theta \int_0^1 \rho^3\sqrt{1-\rho^2}\,d\rho = \frac{2}{15}$$

8.4.4 三重积分的高斯公式与斯托克斯公式

1. 高斯公式

格林公式建立了平面上沿闭路 L 的线积分与 L 所围成的区域 D 上的二重积分之间的联系，而高斯公式所表达的则是沿闭曲面 Σ 的积分与曲面 Σ 所围成的空间区域 Ω 上的三重积分之间的联系.

首先介绍空间二维单连通区域的概念，它是平面单连通区域的概念在空间区域的推广. 与平面区域类似，所说的空间区域都要求是连通的，即区域中的任意两点都可用位于此区域的折线连接起来. 又如果对于空间有界闭区域内的任何闭曲面所包围的点全部属于此区域，则称此空间区域为空间二维单连通区域. 这里不加证明地给出下面定理.

定理 8.5 设空间区域 Ω 是空间二维单连通区域，其边界曲面为 Σ，函数 $P(x,y,z)$，$Q(x,y,z)$ 及 $R(x,y,z)$ 在 Ω 及 Σ 上具有连续的一阶偏导数，则

$$\iiint_\Omega \left(\frac{\partial P}{\partial x}+\frac{\partial Q}{\partial y}+\frac{\partial R}{\partial z}\right)dxdydz = \oiint_\Sigma Pdydz+Qdzdx+Rdxdy \tag{8.4.18}$$

其中曲面取外侧，此公式称为高斯公式.

设曲面 Σ 上任一点处的外法向量的方向余弦为 $\{\cos\alpha,\cos\beta,\cos\gamma\}$，于是高斯公式又可写成

$$\iiint_\Omega \left(\frac{\partial P}{\partial x} + \frac{\partial Q}{\partial y} + \frac{\partial R}{\partial z}\right) dxdydz = \oiint_\Sigma (P\cos\alpha + Q\cos\beta + R\cos\gamma) dS \qquad (8.4.19)$$

例 8.4.19 计算 $\oiint_\Sigma xdydz + ydzdx + zdxdy$,其中曲面 Σ 为球面 $x^2 + y^2 + z^2 = a^2 (a > 0)$ 的外侧.

解
$$P = x, \quad Q = y, \quad R = z$$
$$\frac{\partial P}{\partial x} = 1, \quad \frac{\partial Q}{\partial y} = 1, \quad \frac{\partial R}{\partial z} = 1$$

由高斯公式
$$\oiint_\Sigma xdydz + ydzdx + zdxdy = \iiint_\Omega \left(\frac{\partial P}{\partial x} + \frac{\partial Q}{\partial y} + \frac{\partial R}{\partial z}\right) dv =$$
$$\iiint_\Omega 3 dxdydz = 4\pi a^3$$

例 8.4.20 计算 $\iint_\Sigma dydz + xdzdx + (z+1)dxdy$,$\Sigma$ 为上半球面 $x^2 + y^2 + z^2 = 1 (z \geq 0)$ 的上侧.

解 如图 8.4.17

Σ 不是闭曲面,不能直接用高斯公式. 现在补上 xOy 平面上的圆面 $\Sigma_1: z = 0, x^2 + y^2 \leq 1$,方向取下侧,则 $\Sigma + \Sigma_1$ 构成一封闭曲面,设所围成的区域为 Ω,则由高斯公式

$$\oiint_{\Sigma+\Sigma_1} dydz + xdzdx + (z+1)dxdy = \iiint_\Omega (0+0+1)dxdydz = \frac{2}{3}\pi$$

图 8.4.17

$$\iint_\Sigma dydz + xdzdx + (z+1)dxdy = \frac{2}{3}\pi - \iint_{\Sigma_1} dydz + xdzdx +$$
$$(z+1)dxdy =$$
$$\frac{2}{3}\pi + \pi = \frac{5}{3}\pi$$

2. 曲面积分与曲面无关的条件

利用高斯公式可以证得曲面积分与所取曲面无关而只与曲面的边界曲线有关的条件. 设函数 $P(x,y,z), Q(x,y,z), R(x,y,z)$ 在空间二维单连通区域 Ω 内具有连续的一阶偏导数,则在 Ω 内以下三个命题等价:

(1) 曲面积分 $\iint_\Sigma Pdydz + Qdzdx + Rdxdy$ 与所取曲面 Σ 无关而只与曲面的边界闭曲线有关;

(2) $\oiint_\Sigma Pdydz + Qdzdx + Rdxdy = 0$,其中 Σ 为 Ω 内任意一闭曲面;

(3) 在 Ω 内恒有 $\frac{\partial P}{\partial x} + \frac{\partial Q}{\partial y} + \frac{\partial R}{\partial z} = 0$.

可见,曲面积分与曲面无关的充要条件是(2)或(3).

3. 斯托克斯公式

斯托克斯公式是格林公式在空间的推广,它建立了沿有向曲面 Σ 的边界曲线 Γ 上的曲线积分与 Σ 上的曲面积分之间的关系.

设 Σ 为有向曲面,Γ 为它的边界曲线. 现在规定 Σ 的正向和 Γ 的正向的关系如下:观察者站在曲面 Σ 的正侧上(由脚到头的方向与曲面的法向量方向一致),当他沿着 Γ 前进时,曲面 Σ 总在他的左手边,这时规定此人前进的方向为 Γ 的正向. 即 Γ 的正方向与曲面 Σ 的法向量方向遵循右手法则.

定理 8.6(斯托克斯定理) 设 $P(x,y,z),Q(x,y,z),R(x,y,z)$ 在包含曲面 Σ 的空间区域 Ω 中有连续的一阶偏导数,则

$$\iint_\Sigma \left(\frac{\partial R}{\partial y} - \frac{\partial Q}{\partial z}\right)\mathrm{d}y\mathrm{d}z + \left(\frac{\partial P}{\partial z} - \frac{\partial R}{\partial x}\right)\mathrm{d}z\mathrm{d}x + \left(\frac{\partial Q}{\partial x} - \frac{\partial P}{\partial y}\right)\mathrm{d}x\mathrm{d}y =$$

$$\oint_\Gamma P\mathrm{d}x + Q\mathrm{d}y + R\mathrm{d}z \tag{8.4.20}$$

其中 Γ 为 Σ 的边界,Γ 和 Σ 的正向满足右手规则. 此公式称为斯托克斯公式.

设曲面 Σ 的法向量的方向余弦为 $\cos\alpha,\cos\beta,\cos\gamma$,又记 $\frac{\partial P}{\partial x} = \frac{\partial}{\partial x} \cdot P$ 等,则斯托克斯公式可用行列式表为

$$\oint_\Gamma P\mathrm{d}x + Q\mathrm{d}y + R\mathrm{d}z = \iint_\Sigma \begin{vmatrix} \cos\alpha & \cos\beta & \cos\gamma \\ \dfrac{\partial}{\partial x} & \dfrac{\partial}{\partial y} & \dfrac{\partial}{\partial z} \\ P & Q & R \end{vmatrix} \mathrm{d}S =$$

$$\iint_\Sigma \begin{vmatrix} \mathrm{d}y\mathrm{d}z & \mathrm{d}z\mathrm{d}x & \mathrm{d}x\mathrm{d}y \\ \dfrac{\partial}{\partial x} & \dfrac{\partial}{\partial y} & \dfrac{\partial}{\partial z} \\ P & Q & R \end{vmatrix} \tag{8.4.21}$$

在斯托克斯公式中,若 Σ 是平行于 xOy 面的平面,则有 $\mathrm{d}z = 0$,这时斯托克斯公式变为格林公式.

例 8.4.21 计算曲面积分 $\oint_\Gamma y\mathrm{d}x + z\mathrm{d}y + x\mathrm{d}z$,其中 Γ 是球面 $x^2 + y^2 + z^2 = 2(x+y)$ 与平面 $x + y = 2$ 的交线,Γ 的正向从原点看去是逆时针方向.

解 取平面 $x + y = 2$ 上的由曲线 Γ 所围成的部分作为斯托克斯公式中的曲面 Σ. 则曲面 Σ 的法向量的方向余弦为

$$\cos\alpha = -\frac{1}{\sqrt{2}}, \quad \cos\beta = -\frac{1}{\sqrt{2}}, \quad \cos\gamma = 0$$

于是由斯托克斯公式得

$$\oint_\Gamma y\mathrm{d}x + z\mathrm{d}y + x\mathrm{d}z = \iint_\Sigma \begin{vmatrix} \cos\alpha & \cos\beta & \cos\gamma \\ \dfrac{\partial}{\partial x} & \dfrac{\partial}{\partial y} & \dfrac{\partial}{\partial z} \\ y & z & x \end{vmatrix} \mathrm{d}S =$$

$$\iint_\Sigma \left(\frac{1}{\sqrt{2}} + \frac{1}{\sqrt{2}}\right) dS = \sqrt{2} \iint_\Sigma dS = 2\sqrt{2}\pi$$

4. 空间曲线积分与路经无关的条件

对于空间的一个连通区域 Ω, 如果在 Ω 内以任何闭曲线 Γ 为边界都可以张成一个全部属于 Ω 的曲面 Σ, 则称这个连通区域 Ω 为空间一维单连通区域.

设函数 $P(x,y,z), Q(x,y,z), R(x,y,z)$ 及其偏导数在某一空间一维单连通区域 Ω 上连续,则下面四个命题等价:

(1) 在 Ω 中曲线积分 $\int_\Gamma P dx + Q dy + R dz$ 与路径无关,只与起点和终点有关;

(2) 沿 Ω 中任一闭曲线 Γ 的积分为零,即 $\oint_\Gamma P dx + Q dy + R dz = 0$;

(3) 在 Ω 上任意点,恒有

$$\frac{\partial P}{\partial y} - \frac{\partial Q}{\partial x} = 0, \quad \frac{\partial R}{\partial x} - \frac{\partial P}{\partial z} = 0, \quad \frac{\partial Q}{\partial z} - \frac{\partial R}{\partial y} = 0$$

(4) 表达式 $P dx + Q dy + R dz$ 为 Ω 中某函数 $u(x,y,z)$ 的全微分,即在 Ω 中存在 $u(x,y,z)$, 使

$$du = P dx + Q dy + R dz$$

*8.4.5 算子 ∇ 与向量场的散度旋度简介

在本章未作为重积分的应用,介绍场论中另两个重要概念,即散度与旋度,先介绍算子 ∇ 符号.

设 $\nabla = \boldsymbol{i}\dfrac{\partial}{\partial x} + \boldsymbol{j}\dfrac{\partial}{\partial y} + \boldsymbol{k}\dfrac{\partial}{\partial z}$ 称其为哈密顿算子,∇ 作用在函数 u 上,其意义是

$$\nabla u = \boldsymbol{i}\frac{\partial u}{\partial x} + \boldsymbol{j}\frac{\partial u}{\partial y} + \boldsymbol{k}\frac{\partial u}{\partial z}$$

因此,应用哈密顿算子,7.3 中介绍的梯度可简记为 **grad** $u = \nabla u$.

1. 向量场的流量与散度

现在来介绍场论中第二个基本概念——散度. 我们从通过闭曲面的流量的物理意义出发,引出散度的概念.

设通过闭曲面流 Σ 的流量 Q 表示为

$$Q = \iint_S v_n dA \tag{8.4.22}$$

如取 Σ 的法向量 $\boldsymbol{n}$ 的方向朝外,那么流体流出曲面 Σ 时,流速 $\boldsymbol{v}$ 与 $\boldsymbol{n}$ 相交成锐角,此时在流出的那一部分曲面上的曲面积分为正值;而在流体流入曲面时流速 $\boldsymbol{v}$ 与 $\boldsymbol{n}$ 相交成钝角,此时在流入的那一部分曲面上的曲面积分为负值,因此式(8.4.22)是单位时间内流出和流入闭曲面流 Σ 的流量的代数和. 如果式(8.4.22)的积分值等于零,那么由于流体是不可压缩的,所以流入与流出 Σ 所围成的区域 Ω 内的流量相等,如果式(8.4.22)的积分值是正值,那么流出的流体量大于流入的流体量,这说明区域 Ω 内部必有产生流体的"源"存

在;如果式(8.4.22)的积分值为负值,那么流出的流体量小于流入的流体量,这说明区域 Ω 内必有吸收流体的"沟"存在. 由上所述就穿过闭曲面 Σ 的流量来说,我们可以从曲面积分值的正负来判定 Σ 所围成的区域 Ω 内有"源"或"沟"在 Ω 内的分布情况以及各点处"源"或"沟"的强度,也就是积分值还不能反映流速场的局部性质.

为了更好地描述流速场 $\boldsymbol{v}(x,y,z)$ 中任一点 M 处"源"(或"沟")的强度问题,我们取包含 M 点的任意一个小闭曲面 ΔS,它所围成的小区域 $\Delta \Omega$ 的体积为 ΔV,那么通过小闭曲面 ΔS 的流量为 $\Delta Q = \iint\limits_{\Delta S} v_n \mathrm{d}A$,而 $\dfrac{\Delta Q}{\Delta V} = \dfrac{\iint\limits_{\Delta S} v_n \mathrm{d}A}{\Delta V}$,则表示小区域 $\Delta \Omega$ 上单位体积的平均"源"(或"沟")的强度.

在其他向量场中,也要遇到上述形式的极限,从而引出散度的概念.

定义 8.7 设 $\boldsymbol{a}$ 为一向量场,M 为场中的任一点,围绕点 M 任取小闭曲面 ΔS,它所围成的小区域 $\Delta \Omega$ 的体积为 ΔV,如果当 $\Delta V \to 0$(即 $\Delta \Omega$ 缩向一点 M)时,极限

$$\lim_{\Delta V \to 0} \frac{\iint\limits_{\Delta S} a_n \mathrm{d}A}{\Delta V}$$

存在,则称此极限值为向量场 $\boldsymbol{a}$ 在点 M 处的散度,记作 $\mathrm{div}\,\boldsymbol{a}$,即

$$\mathrm{div}\,\boldsymbol{a} = \lim_{\Delta V \to 0} \frac{\iint\limits_{\Delta S} a_n \mathrm{d}A}{\Delta V}$$

由定义可见 $\mathrm{div}\,\boldsymbol{a}$ 是一数量,它表示向量场的"流量"(这里的"流量"是一种泛称,它可以是流量、电通量、磁通量等等)对体积的变化率. 在点 M 处,当 $\mathrm{div}\,\boldsymbol{a} > 0$ 时表示点 M 有"源";当 $\mathrm{div}\,\boldsymbol{a} < 0$ 时表示点 M 处有"沟". $|\mathrm{div}\,\boldsymbol{a}|$ 表示在点 M 处"源"或"沟"的强度;当 $\mathrm{div}\,\boldsymbol{a} = 0$ 时表示在点 M 既无"源"也无"沟".

应当注意,对于场中不同点的散度 $\mathrm{div}\,\boldsymbol{a}$ 一般也不同,因此,给定一向量场 $\boldsymbol{a}$ 可产生一数量场 $\mathrm{div}\,\boldsymbol{a}$.

计算散度的公式为

$$\mathrm{div}\,\boldsymbol{a} = \frac{\partial P}{\partial x} + \frac{\partial Q}{\partial y} + \frac{\partial R}{\partial z} \tag{8.4.23}$$

如果应用哈密顿算子 ∇,并规定

$$\nabla \cdot \boldsymbol{a} = \left(\boldsymbol{i}\frac{\partial}{\partial x} + \boldsymbol{j}\frac{\partial}{\partial y} + \boldsymbol{k}\frac{\partial}{\partial z}\right) \cdot (P\boldsymbol{i} + Q\boldsymbol{j} + R\boldsymbol{k}) = \frac{\partial P}{\partial x} + \frac{\partial Q}{\partial y} + \frac{\partial R}{\partial z}$$

则散度可简记为 $\mathrm{div}\,\boldsymbol{a} = \nabla \cdot \boldsymbol{a}$.

(1) 若 $\boldsymbol{a}, \boldsymbol{b}$ 的散度都存在,则 $\mathrm{div}(\boldsymbol{a} \pm \boldsymbol{b}) = \mathrm{div}\,\boldsymbol{a} \pm \mathrm{div}\,\boldsymbol{b}$;
(2) 若 $\boldsymbol{a}$ 的散度存在,c 为常数,则 $\mathrm{div}(c\boldsymbol{a}) = c\,\mathrm{div}\,\boldsymbol{a}$;
(3) 若 $f(x,y,z)$ 的梯度存在,$\boldsymbol{a}$ 的散度存在,则 $\mathrm{div}(f\boldsymbol{a}) = f\,\mathrm{div}\,\boldsymbol{a} + \boldsymbol{a} \cdot \mathbf{grad}\,f$.

例 8.4.22 设 $\boldsymbol{r} = x\boldsymbol{i} + y\boldsymbol{j} + z\boldsymbol{k}, r = |\boldsymbol{r}|$,求 $\mathrm{div}\,\dfrac{\boldsymbol{r}}{r}$.

解 因 $P = \dfrac{x}{r}, Q = \dfrac{y}{r}, R = \dfrac{z}{r}$,所以 $\dfrac{\partial P}{\partial x} = \dfrac{\partial}{\partial x}\left(\dfrac{x}{r}\right) = \dfrac{1}{r} - \dfrac{x}{r^2}\dfrac{\partial r}{\partial x} = \dfrac{1}{r} - \dfrac{x^2}{r^3}$

同理
$$\frac{\partial Q}{\partial y} = \frac{1}{r} - \frac{y^2}{r^3}; \quad \frac{\partial R}{\partial z} = \frac{1}{r} - \frac{z^2}{r^3}$$

故
$$\operatorname{div}\frac{\boldsymbol{r}}{r} = \frac{3}{r} - \frac{x^2 + y^2 + z^2}{r^3} = \frac{3}{r} - \frac{r^2}{r^3} = \frac{3}{r} - \frac{1}{r} = \frac{2}{r}$$

例 8.4.23 设 $\boldsymbol{r} = x\boldsymbol{i} + y\boldsymbol{j} + z\boldsymbol{k}, \boldsymbol{a} = \boldsymbol{i} + 2\boldsymbol{j} + 3\boldsymbol{k}$,求 $\operatorname{div}(\boldsymbol{a} \times \boldsymbol{r})$.

解 $\boldsymbol{a} \times \boldsymbol{r} = \begin{vmatrix} \boldsymbol{i} & \boldsymbol{j} & \boldsymbol{k} \\ 1 & 2 & 3 \\ x & y & z \end{vmatrix} = (2z - 3y)\boldsymbol{i} + (3x - z)\boldsymbol{j} + (y - 2x)\boldsymbol{k}$

因
$$P = 2z - 3y, Q = 3x - z, R = y - 2x, \frac{\partial P}{\partial x} = 0, \frac{\partial Q}{\partial y} = 0, \frac{\partial R}{\partial z} = 0$$

故
$$\operatorname{div}(\boldsymbol{a} \times \boldsymbol{r}) = \frac{\partial P}{\partial x} + \frac{\partial Q}{\partial y} + \frac{\partial R}{\partial z} = 0$$

2. 向量场的环量与旋度

现在来介绍场论中的第三个基本概念——旋度. 与旋度密切相关的是环量的概念,所以我们先讲环量,然后引出旋度概念.

给定一个向量场 $\boldsymbol{a}(x, y, z)$,在场中任取一条封闭的有向曲线 l,我们称沿曲线 l 的曲线积分

$$V = \int_l \boldsymbol{a} \cdot \mathrm{d}\boldsymbol{l} \tag{8.4.24}$$

为向量场 $\boldsymbol{a}$ 沿有向曲线 l 的环量,其中 $\mathrm{d}\boldsymbol{l} = \mathrm{d}x\boldsymbol{i} + \mathrm{d}y\boldsymbol{j} + \mathrm{d}z\boldsymbol{k}$.

如果将 $\boldsymbol{a}$ 看做是力,那么曲线积分(8.4.24)表示质点沿曲线 l 移动一周时,力 $\boldsymbol{a}$ 所做的功,这个问题在曲线积分中已讨论过. 如果将 $\boldsymbol{a}$ 看做磁场强度,则由安培环路定律,曲线积分(8.4.24)表示通过 l 所张曲面的电流.

下面我们引入环量面密度的概念. 先考查一个电学中的问题,设 H 表示磁场强度,则环量 $\int_l \boldsymbol{H} \cdot \mathrm{d}\boldsymbol{l}$ 表示通过磁场 H 中的以有向封闭曲线 l 为边界的任一曲面 S 上单位面积的平均电流,平均电流还不能反映通过曲面上各点处的电流,要想知道通过曲面上各点处的电流,就要讨论电流对曲面面积的变化率.

设 M 是磁场中的一点,在点 M 处取定一个方向 $\boldsymbol{n}$,过点 M 作一微小曲面 ΔS,使其在点 M 处的法向量为 $\boldsymbol{n}$. 我们记曲面 ΔS 的面积为 ΔA,ΔS 的周界为 Δl(其正向与 $\boldsymbol{n}$ 的关系按右手法则确定)(图 8.4.18).

如果通过 ΔS 的电流为 ΔI,则 $\dfrac{\Delta I}{\Delta A}$ 表示通过单位面积的平均电流,当缩微点 M(即 $\Delta S \to$

M 或 $\Delta A \to 0$)时,若 $\dfrac{\Delta I}{\Delta A}$ 的极限存在,此极限值就表达了在点 M 处沿方向 $\boldsymbol{n}$ 所通过的电流,物理学中称此极限值

$$\lim_{\Delta S \to M} \frac{\Delta I}{\Delta A} = \lim_{\Delta S \to M} \frac{\int_{\mathrm{d}l} H \cdot \mathrm{d}l}{\Delta A}$$

图 8.4.18

为磁场 H 在点 M 处沿方向 $\boldsymbol{n}$ 的电流密度.

在一些其他的场合,也会遇到类似于上述形式的极限,它表示环量对面积的变化率,因而引出环量面密度的概念.

定义 8.8 设 M 是向量场 $\boldsymbol{a}$ 中的一点,在点 M 处取定一个方向 $\boldsymbol{n}$,过点 M 作一微小曲面 ΔS(面积记为 ΔA),使其在点 M 处的法向量为 $\boldsymbol{n}$,假定 ΔS 的边界为 Δl(其正向与 $\boldsymbol{n}$ 的关系按右手法则确定). 如果当 ΔS 收缩为点 M(即 $\Delta S \to M$)时,沿 Δl 正向的环量 ΔV 与面积 ΔA 之比的极限 $\lim\limits_{\Delta S \to M} \dfrac{\Delta V}{\Delta A} = \lim\limits_{\Delta S \to M} \dfrac{\int_{\Delta l} \boldsymbol{a} \cdot \mathrm{d}l}{\Delta A}$ 存在,则称此极限值为向量场 $\boldsymbol{a}$ 在点 M 处沿方向 $\boldsymbol{n}$ 的环量面密度,记作 $\mathrm{rot}_n \boldsymbol{a}$.

应该注意,环量面密度是和方向有关的,沿着不同方向的环量面密度不一定相同,这和数量场中的方向导数与方向有关相类似.

不难导出环量面密度的计算公式

$$\mathrm{rot}_n \boldsymbol{a} = \left(\frac{\partial R}{\partial y} - \frac{\partial Q}{\partial z}\right) \cos \alpha + \left(\frac{\partial P}{\partial z} - \frac{\partial R}{\partial x}\right) \cos \beta + \left(\frac{\partial Q}{\partial x} - \frac{\partial P}{\partial y}\right) \cos \gamma \quad (8.4.25)$$

这就是沿 $\boldsymbol{n}$ 方向的环量面密度的计算公式.

有了环量面密度的概念,现在就可以引出旋度的概念. 我们知道,向量场 $\boldsymbol{a}$ 中的某点 M 处的环量面密度与方向有关,因为过点 M 可以引出无数多个方向,所以在点 M 就有无数多个环量面密度. 与数量场中由方向导数引出梯度相类似,我们自然地产生这样的问题:如何从过点 M 的无数多个方向中,找出使环量面密度为最大的那个方向?环量面密度的最大值是多少?

为此,我们令

$$\boldsymbol{A} = \left(\frac{\partial R}{\partial y} - \frac{\partial Q}{\partial z}\right)\boldsymbol{i} + \left(\frac{\partial P}{\partial z} - \frac{\partial R}{\partial x}\right)\boldsymbol{j} + \left(\frac{\partial Q}{\partial x} - \frac{\partial P}{\partial y}\right)\boldsymbol{k}$$

$$\boldsymbol{N}^\circ = \cos \alpha \boldsymbol{i} + \cos \beta \boldsymbol{j} + \cos \gamma \boldsymbol{k}$$

则式(8.4.25)可改写为

$$\mathrm{rot}_n \boldsymbol{a} = \boldsymbol{A} \cdot \boldsymbol{N}^\circ = |\boldsymbol{A}| \cos \langle \boldsymbol{A}, \boldsymbol{N}^\circ \rangle \quad (8.4.26)$$

由式(8.4.26)知,当 $\boldsymbol{N}^\circ$ 的方向与 $\boldsymbol{A}$ 的方向一致时,环量面密度取得最大值 $\mathrm{rot}_n \boldsymbol{a} = |\boldsymbol{A}|$.

这说明向量场 $\boldsymbol{a}$ 中的任一点 M 处沿向量 $\boldsymbol{A}$ 的环量面密度取得最大值,其最大值为 $|\boldsymbol{A}|$. 我们把向量 $\boldsymbol{A}$ 称为向量场 $\boldsymbol{a}$ 在点 M 的旋度,下面给出旋度的定义.

定义 8.9 设有向量场 $\boldsymbol{a}(M)$. M 为场中的某一点,如果存在一个向量,其方向是 $\boldsymbol{a}$ 在点 M 处环量面密度取最大值的方向,其模恰好是环量面密度所取得的最大值,那么称此

向量为向量场 a 在点 M 处的旋度,记为 rot a 或 curl a.

从定义可知,前面所述的向量 A 就是向量场 a 在点 M 处的旋度. 即

$$\text{rot } \boldsymbol{a} = \left(\frac{\partial R}{\partial y} - \frac{\partial Q}{\partial z}\right)\boldsymbol{i} + \left(\frac{\partial P}{\partial z} - \frac{\partial R}{\partial x}\right)\boldsymbol{j} + \left(\frac{\partial Q}{\partial x} - \frac{\partial P}{\partial y}\right)\boldsymbol{k} \tag{8.4.27}$$

为了便于记忆,我们采用算符写法

$$\text{rot } \boldsymbol{a} = \begin{vmatrix} \boldsymbol{i} & \boldsymbol{j} & \boldsymbol{k} \\ \frac{\partial}{\partial x} & \frac{\partial}{\partial y} & \frac{\partial}{\partial z} \\ P & Q & R \end{vmatrix} = \nabla \times \boldsymbol{a}$$

由式(8.4.27)及(8.4.25)不难看出:旋度在 n 方向上的投影,正好等于沿 n 方向的环量面密度,这也是我们用记号 $\text{rot}_n a$ 表示沿 n 方向的环量面密度的缘故.

此外,由式(8.4.27)还可推出旋度的以下性质:

(1) 设向量场 a 和 b 有旋度,则 $\text{rot}(a \pm b) = \text{rot } a \pm \text{rot } b$;$\text{rot}(ca) = c\text{rot } a$($c$ 为常数);

(2) 设向量场 a 有旋度,函数 v 有梯度,则 $\text{rot}(va) = v\text{rot } a + \text{grad } v \times a$.

例 8.4.24 设有力场 $\boldsymbol{F} = (2x^2 + 6xy)\boldsymbol{i} + (3x^2 - y^2)\boldsymbol{j}$,证明 rot $\boldsymbol{F}$ 处处为零向量.

证

$$\text{rot } \boldsymbol{F} = \begin{vmatrix} \boldsymbol{i} & \boldsymbol{j} & \boldsymbol{k} \\ \frac{\partial}{\partial x} & \frac{\partial}{\partial y} & \frac{\partial}{\partial z} \\ 2x^2 + 6xy & 3x^2 - y^2 & 0 \end{vmatrix} = (6x - 6x)\boldsymbol{k} = \boldsymbol{0}$$

习题 8.4

1. 计算 $\int_L (x+y)ds$,其中 L 为直线 $y = x$ 上点 $O(0,0)$ 与点 $A(1,1)$ 之间的一段.

2. 计算 $\int_L x^2 y ds$,L 为圆周 $x^2 + y^2 = 4$ 在第一象限部分.

3. 计算 $\int_L \frac{1}{x-y}ds$,L 为以点 $A(0,-2)$ 与 $B(4,0)$ 为端点的直线段.

4. 计算 $\oint_L (x+y)ds$,L 是以 $O(0,0)$,$A(1,0)$,$B(0,1)$ 为顶点的三角形闭曲线.

5. 计算 $\int_\Gamma (x^2 + y^2 + z^2)ds$,其中 Γ 为曲线 $\begin{cases} x = 4\cos t \\ y = 4\sin t \\ z = 3t \end{cases}$ ($0 \leq t \leq 2\pi$).

6. 计算 $\int_L (x+y)dx$,其中 L 分别为:

(1) 直线 $y = x$ 上从点 $O(0,0)$ 到点 $A(1,1)$ 之间的一段;

(2) 从点 $O(0,0)$ 到点 $B(1,0)$ 再到点 $A(1,1)$ 的折线段.

7. 计算 $\int_L 2xydx + x^2dy$,其中 L 分别为:

(1) 从点 $O(0,0)$ 经直线 $y = x$ 到点 $A(1,1)$ 之间的一段;

(2) 从点 $O(0,0)$ 经曲线 $y = x^2$ 到点 $A(1,1)$ 之间的一段;

(3) 从点 $O(0,0)$ 经曲线 $y = x^3$ 到点 $A(1,1)$ 之间的一段.

8. 计算 $\int_L y dx - x dy$,其中 L 是从点 $A(1,1)$ 经抛物线 $y = x^2$ 到点 $B(-1,1)$ 的有向弧段.

9. 计算 $\oint_L \dfrac{(x+y)dx - (x-y)dy}{x^2 + y^2}$,其中 L 为圆周 $x^2 + y^2 = R^2$,方向为逆时针方向.

10. 计算 $\int_\Gamma x dx + y dy + (x + y - 1) dz$,其中 Γ 是从点 $A(1,1,1)$ 到点 $B(2,3,4)$ 的一段直线.

11. 利用格林公式计算下列曲线积分:

(1) $\oint_L (x+y)^2 dx + (x^2 + y^2) dy$,$L$ 以 $(0,0),(1,0),(0,1)$ 为顶点的三角形闭曲线,方向为逆时针方向.

(2) $\oint_L (x^2 + y) dx - (x - y^2) dy$,$L$ 为椭圆 $\dfrac{x^2}{a^2} + \dfrac{y^2}{b^2} = 1 (a > 0, b > 0)$,方向为逆时针方向.

(3) 计算 $\int_L (e^x \sin y - y) dx + (e^x \cos y - x - 2) dy$,$L$ 为 $x^2 + y^2 = 9$ 在第一象限中从点 $(3,0)$ 到点 $(0,3)$ 的部分.

12. 证明曲线积分与路径无关,并计算曲线积分.

(1) $\int_L (2x\cos y - y^2 \sin x) dx + (2y\cos x - x^2 \sin y) dy$,$L$ 是沿圆周 $x^2 + y^2 = R^2$ 在第二象限中的部分由 $A(0,R)$ 到 $B(-R,0)$;

(2) $\int_L (1 + xe^{2y}) dx + (x^2 e^{2y} - y^2) dy$,$L$ 是圆周 $x^2 + y^2 = R^2$ 上半部由 $A(R,0)$ 到 $B(-R,0)$.

13. 计算 $\iint_\Sigma (2x + y + 2z) dS$,$\Sigma$ 是平面 $x + y + z = 1$ 在第一卦限部分.

14. 计算 $\iint_\Sigma x dS$,Σ 是球面 $x^2 + y^2 + z^2 = R^2$ 在第一卦限部分.

15. 计算 $\oiint_\Sigma (x^2 + y^2) dS$,$\Sigma$ 是 $z = \sqrt{x^2 + y^2}$ 与 $z = 1$ 所围立体的表面.

16. 计算 $\iint_\Sigma 2xz dx dy$,Σ 是平面 $x + y + z = 1$ 在第一卦限部分的上侧.

17. 计算 $\oiint_\Sigma z^2 dx dy$,Σ 是球面 $x^2 + y^2 + (z - R)^2 = R^2$ 的外侧.

18. 利用高斯公式计算曲面积分:

(1) $\oiint_\Sigma (x^2 - yz) dy dz + (y^2 - xz) dz dx + (z^2 - xy) dx dy$,$\Sigma$ 由 $x = 0, x = 1, y = 0, y = 1, z = 0, z = 1$ 围成正方体边界曲面的外侧;

(2) $\oiint_\Sigma x dy dz + y dz dx + z dx dy$,$\Sigma$ 是 $z = x^2 + y^2$ 与 $z = 1$ 所围立体的表面的外侧.

19. 求 div **A** 在指定点处的值：

(1) $A = x^2 i + y^2 j + z^2 k$ 在点 $M(1, 0, -2)$ 处；

(2) $A = xyzr (r = xi + yj + zk)$ 在点 $M(1, 3, 2)$ 处.

20. 求 $\text{rot} \dfrac{r}{|r|}$，其中 $r = xi + yj + zk$.

复习题 8

1. 填空题：

(1) 设 D 是两坐标轴及直线 $x + y = 1$ 围成的区域，则 $\iint\limits_{D} y \mathrm{d}x \mathrm{d}y =$ _____.

(2) 设 Ω 是由平面 $x + y + z = 1$ 与三坐标轴围成的区域，则 $\iiint\limits_{\Omega} x \mathrm{d}x \mathrm{d}y \mathrm{d}z =$ _____.

(3) 设 D 是两坐标轴及直线 $x + y = 1$ 围成的区域，且 $I_1 = \iint\limits_{D} (x+y)^3 \mathrm{d}x \mathrm{d}y$，$I_2 = \iint\limits_{D} (x+y)^2 \mathrm{d}x \mathrm{d}y$，$I_3 = \iint\limits_{D} (x+y) \mathrm{d}x \mathrm{d}y$，则 I_1, I_2, I_3 的大小关系为 _____.

(4) 设 $\Omega = \{(x, y, z) \mid a \leqslant x \leqslant b, c \leqslant y \leqslant d, e \leqslant z \leqslant f\}$，将 $I = \iiint\limits_{\Omega} f_1(x) f_2(y) f_3(z) \mathrm{d}v$ 化为三次积分，则 $I =$ _____.

(5) 曲线积分 $\int_L (x + y) \mathrm{d}s =$ _____，其中 L 为连接点 $(0, 1)$ 及点 $(1, 0)$ 的直线段.

(6) 曲线积分 $\int_L x \mathrm{d}y - y \mathrm{d}x =$ _____，其中 L 为抛物线 $y = x^2$ 从点 $O(0, 0)$ 到点 $A(2, 4)$ 的有向弧段.

(7) 曲面积分 $\iint\limits_{\Sigma} xyz \mathrm{d}S =$ _____，其中 Σ 为平面 $x + y + z = 1$ 被坐标面截下的部分.

(8) 曲面积分 $\oiint\limits_{\Sigma} (x - y) \mathrm{d}x \mathrm{d}y + (y - z) x \mathrm{d}y \mathrm{d}z =$ _____，其中 Σ 为柱面 $x^2 + y^2 = 1$ 及平面 $z = 0, z = 3$ 所围成的空间闭区域 Ω 的整个边界曲面的外侧.

(9) 由 $y = \sqrt{x}, y = 2\sqrt{x}$ 及 $x = 4$ 所围成平面图形的面积为 _____.

(10) 由曲面 $z = 1 - 4x^2 - y^2$ 与 xOy 坐标面所围成的立体体积为 _____.

2. 选择题：

(1) 设二重积分 $I = \iint\limits_{D} e^{x+y} \mathrm{d}x \mathrm{d}y$ 的积分区域 D 为 $D = \{(x, y) \mid 0 < x \leqslant 1, 0 \leqslant y \leqslant 1\}$，则 $I = (\quad)$.

(A) $-e^2$；   (B) $(e-1)^2$；   (C) e^2；   (D) $(e+1)^2$.

(2) 设 $I = \iint\limits_{D} |y| \mathrm{d}x \mathrm{d}y$，其中 D 为 $x^2 + y^2 \leqslant a^2$，则 $I = (\quad)$.

(A) $\dfrac{1}{3} a^3$；   (B) $\dfrac{2}{3} a^3$；   (C) a^3；   (D) $\dfrac{4}{3} a^3$.

(3) 设 Ω 是由 $z = \sqrt{x^2 + y^2}$ 及平面 $z = 1$ 围成的区域,则 $\iiint\limits_{\Omega} z\mathrm{d}x\mathrm{d}y\mathrm{d}z = ($ $)$.

(A)π;　　　　(B)$\dfrac{\pi}{2}$;　　　　(C)$\dfrac{\pi}{3}$;　　　　(D)$\dfrac{\pi}{4}$.

(4) 设区域 Ω 为 $0 \leq z \leq \sqrt{1 - x^2 - y^2}$,则 $\iiint\limits_{\Omega} [x(y^2 + z^2) + 3]\mathrm{d}x\mathrm{d}y\mathrm{d}z = ($ $)$.

(A)2π;　　　　(B)4π;　　　　(C)6π;　　　　(D)12π.

(5) $I = \int_L \dfrac{1}{\sqrt{x^2 + y^2}}\mathrm{d}s = ($ $)$. 其中 L 为下半圆周:$y = -\sqrt{r^2 - x^2}$.

(A)-2π;　　　　(B)2π;　　　　(C)π;　　　　(D)0.

(6) 设曲线 L 为上半圆周 $y = \sqrt{4 - x^2}$,则 $\int_L y\mathrm{d}s = ($ $)$.

(A)4;　　　　(B)8;　　　　(C)16;　　　　(D)0.

(7) 曲线积分 $I = \int_L 2xy\mathrm{d}x + (x^2 + y)\mathrm{d}y = ($ $)$. 其中 L 是从点 $O(0,0)$ 到点 $A(1,1)$ 的任意有向曲线弧.

(A)$\dfrac{1}{2}$;　　　　(B)1;　　　　(C)$\dfrac{3}{2}$;　　　　(D)2.

(8) 曲线积分 $\oint_L \dfrac{y\mathrm{d}x - x\mathrm{d}y}{x^2 + y^2} = ($ $)$. 其中 L 为 $x^2 + y^2 = a^2 (a > 0)$ 逆时针方向.

(A)0;　　　　(B)2π;　　　　(C)-2π;　　　　(D)π.

(9) $I = \oiint\limits_{\Sigma} (x^2 + y^2 + z^2)\mathrm{d}S = ($ $)$. 其中 Σ 为球面 $x^2 + y^2 + z^2 = R^2$.

(A)πR^4;　　　　(B)$2\pi R^4$;　　　　(C)$4\pi R^4$;　　　　(D)$8\pi R^4$.

(10) 设曲面 Σ 为 $z = \sqrt{x^2 + y^2}$ 在 $0 \leq z \leq 1$ 之间部分的下侧,则 $\iint\limits_{\Sigma} x\mathrm{d}y\mathrm{d}z - z\mathrm{d}x\mathrm{d}y = ($ $)$.

(A)0;　　　　(B)π;　　　　(C)$-\pi$;　　　　(D)2π.

3. 计算重积分:

(1) $\iint\limits_{D} xy\mathrm{d}x\mathrm{d}y$,其中 D 是由 $y^2 = x$ 及 $y = x - 2$ 所围成的区域;

(2) $\iint\limits_{D} \cos(x^2 + y^2)\mathrm{d}x\mathrm{d}y$,其中 D 为圆域 $x^2 + y^2 \leq 2$;

(3) $\iint\limits_{D} \mathrm{e}^{-y^2}\mathrm{d}x\mathrm{d}y$,其中 D 由 $y = x, y = 1$ 及 $x = 0$ 围成;

(4) $\iiint\limits_{\Omega} z\mathrm{d}v$,其中 Ω 是由 $x + y + z = 2, x = 1, x = 0, y = 1, y = 0$ 及 $z = 0$ 所围成的区域;

(5) $\iiint\limits_{\Omega} (x + y + x^2 + y^2)\mathrm{d}v$,其中 Ω 由 $z = \sqrt{x^2 + y^2}, z = 1$ 和 $z = 2$ 围成;

(6) $\iiint\limits_{\Omega} (x^2 + y^2 + z^2)\mathrm{d}v$,其中 Ω 为:$x^2 + y^2 + z^2 \leq R^2 (R > 0)$.

4. 计算曲线积分：

(1) 计算 $\int_L (x^3 + y)\mathrm{d}s$，其中 L 为曲线 $\begin{cases} x = 3t \\ y = t^3 \end{cases}$ 上对应于 $t = 0$ 与 $t = 1$ 的部分；

(2) 计算 $\oint_L \sqrt{x^2 + y^2}\mathrm{d}S$，$L$ 是圆周 $x^2 + y^2 = Rx(R > 0)$；

(3) 计算 $\int_\Gamma \dfrac{1}{x^2 + y^2 + z^2}\mathrm{d}s$，其中 Γ 为曲线 $\begin{cases} x = \mathrm{e}^t\cos t \\ y = \mathrm{e}^t\sin t \\ z = \mathrm{e}^t \end{cases}$ 上对应于 $t = 0$ 与 $t = 2$ 的部分；

(4) 计算 $\int_L y\mathrm{d}x + x\mathrm{d}y$，其中 L 是有向曲线 $x = R\cos t, y = R\sin t$ 上从 $t = 0$ 到 $t = \dfrac{\pi}{4}$ 的一段弧；

(5) 计算 $\int_L (x^2 - y^2)\mathrm{d}x$，其中 L 是抛物线 $y = x^2$ 上从点 $O(0,0)$ 到点 $A(2,4)$ 的有向曲线弧；

(6) 计算 $\oint_L \dfrac{\mathrm{d}x + \mathrm{d}y}{|x| + |y|}$，其中 L 是闭曲线 $|x| + |y| = 1$，逆时针方向.

5. 计算 $\int_L (2xy + 2x\sin x)\mathrm{d}x + (x^2 - y\mathrm{e}^y)\mathrm{d}y$，$L$ 是从点 $(0,0)$ 经摆线 $\begin{cases} x = t - \sin t \\ y = 1 - \cos t \end{cases}$ 到点 $(\pi, 2)$.

6. 确定 λ 的值，使曲线积分 $I = \int_L (x^4 + 6xy^3)\mathrm{d}x + (6x^\lambda y^2 - 5y^4)\mathrm{d}y$ 与路径无关，并求由 $O(0,0)$ 到 $A(1,2)$ 任意弧段上的 I 值.

7. 计算 $\oint_L \boldsymbol{F} \cdot \mathrm{d}\boldsymbol{s}$，其中 $\boldsymbol{F} = -y\boldsymbol{i} + x\boldsymbol{j}$，$L$ 是由 $y = x, x = 1$ 及 $y = 0$ 所围成的三角形闭曲线，逆时针方向.

8. 计算曲面积分：

(1) 计算 $\iint_\Sigma x^2 z\mathrm{d}S$，其中 $\Sigma: x^2 + y^2 + z^2 = R^2(R > 0)$；

(2) 计算 $\iint_\Sigma (2x + \dfrac{4}{3}y + z)\mathrm{d}S$，其中 Σ 为平面 $\dfrac{x}{2} + \dfrac{y}{3} + \dfrac{z}{4} = 1$ 在第一卦限的部分；

(3) 计算 $\iint_\Sigma z\mathrm{d}x\mathrm{d}y$，其中 Σ 为球面 $x^2 + y^2 + (z - R)^2 = R^2$ 的外侧；

(4) 计算 $\oiint_\Sigma xz\mathrm{d}x\mathrm{d}y + xy\mathrm{d}y\mathrm{d}z + yz\mathrm{d}z\mathrm{d}x$，其中 Σ 是由 $x = 0, y = 0, z = 0$ 和 $x + y + z = 1$ 围成立体表面的外侧.

9. 利用斯托克斯公式计算曲线积分 $\int_\Gamma y\mathrm{d}x + z\mathrm{d}y + x\mathrm{d}z$，$\Gamma$ 为圆周 $\begin{cases} x^2 + y^2 + z^2 = R^2 \\ x + y + z = 0 \end{cases}$，若从 x 轴的正向看，圆周是取逆时针方向.

10. 在向量场 $\boldsymbol{a} = yz\boldsymbol{i} + xz\boldsymbol{j} + xy\boldsymbol{k}$ 中，求通过圆柱 $x^2 + y^2 \leqslant A^2, 0 \leqslant z \leqslant h$ 的侧面的流量.

11. 在向量场 $\boldsymbol{a} = -y\boldsymbol{i} + x\boldsymbol{j} + c\boldsymbol{k}$（$C$ 为常数）中，求沿圆 $x^2 + y^2 = 1, z = 0$ 的环量.

12. 已知 $\boldsymbol{A} = (x^2 + y^2)\boldsymbol{i} + 2xy\boldsymbol{j}$，求 rot $\boldsymbol{A}$.

第 9 章

无穷级数

无穷级数是高等数学的重要内容之一,它在函数论、逼近论、近似计算等方面均有广泛的应用. 本章先介绍无穷级数的基本知识,然后介绍在后续课及工程技术中常用的两种级数:幂级数与傅里叶(Fourier)级数.

9.1 数项级数及其审敛法

9.1.1 级数的一般概念

1. 无穷级数的概念

定义 9.1 设给定一个数列 $u_1, u_2, \cdots, u_n, \cdots$,则表达式

$$u_1 + u_2 + \cdots + u_n + \cdots \tag{9.1.1}$$

称为无穷级数,简称为级数. 其中 u_n 称为该级数的第 n 项,又称为一般项或通项. 式 (9.1.1) 又记为 $\sum_{n=1}^{\infty} u_n$.

级数的各项都是常数时,级数又称为数项级数,如 $\sum_{n=1}^{\infty} \frac{1}{2n}$, $\sum_{n=1}^{\infty} \frac{n}{3^n}$ 等.

级数的各项都是函数时,级数又称为函数项级数,如 $\sum_{n=1}^{\infty} \frac{\sin nx}{n^2}$, $\sum_{n=1}^{\infty} \frac{nx^n}{2^n}$ 等.

我们把级数的前 n 项的和称为级数的部分和,记为 S_n,即

$$S_n = u_1 + u_2 + \cdots + u_n$$

显然,级数的部分和构成一个数列: $\{S_n\}$.

定义 9.2 若级数 $\sum_{n=1}^{\infty} u_n$ 的部分和数列 $\{S_n\}$ 的极限存在, $\lim_{n \to \infty} S_n = S$,则称级数 $\sum_{n=1}^{\infty} u_n$ 收敛. S 称为级数的和,并记为 $S = \sum_{n=1}^{\infty} u_n$,若级数的部分和数列的极限不存在,就称级数 $\sum_{n=1}^{\infty} u_n$ 发散.

当级数 $\sum_{n=1}^{\infty} u_n$ 收敛时,又称 $r_n = S - S_n$ 为其余项,易知 $r_n = \sum_{i=n+1}^{\infty} u_i$,此时也称该级数收敛于 S.

例 9.1.1 讨论等比级数(几何级数)
$$a + aq + aq^2 + \cdots + aq^n + \cdots \quad (a \neq 0, q \neq 0)$$
的收敛性.

解 $q \neq 1$ 时,级数的部分和
$$S_n = a + aq + aq^2 + \cdots + aq^{n-1} = \frac{a(1-q^n)}{1-q}$$

$$\lim_{n \to \infty} S_n = \begin{cases} \dfrac{a}{1-q} & |q| < 1 \\ \infty & |q| > 1 \end{cases}$$

$q = 1$ 时,$S_n = na$,$\lim_{n \to \infty} S_n = \infty$,极限不存在;$q = -1$ 时,n 为奇数 $S_n = a$,n 为偶数 $S_n = 0$,极限不存在.

综上,等比级数
$$a + aq + aq^2 + \cdots + aq^n + \cdots \quad (a \neq 0)$$
当 $|q| < 1$ 时收敛,当 $|q| \geq 1$ 时发散.

例 9.1.2 证明调和级数 $1 + \dfrac{1}{2} + \dfrac{1}{3} + \cdots + \dfrac{1}{n} + \cdots$ 是发散的.

证明 对于调和级数的前 n 项部分和 S_n,总可以找到一个正整数 m,使得
$$2^m - 1 \leq n < 2^{m+1} - 1$$
于是
$$S_n \geq S_{2^m - 1} = 1 + \frac{1}{2} + \frac{1}{3} + \cdots + \frac{1}{2^m - 1} =$$
$$1 + \left(\frac{1}{2} + \frac{1}{3}\right) + \left(\frac{1}{4} + \frac{1}{5} + \frac{1}{6} + \frac{1}{7}\right) + \cdots + \left(\frac{1}{2^{m-1}} + \frac{1}{2^{m-1}+1} + \cdots + \frac{1}{2^m - 1}\right) > \frac{m}{2}$$

由于 $n \to \infty$ 时,有 $\dfrac{m}{2} \to \infty$,而 $S_n > \dfrac{m}{2}$,所以部分和数列的极限不存在,因此调和级数发散.

2. 收敛级数的基本性质

根据级数收敛性的概念,可以得出收敛级数的基本性质:

性质 1 增加或去掉级数的有限项不影响级数的收敛性,但一般会改变收敛级数的和;

性质 2 收敛级数的每一项都乘以常数 k 后得到的新级数必收敛,且其和为原级数和的 k 倍;

想一想,对发散的级数,结论会怎样?

性质 3 两个收敛级数的对应项相加得到的新级数必收敛,且其和等于原来两个级数和相加;

想一想,对两个发散的级数,结论会怎样? 一个收敛、一个发散呢?

性质 4 收敛级数中的各项(按其原来的顺序)任意合并(即加上括号)后得到的新级数必收敛,且其和不变.

一个级数如果添加括号后得到的新级数发散,那么原级数一定发散. 但要注意,加括号后得到的新级数收敛,并不能保证原级数收敛. 例如级数 $\sum_{n=1}^{\infty}(1-1)$ 收敛,而级数 $1-1+1-1+1-\cdots$ 发散.

3. 级数收敛的必要条件

若级数 $\sum_{n=1}^{\infty} u_n$ 收敛于 S,则有 $\lim_{n\to\infty} S_n = S$,由于 $u_n = S_n - S_{n-1}$,因此必有 $\lim_{n\to\infty} u_n = 0$. 这就是级数收敛的必要条件.

定理 9.1 若级数 $\sum_{n=1}^{\infty} u_n$ 收敛,则 $\lim_{n\to\infty} u_n = 0$.

需要特别指出的是,$\lim_{n\to\infty} u_n = 0$ 仅是级数收敛的必要条件,不是充分条件,绝不能由 $\lim_{n\to\infty} u_n = 0$ 得出级数 $\sum_{n=1}^{\infty} u_n$ 收敛的结论. 例如,$\lim_{n\to\infty}\frac{1}{n} = 0$,但调和级数 $\sum_{n=1}^{\infty} \frac{1}{n}$ 发散.

9.1.2 正项级数及其审敛法

正项级数是数项级数中比较简单,但又很重要的一种类型.

若级数 $\sum_{n=1}^{\infty} u_n$ 中各项均为非负,即 $u_n \geq 0 (n=1,2,3,\cdots)$,则称该级数为正项级数. 这时,由于 $u_n = S_n - S_{n-1}$,因此有 $S_n = S_{n-1} + u_n \geq S_{n-1}$,即正项级数的部分和数列是一个单调递增的数列. 根据单调有界必有极限的原则,我们可以得到判断正项级数收敛性的一个定理.

定理 9.2 正项级数收敛的充分必要条件是它的部分和数列有界.

例 9.1.3 试判定正项级数 $\sum_{n=1}^{\infty} \frac{\sin\frac{\pi}{2n}}{2^n}$ 的收敛性.

解 由于该级数为正项级数,且部分和

$$S_n = \frac{1}{2} + \frac{\sin\frac{\pi}{4}}{4} + \frac{\sin\frac{\pi}{6}}{8} + \cdots + \frac{\sin\frac{\pi}{2n}}{2^n} <$$

$$\frac{1}{2} + \frac{1}{4} + \frac{1}{8} + \cdots + \frac{1}{2^n} = \frac{\frac{1}{2}\left(1-\frac{1}{2^n}\right)}{1-\frac{1}{2}} < 1$$

即其部分和数列有界,因此正项级数 $\sum_{n=1}^{\infty} \frac{\sin\frac{\pi}{2n}}{2^n}$ 收敛.

直接应用定理 9.2 来判断正项级数是否收敛,往往不太方便,但由定理 9.2 可以得到常用的正项级数的比较审敛法.

定理 9.3（比较审敛法） 设有两个正项级数 $\sum_{n=1}^{\infty} u_n$ 和 $\sum_{n=1}^{\infty} v_n$，如果 $u_n \leq v_n (n=1,2,3,\cdots)$ 成立，那么

（1）若级数 $\sum_{n=1}^{\infty} v_n$ 收敛，则级数 $\sum_{n=1}^{\infty} u_n$ 也收敛；

（2）若级数 $\sum_{n=1}^{\infty} u_n$ 发散，则级数 $\sum_{n=1}^{\infty} v_n$ 也发散.

证明 先证（1），为了利用定理 9.2，设级数 $\sum_{n=1}^{\infty} v_n$ 的前 n 项和为 σ_n，级数 $\sum_{n=1}^{\infty} u_n$ 的前 n 项和为 S_n，于是 $S_n \leq \sigma_n$. 因为 $\sum_{n=1}^{\infty} v_n$ 收敛，由定理 9.2，就有常数 M 存在，使得 $\sigma_n \leq M(n=1,2,3,\cdots)$ 成立，于是 $S_n \leq M(n=1,2,3,\cdots)$，也就是说级数 $\sum_{n=1}^{\infty} u_n$ 的部分和数列上方有界，所以级数 $\sum_{n=1}^{\infty} u_n$ 收敛. 证明结论（2）的方法与上面证法类似，读者自行完成.

例 9.1.4 讨论级数 $\sum_{n=1}^{\infty} \frac{1}{n^p}$ 的收敛性，其中 p 为正常数，此级数称为 p - 级数.

解 当 $p=1$ 时，此时 p - 级数就是调和级数 $\sum_{n=1}^{\infty} \frac{1}{n}$，故发散.

当 $p<1$ 时，因为 $\frac{1}{n^p} \geq \frac{1}{n}(n=1,2,3,\cdots)$，而调和级数发散，所以由比较审敛法的结论（2）可知，这时 p - 级数发散.

当 $p>1$ 时，其前 n 项和

$$S_n = 1 + \frac{1}{2^p} + \frac{1}{3^p} + \cdots + \frac{1}{n^p}$$

图 9.1.1

对于每一个确定的 p 值，S_n 可以看成是 n 个以 1 为底，高为逐步递减的 $\frac{1}{n^p}$ 的小矩形面积和，即图 9.1.1 中带阴影线的面积和. 根据定积分的几何意义，显然

$$S_n < 1 + \int_1^n \frac{1}{x^p} dx = 1 - \frac{1}{p-1}\left(\frac{1}{n^{p-1}} - 1\right) = \frac{p}{p-1} - \frac{1}{p-1} \cdot \frac{1}{n^{p-1}} < \frac{p}{p-1}$$

所以部分和数列有界. 于是由定理 9.2 可知，这时 p - 级数收敛.

综上可知：p - 级数当 $p \leq 1$ 时发散；$p > 1$ 时收敛.

在利用比较审敛法判定正项级数是否收敛时，首先要选定一个已知其收敛性的级数与之比较，我们经常用 p - 级数作为这样的级数.

例 9.1.5 证明级数 $\sum_{n=1}^{\infty} \frac{1}{\sqrt{n(n+2)}}$ 是发散的.

证明 因为 $n(n+2) < (n+1)^2$,所以 $\frac{1}{\sqrt{n(n+2)}} > \frac{1}{n+1}$.由调和级数 $\sum\limits_{n=1}^{\infty} \frac{1}{n}$ 发散可知 $\sum\limits_{n=1}^{\infty} \frac{1}{n+1}$ 发散.于是由比较审敛法得级数 $\sum\limits_{n=1}^{\infty} \frac{1}{\sqrt{n(n+2)}}$ 发散.

为应用上的方便,我们不加证明地再给出比较审敛法的极限形式.

定理 9.4(比较审敛法的极限形式) 设两个正项级数 $\sum\limits_{n=1}^{\infty} u_n$ 和 $\sum\limits_{n=1}^{\infty} v_n$,

(1) 如果 $\lim\limits_{n\to\infty} \frac{u_n}{v_n} = l \, (0 < l < +\infty)$,则正项级数 $\sum\limits_{n=1}^{\infty} u_n$ 和 $\sum\limits_{n=1}^{\infty} v_n$ 同时收敛或同时发散;

(2) 如果 $\lim\limits_{n\to\infty} \frac{u_n}{v_n} = 0$(或 $\lim\limits_{n\to\infty} \frac{v_n}{u_n} = \infty$),则(a)级数 $\sum\limits_{n=1}^{\infty} v_n$ 收敛必有 $\sum\limits_{n=1}^{\infty} u_n$ 收敛;(b)级数 $\sum\limits_{n=1}^{\infty} u_n$ 发散必有 $\sum\limits_{n=1}^{\infty} v_n$ 发散.

例 9.1.6 判断级数 $\sum\limits_{n=1}^{\infty} \sin \frac{1}{2n+1}$ 的收敛性.

解 因为 $\lim\limits_{n\to\infty} \frac{\sin \frac{1}{2n+1}}{\frac{1}{n}} = \frac{1}{2}$,而级数 $\sum\limits_{n=1}^{\infty} \frac{1}{n}$ 发散,根据定理 9.4 知此级数发散.

将所给正项级数与等比级数比较,就可得到实用上很方便的比值审敛法和根值审敛法.

定理 9.5(达朗贝尔(D'Alembert)比值审敛法) 设正项级数 $\sum\limits_{n=1}^{\infty} u_n$,如果极限 $\lim\limits_{n\to\infty} \frac{u_{n+1}}{u_n} = \rho$ 存在,则(1)当 $\rho < 1$ 时级数收敛;(2)当 $\rho > 1$ 时级数发散;(3)当 $\rho = 1$ 时级数可能收敛也可能发散.

定理 9.6(根值审敛法,柯西审敛法) 设正项级数 $\sum\limits_{n=1}^{\infty} u_n$,如果极限 $\lim\limits_{n\to\infty} \sqrt[n]{u_n} = \rho$ 存在,则 (1)当 $\rho < 1$ 时级数收敛;(2)当 $\rho > 1$ 时级数发散;(3)当 $\rho = 1$ 时级数可能收敛也可能发散.

例 9.1.7 试证明正项级数 $\sum\limits_{n=1}^{\infty} 2^n \tan \frac{\pi}{3^n}$ 收敛.

证明 利用比值审敛法,因为

$$\lim_{n\to\infty} \frac{u_{n+1}}{u_n} = \lim_{n\to\infty} \frac{2^{n+1} \tan \frac{\pi}{3^{n+1}}}{2^n \tan \frac{\pi}{3^n}} = \frac{2}{3} < 1,\text{所以级数收敛}.$$

例 9.1.8 讨论级数 $\sum\limits_{n=1}^{\infty} n! \left(\frac{x}{n}\right)^n \, (x > 0)$ 的收敛性.

解 因为 $\lim\limits_{n\to\infty}\dfrac{u_{n+1}}{u_n} = \lim\limits_{n\to\infty}\dfrac{(n+1)!\left(\dfrac{x}{n+1}\right)^{n+1}}{n!\left(\dfrac{x}{n}\right)^n} = \lim\limits_{n\to\infty}\dfrac{x}{\left(1+\dfrac{1}{n}\right)^n} = \dfrac{x}{e}$,当 $x < e$,即 $\dfrac{x}{e} <$

1 时,级数收敛;当 $x > e$,即 $\dfrac{x}{e} > 1$ 时,级数发散. 当 $x = e$ 时,虽然不能利用比值审敛法直接得出级数收敛或发散的结论,但是,由于数列 $\left\{\left(1+\dfrac{1}{n}\right)^n\right\}$ 是一个单调增而有上界的数列,即 $\left(1+\dfrac{1}{n}\right)^n \leqslant e(n=1,2,3,\cdots)$,因此对于任意有限的 n,总有 $\dfrac{u_{n+1}}{u_n} = \dfrac{x}{\left(1+\dfrac{1}{n}\right)^n} = \dfrac{e}{\left(1+\dfrac{1}{n}\right)^n} > 1$. 于是可知,级数的后项总是大于前项,故 $\lim\limits_{n\to\infty}u_n \neq 0$,所以级数也发散.

例 9.1.8 说明,虽然定理 9.5 对于 $\rho = 1$ 的情形,不能判定级数的收敛性,但若能确定 $\dfrac{u_{n+1}}{u_n}$ 总是从大于 1 的方向趋向 1,则也可判定级数是发散的. 此外,凡是用比值审敛法判定的发散级数,都必有 $\lim\limits_{n\to\infty}u_n \neq 0$.

例 9.1.9 判定级数 $\sum\limits_{n=1}^{\infty}\left(\dfrac{n}{3n-1}\right)^{2n-1}$ 的收敛性.

解 因为 $\lim\limits_{n\to\infty}\sqrt[n]{u_n} = \lim\limits_{n\to\infty}\left(\dfrac{n}{3n-1}\right)^{\frac{2n-1}{n}} = \dfrac{1}{9} < 1$,所以,由根值审敛法可知级数收敛.

9.1.3 任意项级数

这里介绍的任意项级数只是交错级数.

1. 交错级数

所谓交错级数,是指它的各项是正负交错的,可以写成下面的形式:

$$u_1 - u_2 + u_3 - u_4 + \cdots \tag{9.1.2}$$

或

$$-u_1 + u_2 - u_3 + u_4 - \cdots \tag{9.1.3}$$

其中,$u_n > 0(n = 1,2,3,\cdots)$. 对于交错级数,我们有下面的判别收敛性的定理:

定理 9.7(莱布尼茨(Leibniz)审敛法) 设交错级数 $\sum\limits_{n=1}^{\infty}(-1)^{n-1}u_n$ 满足条件:

(1) $u_n \geqslant u_{n+1}(n = 1,2,3,\cdots)$,

(2) $\lim\limits_{n\to\infty}u_n = 0$,

则级数 $\sum\limits_{n=1}^{\infty}(-1)^{n-1}u_n$ 收敛,且其和 $S \leqslant u_1$,其余项 r_n 的绝对值 $|r_n| \leqslant u_{n+1}$.

证明 我们根据项数 n 是奇数或偶数分别考查 S_n. 当 $n = 2m$ 为偶数时,把 S_n 写成两种形式:

和
$$S_n = S_{2m} = (u_1 - u_2) + (u_3 - u_4) + \cdots + (u_{2m-1} - u_{2m})$$

$$S_n = S_{2m} = u_1 - (u_2 - u_3) - (u_4 - u_5) - \cdots - (u_{2m-2} - u_{2m-1}) - u_{2m}$$

由条件(1)可知,每个括号内的值都是非负的,可见数列 $\{S_{2m}\}$ 是单调有界数列,极限存在. 记 $\lim\limits_{m\to\infty} S_{2m} = S$,还有 $S < u_1$. 当 $n = 2m+1$ 为奇数时,把 S_n 写成

$$S_n = S_{2m+1} = S_{2m} + u_{2m+1}$$

再由条件(2)易得

$$\lim_{m\to\infty} S_{2m+1} = \lim_{m\to\infty}(S_{2m} + u_{2m+1}) = S$$

故交错级数 $\sum\limits_{n=1}^{\infty}(-1)^{n-1} u_n$ 收敛,且有 $S < u_1$. 注意 $r_n = \sum\limits_{i=n+1}^{\infty}(-1)^{i-1} u_i$,由前面的证明有

$$-u_{n+1} < \pm(u_{n+1} + u_{n+2} + \cdots) < u_{n+1}$$

即

$$|r_n| < u_{n+1}$$

例 9.1.10 试判断下列交错级数的收敛性.

(1) $\sum\limits_{n=1}^{\infty}(-1)^{n-1}\dfrac{n}{2^n}$; (2) $\sum\limits_{n=3}^{\infty}\dfrac{(-1)^n \ln n}{n}$.

解 (1) 因为 $u_n = \dfrac{n}{2^n}, u_{n+1} = \dfrac{n+1}{2^{n+1}}$,而

$$u_n - u_{n+1} = \frac{n-1}{2^{n+1}} \geq 0 \quad (n = 1, 2, 3, \cdots)$$

所以 $u_n \geq u_{n+1}(n=1,2,3,\cdots)$,又 $\lim\limits_{n\to\infty} u_n = \lim\limits_{n\to\infty}\dfrac{n}{2^n} = 0$,故交错级数 $\sum\limits_{n=1}^{\infty}(-1)^{n-1}\dfrac{n}{2^n}$ 收敛.

(2) $u_n = \dfrac{\ln n}{n}$,为了证明数列 $\{u_n\}$ 单调递减趋于零,我们利用函数的导数工具来判断. 设 $f(x) = \dfrac{\ln x}{x}$,则 $f'(x) = \dfrac{1 - \ln x}{x^2} < 0 (x \geq 3)$,所以当 $n \geq 3$ 时,数列 $\{u_n\}$ 单调递减. 又因为 $\lim\limits_{x\to+\infty}\dfrac{\ln x}{x} = \lim\limits_{x\to+\infty}\dfrac{1}{x} = 0$,所以 $\lim\limits_{n\to\infty} u_n = \lim\limits_{n\to\infty}\dfrac{\ln n}{n} = \lim\limits_{x\to+\infty}\dfrac{\ln x}{x} = 0$. 故交错级数 $\sum\limits_{n=2}^{\infty}\dfrac{(-1)^n \ln n}{n}$ 收敛.

在利用交错级数审敛法时,审敛法中的两个条件往往要借用函数的导数来判断.

例 9.1.11 试利用交错级数 $1 - \dfrac{1}{10} + \dfrac{1}{10^2} - \cdots + (-1)^n \dfrac{1}{10^n} + \cdots$,计算 $\dfrac{10}{11}$ 的近似值,使其误差不超过 0.0001.

解 由级数收敛的定义易得此交错级数的和为 $\dfrac{10}{11}$,即

$$\frac{10}{11} = 1 - \frac{1}{10} + \frac{1}{10^2} - \cdots + (-1)^n \frac{1}{10^n} + \cdots$$

如果利用级数的前 n 项和来作为 $\dfrac{10}{11}$ 的近似值,那么余项的绝对值 $|r_n|$ 就是误差值,且 $|r_n| \leq u_{n+1}$. 因为交错级数的第五项 $u_5 = \dfrac{1}{10^4} = 0.0001$,所以只要取交错级数的前四项和

来计算 $\dfrac{10}{11}$ 的值,即 $\dfrac{10}{11} \approx 1 - \dfrac{1}{10} + \dfrac{1}{10^2} - \dfrac{1}{10^3} = 0.909$,就使其误差不超过 0.0001.

2. 绝对收敛与条件收敛

定义9.3 设级数 $\sum\limits_{n=1}^{\infty} u_n$ 收敛,若级数 $\sum\limits_{n=1}^{\infty} |u_n|$ 也收敛,则称级数 $\sum\limits_{n=1}^{\infty} u_n$ 绝对收敛;若级数 $\sum\limits_{n=1}^{\infty} |u_n|$ 发散,我们就称级数 $\sum\limits_{n=1}^{\infty} u_n$ 条件收敛.

例如,级数 $\sum\limits_{n=1}^{\infty} (-1)^{n-1} \dfrac{1}{n}$ 及 $\sum\limits_{n=1}^{\infty} (-1)^{n-1} \dfrac{1}{n^2}$ 均为收敛级数,而 $\sum\limits_{n=1}^{\infty} \dfrac{1}{n}$ 发散,$\sum\limits_{n=1}^{\infty} \dfrac{1}{n^2}$ 收敛,故级数 $\sum\limits_{n=1}^{\infty} (-1)^{n-1} \dfrac{1}{n}$ 条件收敛,$\sum\limits_{n=1}^{\infty} (-1)^{n-1} \dfrac{1}{n^2}$ 绝对收敛.

定理9.8 若级数 $\sum\limits_{n=1}^{\infty} |u_n|$ 收敛,则级数 $\sum\limits_{n=1}^{\infty} u_n$ 必收敛.

证明 级数 $\sum\limits_{n=1}^{\infty} |u_n|$ 收敛,由 $0 \leq u_n + |u_n| \leq 2|u_n|$,而 $\sum\limits_{n=1}^{\infty} 2|u_n|$ 收敛,所以根据正项级数的比较审敛法可知级数 $\sum\limits_{n=1}^{\infty} (u_n + |u_n|)$ 收敛. 又因为级数 $\sum\limits_{n=1}^{\infty} u_n = \sum\limits_{n=1}^{\infty} [(u_n + |u_n|) - |u_n|]$,由收敛级数的性质知级数 $\sum\limits_{n=1}^{\infty} u_n$ 收敛.

定理9.8给出了一个用正项级数审敛法判定任意项级数收敛性的方法.

例9.1.12 讨论级数 $\sum\limits_{n=1}^{\infty} (-1)^{\frac{n(n-1)}{2}} \dfrac{n^2}{2^n}$ 的收敛性.

解 考查级数 $\sum\limits_{n=1}^{\infty} \left| (-1)^{\frac{n(n-1)}{2}} \dfrac{n^2}{2^n} \right| = \sum\limits_{n=1}^{\infty} \dfrac{n^2}{2^n}$. 利用正项级数比值审敛法易判断级数 $\sum\limits_{n=1}^{\infty} \dfrac{n^2}{2^n}$ 是收敛的,即任意项级数 $\sum\limits_{n=1}^{\infty} (-1)^{\frac{n(n-1)}{2}} \dfrac{n^2}{2^n}$ 绝对收敛,因此该级数收敛.

例9.1.13 判定级数 $\sum\limits_{n=1}^{\infty} \dfrac{\sin n}{n^3}$ 的收敛性.

解 因为 $\left| \dfrac{\sin n}{n^3} \right| \leq \dfrac{1}{n^3}$,而级数 $\sum\limits_{n=1}^{\infty} \dfrac{1}{n^3}$ 收敛,所以级数 $\sum\limits_{n=1}^{\infty} \left| \dfrac{\sin n}{n^3} \right|$ 收敛. 从而,由定理9.8知所给级数收敛.

习题9.1

1. 写出下列各级数的一般项:

(1) $-1 + \dfrac{1}{2} - \dfrac{1}{4} + \dfrac{1}{8} - \cdots$;

(2) $\dfrac{\sqrt{x}}{2} + \dfrac{x}{2 \cdot 4} + \dfrac{x\sqrt{x}}{2 \cdot 4 \cdot 6} + \dfrac{x^2}{2 \cdot 4 \cdot 6 \cdot 8} + \cdots$;

(3) $-\dfrac{1}{2} + 0 + \dfrac{1}{4} + \dfrac{2}{5} + \dfrac{3}{6} + \cdots$;

(4) $1 - \dfrac{8}{2} + \dfrac{27}{6} - \dfrac{64}{24} + \cdots$.

2. 判断下列级数的收敛性：

(1) $\sum\limits_{n=1}^{\infty} \dfrac{1}{a^n}(a>0)$；

(2) $\sum\limits_{n=1}^{\infty} (\sqrt{n+1} - \sqrt{n})$；

(3) $\sum\limits_{n=1}^{\infty} \dfrac{2+(-1)^n}{2^n}$；

(4) $\sum\limits_{n=0}^{\infty} \dfrac{1}{(n+1)(n+2)}$；

(5) $\sum\limits_{n=1}^{\infty} \dfrac{1}{\sqrt[n]{2}}$.

3. 判断下列正项级数收敛性：

(1) $\sum\limits_{n=1}^{\infty} \dfrac{1}{\sqrt{n(n^2+1)}}$；

(2) $\sum\limits_{n=1}^{\infty} \ln\left(1+\dfrac{1}{n}\right)$；

(3) $\sum\limits_{n=1}^{\infty} n\tan\dfrac{\pi}{3^n}$；

(4) $\sum\limits_{n=1}^{\infty} \dfrac{n\cos^2\dfrac{n\pi}{3}}{2^n}$；

(5) $\sum\limits_{n=1}^{\infty} \dfrac{2^n \cdot n!}{n^n}$；

(6) $\sum\limits_{n=1}^{\infty} \dfrac{3 \cdot 5 \cdot 7 \cdot \cdots \cdot (2n+1)}{4 \cdot 7 \cdot 10 \cdot \cdots \cdot (3n+1)}$；

(7) $\sum\limits_{n=1}^{\infty} \dfrac{n^3}{3^n}$；

(8) $\sum\limits_{n=1}^{\infty} \left(\dfrac{4n}{3n+1}\right)^n$.

4. 判断下列级数是否收敛，若收敛，指出其是绝对收敛还是条件收敛：

(1) $\sum\limits_{n=1}^{\infty} (-1)^{n-1} \dfrac{1}{\sqrt{n}}$；

(2) $\sum\limits_{n=1}^{\infty} \dfrac{\sin\dfrac{n\pi}{2}}{\sqrt{n^3}}$；

(3) $\sum\limits_{n=1}^{\infty} (-1)^{n-1} \dfrac{n}{2n+1}$；

(4) $\sum\limits_{n=1}^{\infty} (-1)^{\frac{n(n-1)}{2}} \dfrac{1}{3^n}$；

(5) $\sum\limits_{n=2}^{\infty} \dfrac{(-1)^n}{\ln n}$；

(6) $\sum\limits_{n=1}^{\infty} (-1)^{n-1} \dfrac{1}{n^p}(p>0)$.

5. 设 $u_n > 0$，如果级数 $\sum\limits_{n=1}^{\infty} u_n$ 收敛，证明级数 $\sum\limits_{n=1}^{\infty} u_n^2$ 收敛.

6. 已知级数 $\sum\limits_{n=1}^{\infty} a_n$ 和 $\sum\limits_{n=1}^{\infty} b_n$ 都收敛，且对任意的 n 都有 $a_n \leqslant c_n \leqslant b_n$，证明级数 $\sum\limits_{n=1}^{\infty} c_n$ 收敛.

9.2 幂 级 数

9.2.1 函数项级数的一般概念

由定义在同一区间 I 内的函数序列 $\{u_n(x)\}$ 构成的无穷级数

$$u_1(x) + u_2(x) + \cdots + u_n(x) + \cdots \tag{9.2.1}$$

称为函数项级数. 简记为 $\sum_{n=1}^{\infty} u_n(x)$.

在函数项级数(9.2.1)中,当取定 $x = x_0 \in I$ 时,则得到一个数项级数
$$u_1(x_0) + u_2(x_0) + \cdots + u_n(x_0) + \cdots \quad (9.2.2)$$

如果级数(9.2.2)收敛,就称 x_0 是函数项级数(9.2.1)的收敛点;否则,就称 x_0 是函数项级数(9.2.1)的发散点. 函数项级数的所有收敛点的全体称为它的收敛域.

用 $S_n(x)$ 表示一个函数项级数的前 n 项和. 设在收敛域中的每一点 x, $\lim_{n \to \infty} S_n(x) = S(x)$,则称 $S(x)$ 为这个函数项级数的和函数. 我们把 $r_n(x) = S(x) - S_n(x)$ 叫做函数项级数的余项. 显然有 $\lim_{n \to \infty} r_n(x) = 0$ (x 为收敛域内的点).

9.2.2 幂级数的收敛性及其运算

形如
$$a_0 + a_1 x + a_2 x^2 + \cdots + a_n x^n + \cdots \quad (9.2.3)$$
或
$$a_0 + a_1(x - x_0) + a_2(x - x_0)^2 + \cdots + a_n(x - x_0)^n + \cdots \quad (9.2.4)$$
的级数称为幂级数. 其中 $a_0, a_1, a_2, \cdots, a_n, \cdots$ 为常数,称为幂级数的系数.

对于幂级数(9.2.4),只要令 $y = x - x_0$,就可以将(9.2.4)转换成(9.2.3)的形式. 所以,我们主要讨论形如(9.2.3)的幂级数.

例 9.2.1 讨论函数项级数 $1 + x + x^2 + \cdots + x^n + \cdots$ 的收敛域.

解 级数的前 n 项和 $S_n(x) = 1 + x + x^2 + \cdots + x^{n-1}$,因为当 $x \neq 1$ 时,$S_n(x) = \dfrac{1 - x^n}{1 - x}$;所以有当 $|x| < 1$ 时,$\lim_{n \to \infty} S_n(x) = \dfrac{1}{1 - x}$;当 $|x| > 1$ 时,$\lim_{n \to \infty} S_n(x)$ 不存在. 当 $x = 1$ 时,级数为 $1 + 1 + 1 + \cdots$ 发散,当 $x = -1$ 时,级数为 $1 - 1 + 1 - 1 + \cdots$ 发散. 故级数的收敛域为 $(-1, 1)$,且和函数 $S(x) = \dfrac{1}{1 - x}$.

对于幂级数(9.2.3),显然 $x = 0$ 是它的收敛点.

1. 幂级数的收敛性

定理 9.9(阿贝尔(Abel)定理) 对于幂级数 $\sum_{n=0}^{\infty} a_n x^n$,(1) 若 $x = x_0 (x_0 \neq 0)$ 时收敛,则适合不等式 $|x| < |x_0|$ 的一切 x 使该级数绝对收敛;(2) 若 $x = x_0$ 时发散,则适合不等式 $|x| > |x_0|$ 的一切 x 使该级数发散.

证明 (1) 因 $\sum_{n=0}^{\infty} a_n x_0^n$ 收敛,故 $\lim_{n \to \infty} a_n x_0^n = 0$. 于是存在一个常数 $M > 0$,使得
$$|a_n x_0^n| \leq M \quad (n = 0, 1, 2, \cdots)$$

从而 $|a_n x^n| = \left| a_n x_0^n \cdot \dfrac{x^n}{x_0^n} \right| = |a_n x_0^n| \cdot \left| \dfrac{x^n}{x_0^n} \right| \leq M \left| \dfrac{x}{x_0} \right|^n$. 因为当 $|x| < |x_0|$ 时,等比级数 $\sum_{n=0}^{\infty} M \left| \dfrac{x}{x_0} \right|^n$ 收敛,所以级数 $\sum_{n=0}^{\infty} |a_n x^n|$ 收敛,故当 $|x| < |x_0|$ 时,幂级数 $\sum_{n=0}^{\infty} a_n x^n$ 绝对收敛.

(2) 用反证法. 假设当 $x = x_0$ 时幂级数发散, 而有一点 x', 适合 $|x'| > |x_0|$ 使级数收敛, 则由(1)知级数当 $x = x_0$ 时收敛, 这与所设矛盾. 定理证毕.

定义 9.4 如果存在 $R > 0$, 当 $|x| < R$ 时, 幂级数 $\sum_{n=0}^{\infty} a_n x^n$ 绝对收敛, 当 $|x| > R$ 时, 幂级数 $\sum_{n=0}^{\infty} a_n x^n$ 发散, 则称 R 为幂级数的收敛半径. 对于只在 $x = 0$ 点收敛而其他点都发散的幂级数, 定义其收敛半径为零; 对于在任意一点都收敛的幂级数, 定义其收敛半径为 $+\infty$.

设 $R > 0$ 为幂级数(9.2.3)的收敛半径, 则称开区间 $(-R, R)$ 为幂级数的收敛区间. 幂级数的收敛域为 $(-R, R), [-R, R), (-R, R]$ 或 $[-R, R]$, 这四个区间之一.

应该指出的是, 形如 $\sum_{n=0}^{\infty} a_n (x - x_0)^n$ 的幂级数的收敛区间是以 x_0 为中心的区间 $(x_0 - R, x_0 + R)$.

2. 收敛半径的求法

关于幂级数的收敛半径的求法, 我们有下面的定理.

定理 9.10 设幂级数 $\sum_{n=0}^{\infty} a_n x^n$. 如果 $\lim_{n \to \infty} \left| \frac{a_{n+1}}{a_n} \right| = \rho$, 则幂级数的收敛半径

$$R = \begin{cases} \frac{1}{\rho}, & 0 < \rho < +\infty \\ +\infty, & \rho = 0 \\ 0, & \rho = +\infty \end{cases}$$

证明 记 $u_n = |a_n x^n|$, 则 $\frac{u_{n+1}}{u_n} = \left| \frac{a_{n+1} x^{n+1}}{a_n x^n} \right| = \left| \frac{a_{n+1}}{a_n} \right| \cdot |x|, \lim_{n \to \infty} \frac{u_{n+1}}{u_n} = \rho |x|$

(1) 若 $0 < \rho < +\infty$, 由比值审敛法, 当 $\rho |x| < 1$, 即 $|x| < \frac{1}{\rho}$ 时, 级数 $\sum_{n=0}^{\infty} u_n = \sum_{n=0}^{\infty} |a_n x^n|$ 收敛, 因而 $\sum_{n=0}^{\infty} a_n x^n$ 绝对收敛. 当 $\rho |x| > 1$, 即 $|x| > \frac{1}{\rho}$ 时, 级数 $\sum_{n=0}^{\infty} u_n = \sum_{n=0}^{\infty} |a_n x^n|$ 发散, 此时, $|a_n x^n| < |a_{n+1} x^{n+1}|, \lim_{n \to \infty} a_n x^n \neq 0$, 因而级数 $\sum_{n=0}^{\infty} a_n x^n$ 发散. 故级数的收敛半径 $R = \frac{1}{\rho}$.

(2) 若 $\rho = 0$, 则对任何 x 有 $\rho |x| = 0$. 所以级数 $\sum_{n=0}^{\infty} u_n = \sum_{n=0}^{\infty} |a_n x^n|$ 收敛, 因而 $\sum_{n=0}^{\infty} a_n x^n$ 绝对收敛. 故 $R = +\infty$.

(3) 若 $\rho = +\infty$, 则对一切 $x \neq 0$ 都有 $\lim_{n \to \infty} \frac{u_{n+1}}{u_n} = +\infty$, 所以 $\lim_{n \to \infty} a_n x^n \neq 0$, 因而级数 $\sum_{n=0}^{\infty} a_n x^n$ 发散. 故 $R = 0$. 证毕.

例 9.2.2 求幂级数 $\sum_{n=1}^{\infty} \frac{x^n}{n}$ 的收敛域.

解 因 $a_n = \dfrac{1}{n}$，$a_{n+1} = \dfrac{1}{n+1}$，故 $\lim\limits_{n\to\infty}\left|\dfrac{a_{n+1}}{a_n}\right| = 1$，所以幂级数的收敛半径 $R = 1$. 当 $x = 1$ 时，级数为 $\sum\limits_{n=1}^{\infty} \dfrac{1}{n}$ 发散；当 $x = -1$ 时，级数为 $\sum\limits_{n=1}^{\infty}\dfrac{(-1)^n}{n}$ 收敛. 所以幂级数的收敛域为 $[-1,1)$.

例 9.2.3 求幂级数 $\sum\limits_{n=1}^{\infty} \dfrac{2n-1}{2^n} x^{2n-2}$ 的收敛半径及收敛域.

解 该级数只出现 x 的偶次幂，x 的奇次幂的系数都为零，不满足定理 9.10 的条件，因此，不能直接利用求收敛半径的公式. 我们考虑级数 $\sum\limits_{n=1}^{\infty}\left|\dfrac{2n-1}{2^n} x^{2n-2}\right|$，利用比值审敛法，$\lim\limits_{n\to\infty}\left|\dfrac{\dfrac{2n+1}{2^{n+1}}x^{2n}}{\dfrac{2n-1}{2^n}x^{2n-2}}\right| = \dfrac{1}{2}|x|^2$，可知，当 $\dfrac{1}{2}|x^2| < 1$，即 $|x| < \sqrt{2}$ 时，幂级数绝对收敛，当 $\dfrac{1}{2}|x^2| > 1$，即 $|x| > \sqrt{2}$ 时，幂级数发散，故幂级数的收敛半径 $R = \sqrt{2}$. 当 $x = \pm\sqrt{2}$ 时，级数为 $\sum\limits_{n=1}^{\infty}\dfrac{2n-1}{2}$ 是发散的. 从而幂级数的收敛域为 $(-\sqrt{2}, \sqrt{2})$.

例 9.2.4 求幂级数 $\sum\limits_{n=1}^{\infty}\dfrac{n}{2^n}(x-2)^n$ 的收敛域.

解 设 $y = x - 2$，原级数转换为 $\sum\limits_{n=1}^{\infty}\dfrac{n}{2^n}y^n$. 因为 $\lim\limits_{n\to\infty}\left|\dfrac{a_{n+1}}{a_n}\right| = \lim\limits_{n\to\infty}\dfrac{(n+1)2^n}{2^{n+1}n} = \dfrac{1}{2}$，所以收敛半径 $R = 2$. 当 $y = 2$ 即 $x = 4$ 时，级数为 $\sum\limits_{n=1}^{\infty} n$ 发散，当 $y = -2$ 即 $x = 0$ 时，级数为 $\sum\limits_{n=1}^{\infty}(-1)^n n$ 发散. 所以原级数的收敛域为 $(0,4)$.

3. 幂级数的运算

设幂级数 $\sum\limits_{n=0}^{\infty} a_n x^n$ 和 $\sum\limits_{n=0}^{\infty} b_n x^n$ 的收敛半径分别为 R_1 和 R_2（R_1，R_2 均不为零），它们的和函数分别为 $S_1(x)$ 和 $S_2(x)$，那么对于收敛的幂级数可以进行如下的运算.

(1) 加法和减法

$$\sum_{n=0}^{\infty} a_n x^n \pm \sum_{n=0}^{\infty} b_n x^n = \sum_{n=0}^{\infty}(a_n \pm b_n)x^n = S_1(x) \pm S_2(x)$$

此时所得幂级数 $\sum\limits_{n=0}^{\infty}(a_n \pm b_n)x^n$ 的收敛半径是 R_1 和 R_2 中较小的一个或为 ∞.

(2) 乘法

$$\sum_{n=0}^{\infty} a_n x^n \cdot \sum_{n=0}^{\infty} b_n x^n =$$
$$a_0 \cdot b_0 + (a_0 \cdot b_1 + a_1 \cdot b_0)x + (a_0 \cdot b_2 + a_1 \cdot b_1 + a_2 \cdot b_0)x^2 + \cdots +$$
$$(a_0 \cdot b_n + a_1 \cdot b_{n-1} + \cdots + a_n \cdot b_0) + \cdots =$$

$$S_1(x) \cdot S_2(x)$$

此时所得幂级数的收敛半径是 R_1 和 R_2 中较小的一个.

(3) 逐项求导数

若幂级数 $\sum\limits_{n=0}^{\infty} a_n x^n$ 的收敛半径是 R,则在 $(-R,R)$ 内的和函数 $S(x)$ 可导,且有

$$S'(x) = \sum_{n=0}^{\infty} (a_n x^n)' = \sum_{n=1}^{\infty} n a_n x^{n-1} \quad (|x| < R)$$

逐项求导后的幂级数与原幂级数有相同的收敛半径.

(4) 逐项积分

若幂级数 $\sum\limits_{n=0}^{\infty} a_n x^n$ 的收敛半径是 R,则在 $(-R,R)$ 内的和函数 $S(x)$ 可积,且有

$$\int_0^x S(x) dx = \sum_{n=0}^{\infty} \int_0^x a_n x^n dx = \sum_{n=0}^{\infty} \frac{a_n}{n+1} x^{n+1}$$

逐项积分后的幂级数与原幂级数有相同的收敛半径.

例 9.2.5 已知 $\sum\limits_{n=0}^{\infty} (-1)^n x^{2n}$ 的和函数为 $\dfrac{1}{1+x^2}(-1 < x < 1)$,求幂级数 $\sum\limits_{n=0}^{\infty} \dfrac{(-1)^n}{2n+1} x^{2n+1}$ 的和函数.

解 易得幂级数 $\sum\limits_{n=0}^{\infty} \dfrac{(-1)^n}{2n+1} x^{2n+1}$ 的收敛域为 $-1 \leq x \leq 1$.设其和函数为 $S(x)$,即

$$S(x) = \sum_{n=0}^{\infty} \frac{(-1)^n}{2n+1} x^{2n+1}$$

逐项求导得

$$S'(x) = \sum_{n=0}^{\infty} (-1)^n x^{2n} = \frac{1}{1+x^2}$$

因为 $S(0) = 0$,所以

$$S(x) = S(x) - S(0) = \int_0^x S'(x) dx = \int_0^x \frac{1}{1+x^2} dx = \arctan x$$

$$(-1 \leq x \leq 1)$$

例 9.2.6 求幂级数 $\sum\limits_{n=0}^{\infty} (n+1) x^n$ 的和函数.

解 显然幂级数的收敛域为 $-1 < x < 1$.设其和函数为 $S(x)$,即

$$S(x) = \sum_{n=0}^{\infty} (n+1) x^n$$

逐项积分得

$$\int_0^x S(x) dx = \sum_{n=0}^{\infty} \int_0^x (n+1) x^n dx = \sum_{n=0}^{\infty} x^{n+1} = \frac{x}{1-x}$$

求导得

$$S(x) = \left(\frac{x}{1-x}\right)' = \frac{1}{(1-x)^2} \quad (-1 < x < 1)$$

9.2.3 函数的幂级数展开

1. 麦克劳林(Maclaurin)公式

幂级数实际上可以视为多项式的延伸,因此在考虑函数 $f(x)$ 能否展开成一个幂级数时,可以从函数 $f(x)$ 与多项式的关系入手来解决这个问题.

泰勒(Taylor)公式 如果函数 $f(x)$ 在 $x = x_0$ 的某一邻域内,有直到 $(n+1)$ 阶的导数,则在这个邻域内有如下公式:

$$f(x) = f(x_0) + f'(x_0)(x - x_0) + \frac{f''(x_0)}{2!}(x - x_0)^2 + \cdots + \frac{f^{(n)}(x_0)}{n!}(x - x_0)^n + R_n(x) \tag{9.2.5}$$

其中 $R_n(x) = \frac{f^{(n+1)}(\xi)}{(n+1)!}(x - x_0)^{n+1}$ (ξ 介于 x 与 x_0 之间),称为拉格朗日型余项. 式(9.2.5)称为泰勒公式. 如果令 $x_0 = 0$,就得到

$$f(x) = f(0) + f'(0)x + \frac{f''(0)}{2!}x^2 + \cdots + \frac{f^{(n)}(0)}{n!}x^n + R_n(x) \tag{9.2.6}$$

这里余项又写为 $R_n(x) = \frac{f^{(n+1)}(\theta x)}{(n+1)!}x^{n+1}$ ($0 < \theta < 1$). 式(9.2.6)称为麦克劳林公式.

公式说明,任一函数只要有直到 $(n+1)$ 阶的导数,就可以表示为某个 n 次多项式与一个余项的和. 当 $f(x)$ 具有各阶导数时,下列幂级数

$$f(0) + f'(0)x + \frac{f''(0)}{2!}x^2 + \cdots + \frac{f^{(n)}(0)}{n!}x^n + \cdots \tag{9.2.7}$$

称为 $f(x)$ 的麦克劳林级数. 那么,级数(9.2.6)是否以 $f(x)$ 为其和函数?

令麦克劳林级数(9.2.7)的前 $(n+1)$ 项和为 $S_{n+1}(x)$,即

$$S_{n+1}(x) = f(0) + f'(0)x + \frac{f''(0)}{2!}x^2 + \cdots + \frac{f^{(n)}(0)}{n!}x^n$$

那么,级数(9.2.7)收敛于 $f(x)$ 的充要条件是 $\lim\limits_{n \to \infty} S_{n+1}(x) = f(x)$. 注意到式(9.2.6)与式(9.2.7)的关系,可知

$$f(x) = S_{n+1}(x) + R_n(x)$$

于是,当 $\lim\limits_{n \to \infty} R_n(x) = 0$ 时,有 $\lim\limits_{n \to \infty} S_{n+1}(x) = f(x)$. 反之,若 $\lim\limits_{n \to \infty} S_{n+1}(x) = f(x)$,必有 $\lim\limits_{n \to \infty} R_n(x) = 0$. 这表明麦克劳林级数(9.2.7)以 $f(x)$ 为和函数的充分必要条件是麦克劳林公式(9.2.6)中的余项 $R_n(x) \to 0$ (当 $n \to \infty$).

当麦克劳林级数(9.2.7)以 $f(x)$ 为和函数时,我们就称 $f(x)$ 可以展开成幂级数(9.2.7),即

$$f(x) = f(0) + f'(0)x + \frac{f''(0)}{2!}x^2 + \cdots + \frac{f^{(n)}(0)}{n!}x^n + \cdots \tag{9.2.8}$$

函数的幂级数展开式是唯一的. 事实上,假设 $f(x)$ 可以表示成幂级数

$$f(x) = a_0 + a_1 x + a_2 x^2 + \cdots + a_n x^n + \cdots \tag{9.2.9}$$

那么,根据幂级数在收敛域内可逐项求导的性质,再令 $x = 0$,就得到

$$a_n = \frac{f^{(n)}(0)}{n!} \quad (n = 0, 1, 2, \cdots)$$

将它们代入式(9.2.9),所得与 $f(x)$ 的麦克劳林展开式(9.2.8)完全相同.

综上所述,如果函数 $f(x)$ 在 $x = 0$ 的某一邻域内具有各阶导数,且在此邻域内麦克劳林公式(9.2.6)中的余项 $R_n(x) \to 0$(当 $n \to \infty$),那么,函数 $f(x)$ 就可以展开成形如式(9.2.8)的幂级数.

幂级数

$$f(x_0) + f'(x_0)(x - x_0) + \frac{f''(x_0)}{2!}(x - x_0)^2 + \cdots + \frac{f^{(n)}(x_0)}{n!}(x - x_0)^n + \cdots \tag{9.2.10}$$

称为 $f(x)$ 的泰勒级数. 如果函数 $f(x)$ 在 $x = x_0$ 的某一邻域内具有各阶导数,且在此邻域内泰勒公式(9.2.5)中的余项 $R_n(x) \to 0$(当 $n \to \infty$),那么,函数 $f(x)$ 就可以展开成形如式(9.2.10)的幂级数.

2. 直接展开法

利用麦克劳林公式或泰勒公式将函数展开成幂级数的方法称为直接展开法.

例 9.2.7 将函数 $f(x) = e^x$ 展开成 x 的幂级数.

解 因为 $f^{(n)}(x) = e^x (n = 1, 2, 3, \cdots)$,所以
$$f(0) = f'(0) = f''(0) = \cdots = f^{(n)}(0) = 1$$
于是,我们可得幂级数

$$1 + x + \frac{1}{2!}x^2 + \cdots + \frac{1}{n!}x^n + \cdots \tag{9.2.11}$$

它的收敛半径 $R \to +\infty$. 考查麦克劳林公式中的余项 $R_n(x)$,因为 $R_n(x) = \frac{e^{\theta x}}{(n+1)!} x^{n+1}$ $(0 < \theta < 1)$,且 $\theta x \leqslant |\theta x| < |x|$,所以 $|R_n(x)| = \frac{e^{\theta x}}{(n+1)!}|x|^{n+1} < \frac{e^{|x|}}{(n+1)!}|x|^{n+1}$.

注意到,对任一确定的 x 值,$e^{|x|}$ 是一个确定的常数,而级数(9.2.11)是绝对收敛的,因此 $\lim\limits_{n \to \infty} \frac{|x|^{n+1}}{(n+1)!} = 0$,所以当 $n \to \infty$ 时,$e^{|x|} \cdot \frac{|x|^{n+1}}{(n+1)!} \to 0$,由此可知 $\lim\limits_{n \to \infty} R_n(x) = 0$. 于是得展开式

$$e^x = 1 + x + \frac{1}{2!}x^2 + \cdots + \frac{1}{n!}x^n + \cdots \quad (-\infty < x < +\infty)$$

例 9.2.8 将函数 $f(x) = \sin x$ 展开成 x 的幂级数.

解 因为 $f^{(n)}(x) = \sin\left(x + \frac{n\pi}{2}\right) (n = 1, 2, 3, \cdots)$,所以 $f^{(n)}(0)$ 顺序循环地取 $0, 1, 0, -1, \cdots (n = 0, 1, 2, \cdots)$,于是,我们可得幂级数

$$x - \frac{1}{3!}x^3 + \frac{1}{5!}x^5 - \cdots + (-1)^{n-1}\frac{1}{(2n-1)!}x^{2n-1} + \cdots$$

它的收敛半径 $R \to +\infty$. 因为函数麦克劳林公式中的余项 $R_n(x) = \frac{\sin\left[\theta x + \frac{n+1}{2}\pi\right]}{(n+1)!} x^{n+1}$,

所以可以推得 $|R_n(x)| = \dfrac{\left|\sin\left[\theta x + \dfrac{n+1}{2}\pi\right]\right|}{(n+1)!}|x|^{n+1} \leqslant \dfrac{1}{(n+1)!}|x|^{n+1} \to 0$（当 $n \to \infty$ 时）. 于是得展开式

$$\sin x = x - \frac{1}{3!}x^3 + \frac{1}{5!}x^5 - \cdots + (-1)^{n-1}\frac{1}{(2n-1)!}x^{2n-1} + \cdots$$

$$(-\infty < x < +\infty)$$

这种运用麦克劳林公式将函数展开成幂级数的方法，虽然过程明确，但是运算常常过于烦琐. 因此人们普遍采用下面的比较简便的间接展开法.

3. 间接展开法

在此之前我们已经得到了函数 $\dfrac{1}{1-x}$，e^x 及 $\sin x$ 的幂级数展开式，运用这几个已知的展开式，通过幂级数的运算（如四则运算，逐项求导，逐项积分）以及变量代换等，可以求得许多函数的幂级数展开式. 这样做不但计算简单，而且可以避免研究余项. 我们把这种求函数的幂级数展开式的方法称为间接展开法.

例 9.2.9 求函数 $f(x) = \cos x$ 的幂级数展开式.

解 因为 $(\sin x)' = \cos x$，而

$$\sin x = x - \frac{1}{3!}x^3 + \frac{1}{5!}x^5 - \cdots + (-1)^{n-1}\frac{1}{(2n-1)!}x^{2n-1} + \cdots$$

$$(-\infty < x < +\infty)$$

所以逐项求导就得

$$\cos x = 1 - \frac{1}{2!}x^2 + \frac{1}{4!}x^4 - \cdots + (-1)^n\frac{1}{(2n)!}x^{2n} + \cdots$$

$$(-\infty < x < +\infty)$$

例 9.2.10 将函数 $f(x) = \ln(1+x)$ 展开成 x 的幂级数.

解 因为 $f'(x) = \dfrac{1}{1+x}$，而函数 $\dfrac{1}{1+x}$ 的展开式可以通过 $\dfrac{1}{1-x}$ 的幂级数展开式中的 x 改写为 $-x$ 得到，即

$$\frac{1}{1+x} = 1 - x + x^2 - \cdots + (-1)^n x^n + \cdots \quad (-1 < x < 1)$$

将上式两端逐项积分

$$\int_0^x \frac{1}{1+x}dx = x - \frac{1}{2}x^2 + \frac{1}{3}x^3 - \cdots + (-1)^n\frac{1}{n+1}x^{n+1} + \cdots$$

$$(-1 < x \leqslant 1)$$

注意到 $\ln(1+x) = \displaystyle\int_0^x \frac{1}{1+x}dx$，所以有

$$\ln(1+x) = x - \frac{1}{2}x^2 + \frac{1}{3}x^3 - \cdots + (-1)^n\frac{1}{n+1}x^{n+1} + \cdots \quad (-1 < x \leqslant 1)$$

例 9.2.11 将函数 $f(x) = \dfrac{1}{x^2 - 3x + 2}$ 展开成 x 的幂级数.

解 因为 $f(x) = \dfrac{1}{x^2 - 3x + 2} = \dfrac{1}{1-x} - \dfrac{1}{2-x}$,而

$$\dfrac{1}{1-x} = 1 + x + x^2 + \cdots + x^n + \cdots \quad (-1 < x < 1)$$

$$\dfrac{1}{2-x} = \dfrac{1}{2} \cdot \dfrac{1}{1 - \dfrac{x}{2}} = \dfrac{1}{2}\left[1 + \dfrac{x}{2} + \left(\dfrac{x}{2}\right)^2 + \cdots + \left(\dfrac{x}{2}\right)^n + \cdots\right] \quad (-2 < x < 2)$$

所以

$$f(x) = \dfrac{1}{x^2 - 3x + 2} = \dfrac{1}{1-x} - \dfrac{1}{2-x} =$$

$$(1 + x + x^2 + \cdots + x^n + \cdots) - \dfrac{1}{2}\left[1 + \dfrac{x}{2} + \left(\dfrac{x}{2}\right)^2 + \cdots + \left(\dfrac{x}{2}\right)^n + \cdots\right] =$$

$$\dfrac{1}{2} + \left(1 - \dfrac{1}{2^2}\right)x + \left(1 - \dfrac{1}{2^3}\right)x^2 + \cdots + \left(1 - \dfrac{1}{2^{n+1}}\right)x^n + \cdots \quad (-1 < x < 1)$$

此题也可以用幂级数相乘来解决,做法如下:

$$f(x) = \dfrac{1}{x^2 - 3x + 2} = \dfrac{1}{1-x} \cdot \dfrac{1}{2-x} =$$

$$(1 + x + x^2 + \cdots + x^n + \cdots) \cdot \dfrac{1}{2}\left[1 + \dfrac{x}{2} + \left(\dfrac{x}{2}\right)^2 + \cdots + \left(\dfrac{x}{2}\right)^n + \cdots\right] =$$

$$\dfrac{1}{2} + \left(1 - \dfrac{1}{2^2}\right)x + \left(1 - \dfrac{1}{2^3}\right)x^2 + \cdots + \left(1 - \dfrac{1}{2^{n+1}}\right)x^n + \cdots \quad (-1 < x < 1)$$

例 9.2.12 将函数 $f(x) = \sin x$ 展开成 $\left(x - \dfrac{\pi}{4}\right)$ 的幂级数.

解 $f(x) = \sin x = \sin\left[\left(x - \dfrac{\pi}{4}\right) + \dfrac{\pi}{4}\right] = \dfrac{\sqrt{2}}{2}\sin\left(x - \dfrac{\pi}{4}\right) + \dfrac{\sqrt{2}}{2}\cos\left(x - \dfrac{\pi}{4}\right)$

把前面 $\sin x, \cos x$ 的幂级数展开式中的 x 换成 $\left(x - \dfrac{\pi}{4}\right)$ 就得到

$$f(x) = \sin x = \dfrac{\sqrt{2}}{2}\left[1 + \left(x - \dfrac{\pi}{4}\right) - \dfrac{1}{2!}\left(x - \dfrac{\pi}{4}\right)^2 - \dfrac{1}{3!}\left(x - \dfrac{\pi}{4}\right)^3 + \cdots\right]$$

$$(-\infty < x < +\infty)$$

最后,我们将几个常见的函数的幂级数展开式列在下面,以便读者查用.

$$e^x = 1 + x + \dfrac{1}{2!}x^2 + \cdots + \dfrac{1}{n!}x^n + \cdots \quad (-\infty < x < +\infty)$$

$$\sin x = x - \dfrac{1}{3!}x^3 + \dfrac{1}{5!}x^5 - \cdots + (-1)^{n-1}\dfrac{1}{(2n-1)!}x^{2n-1} + \cdots$$

$$(-\infty < x < +\infty)$$

$$\cos x = 1 - \dfrac{1}{2!}x^2 + \dfrac{1}{4!}x^4 - \cdots + (-1)^n\dfrac{1}{(2n)!}x^{2n} + \cdots$$

$$(-\infty < x < +\infty)$$

$$\ln(1+x) = x - \dfrac{1}{2}x^2 + \dfrac{1}{3}x^3 - \cdots + (-1)^n\dfrac{1}{n+1}x^{n+1} + \cdots$$

$$(1+x)^m = 1 + mx + \frac{m(m-1)}{2!}x^2 + \cdots + \frac{m(m-1)\cdots(m-n+1)}{n!}x^n + \cdots$$
$$(-1 < x \leq 1)$$
$$(-1 < x < 1)$$

最后一个式子称为二项展开式,其端点的收敛性与 m 有关. 例如当 $m > 0$ 时,收敛域为 $[-1,1]$,当 $-1 < m < 0$ 时,收敛域为 $(-1,1]$.

习题 9.2

1. 求下列幂级数的收敛域:

(1) $\sum_{n=0}^{\infty} nx^n$;

(2) $\sum_{n=0}^{\infty} (-1)^n \frac{x^{2n}}{3^n}$;

(3) $\sum_{n=0}^{\infty} \frac{1}{n!}(x-1)^n$;

(4) $\sum_{n=1}^{\infty} \frac{(x-2)^{n-1}}{\sqrt{n}}$.

2. 求下列幂级数的和函数:

(1) $\sum_{n=1}^{\infty} (-1)^n \frac{x^n}{n}, |x| < 1$;

(2) $\sum_{n=1}^{\infty} 2nx^{2n-1}, |x| < 1$.

3. 利用间接展开法将下列函数展开成 x 幂级数,并求收敛域.

(1) $f(x) = \sin^2 x$;

(2) $f(x) = \frac{1}{(1+x)^2}$;

(3) $f(x) = \ln(2 - x - x^2)$;

(4) $f(x) = \frac{x}{2x^2 + 3x - 2}$.

4. 将 $f(x) = \int_0^x \frac{\sin t}{t} dt$ 展开成 x 的幂级数.

5. 将 $f(x) = \cos x$ 展开成 $\left(x + \frac{\pi}{3}\right)$ 的幂级数.

6. 将 $f(x) = \frac{1}{x^2 + 3x + 2}$ 展开成 $(x + 4)$ 的幂级数.

*9.3 幂级数的应用 发生函数

幂级数因为具有结构形式的简单性和近似表达函数的灵活性,因此成为一个极为有用的计算工具. 本节作为幂级数的一个应用,介绍近代数学中一种重要方法——发生函数.

9.3.1 发生函数的概念

如果数列 $\{A_n\}$ 为给定的或待定的数列,那么相应的幂级数 $F(x) = \sum_{n=1}^{\infty} A_n x^n$ 就叫做数列 $\{A_n\}$ 的发生函数,反过来,给定一个幂级数 $F(x) = \sum_{n=1}^{\infty} A_n x^n$,它的系数序列 $\{A_n\}$ 就叫做

该幂级数的生成序列. 每一个幂级数只能有一个"生成序列",即生成序列是唯一确定的,即前面所述幂级数展开式定理. 正因为有了这一定理,可以使我们把生成序列与幂级数之间的一一对应关系理解成一个变换关系,并且记作 $G\{A_k\} = \sum_{k=0}^{\infty} A_k x^k$,以后则称 $G\{A_k\}$ 为数列 $\{A_k\}$ 的发生函数.

假设 $G\{B_k\}$ 是数列 $\{B_k\}$ 的发生函数,那么由幂级数的加法和乘法运算我们有

$$G\{A_k\} + G\{B_k\} = \sum_{k=0}^{\infty} (A_k + B_k) x^k = G\{A_k + B_k\}$$

$$G\{A_k\} G\{B_k\} = \left(\sum_{k=0}^{\infty} A_k x^k\right) \left(\sum_{j=0}^{\infty} B_j x^j\right) = \sum_{k=0}^{\infty} \left(\sum_{j=0}^{k} A_j B_{k-j}\right) x^k = G\left\{\sum_{j=0}^{k} A_j B_{k-j}\right\}$$

这就使我们看出,数列之间的运算关系同发生函数之间的运算关系是有一种对应关系的.

大家知道,通过数学对象之间的"对应关系"来引进"变换",是近代数学中一种基本和常见的重要方法. 数学中的许多问题,不管是计算性质的还是解析性质的问题,通过适当"变换"后,就往往能化繁为简或化难为易,从而得到顺利的解决.

发生函数的方法也正是这样,把数列变换为幂级数之后,就往往能通过幂级数的分析运算,较容易地处理数列间的分析计算问题.

在碰到具体的数列计算或论证问题时,往往需要采取两个步骤:第一步,必须对于问题中出现的数列找出它们的发生函数,再按照数列出现的情况对发生函数进行适当的运算;第二步,必须把运算的最后结果表现为幂级数,再从幂级数返回到数列,这就是从最终得到的生成序列去解决原来提出的问题. 在处理幂级数运算时,我们常常需要按同次项比较系数. 当然这种是合理的,因为我们已经有了幂级数形式的展开定理,即幂级数的系数是唯一确定的. 大家已经学过许多初等函数的幂级数展开式,所以在这里立即就能写出一批特殊数列的发生函数.

最简单、最常见也是最常用的数列就是二项系数序列:

$\binom{a}{0} = 1, \binom{a}{k} = \dfrac{a(a-1)\cdots(a-k+1)}{k!}$ $(k = 1,2,3,\cdots)$ 此处 a 是一个异于零的任意实数.

我们已知有二项展开级数 $(1 + x)^a = \sum_{k=0}^{\infty} \binom{a}{k} x^k (|x| < 1)$ 如取 $a = -n - 1$,则得

$$\binom{-n-1}{k}(-1)^k = \dfrac{(-n-1)(-n-2)\cdots(-n-k)}{k!}(-1)^k = \binom{n+k}{k} = \binom{n+k}{n}$$

因此又有二项展开式

$$(1 - x)^{-n-1} = \sum_{k=0}^{\infty} \binom{-n-1}{k}(-x)^k = \sum_{k=0}^{\infty} \binom{n+k}{n} x^k$$

所以关于数列 $\left\{\binom{a}{k}\right\}$ 与 $\left\{\binom{n+k}{n}\right\}$ 的发生函数分别为 $G\left\{\binom{a}{k}\right\} = (1 + x)^a$,$G\left\{\binom{n+k}{n}\right\} = (1 - x)^{-n-1}$ 不难得到:

$$G\left\{(-1)^k \dfrac{a^{2k}}{(2k)!}\right\} = \cos(ax), \qquad G\left\{(-1)^k \dfrac{a^{2k+1}}{(2k+1)!}\right\} = \sin(ax)$$

$$G\left\{\frac{a^k}{k!}\right\} = e^{ax}, \qquad G\left\{(-1)^k \frac{a^{2k+1}}{2k+1}\right\} = \arctan(ax)$$

$$G\left\{(-1)^k \frac{a^k}{k}\right\} = -\ln(1+ax), \qquad G\left\{\frac{a^k}{k}\right\} = -\ln(1-ax)$$

9.3.2 一些应用

下面我们举几个简单例子来说明发生函数,再推导和论证组合恒等式的应用.

例 9.3.1 设 α, β 为非零实数,证明下列组合恒等式 —— 范德蒙定理

$$\sum_{k=0}^{n} \binom{\alpha}{k} \binom{\beta}{n-k} = \binom{\alpha+\beta}{n}$$

证 鉴于和式的左端出现形如 $\left\{\binom{\alpha}{k}\right\}$, $\left\{\binom{\beta}{j}\right\}$ 的数列,所以立即想到发生函数

$$(1+x)^{\alpha} = \sum_{k=0}^{\infty} \binom{\alpha}{k} x^k, \quad (1+x)^{\beta} = \sum_{j=0}^{\infty} \binom{\beta}{j} x^j \quad (|x|<1)$$

将上列两式左端相乘,则得发生函数

$$G\left\{\binom{\alpha+\beta}{n}\right\} = (1+x)^{\alpha+\beta} = \sum_{n=0}^{\infty} \binom{\alpha+\beta}{n} x^n \tag{9.3.1}$$

又将两式右端相乘,则得

$$\sum_{k=0}^{\infty} \sum_{j=0}^{\infty} \binom{\alpha}{k} \binom{\beta}{j} x^{k+j} = \sum_{n=0}^{\infty} \left[\sum_{k=0}^{n} \binom{\alpha}{k} \binom{\beta}{n-k}\right] x^n \tag{9.3.2}$$

于是比较 (9.3.1) (9.3.2) 两式右端的同次项系数便得到所要证明的等式

$$\binom{\alpha+\beta}{n} = \sum_{k=0}^{n} \binom{\alpha}{k} \binom{\beta}{n-k}$$

例 9.3.2 考虑如下的发生函数(p 为不大于 n 的非负整数)

$$\binom{n}{p}(1+x)^{n-p} = \frac{1}{p!} \frac{d^p}{dx^p}(1+x)^n = \frac{1}{p!} \frac{d^p}{dx^p}\left[\sum_{k=0}^{n} \binom{n}{k} x^k\right] =$$

$$\frac{1}{p!} \sum \binom{n}{k} k(k-1)(k-2)\cdots(k-p+1) x^{k-p}$$

令 $x=1$,便得到下述组合恒等式 $\binom{n}{p} 2^{n-p} = \sum_{k=p}^{n} \binom{n}{k}\binom{k}{p}$

又如令 $x=-1$,则得恒等式 $\sum \binom{n}{k}\binom{k}{p}(-1)^{k+p} = \begin{cases} 1 & \text{当 } p=n \\ 0 & \text{当 } p<n \end{cases}$

这个简单恒等式在组合分析学及发散级数求和理论中都很有用.

例 9.3.3 设 p, q 为任意正整数,则有组合恒等式

$$\sum_{k=0}^{n} \binom{n-k}{p} \binom{k}{q} = \binom{n+1}{p+q+1}$$

证 鉴于左端出现形如 $\left\{\binom{j}{p}\right\}$, $\left\{\binom{k}{q}\right\}$ 的数列,自然想到应该利用如下的两个发生函数

$$(1-x)^{-p-1} = \sum_{j=p}^{\infty} \binom{j}{p} x^{j-p}, \quad (1-x)^{-q-1} = \sum_{k=q}^{\infty} \binom{k}{q} x^{k-q} \quad (|x|<1)$$

将两个发生函数相乘并且用二项展开定理则得

$$(1-x)^{-p-q-2} = \sum_{n=p+q}^{\infty} \binom{n+1}{p+q+1} x^{n-p-q}$$

又如将两个发生函数的右端相乘,则得

$$\sum_{j=p}^{\infty} \sum_{k=q}^{\infty} \binom{j}{p}\binom{k}{q} x^{j+k-p-q} = \sum_{n=p+q}^{\infty} \left\{ \sum_{k=0}^{n} \binom{n-k}{p}\binom{k}{q} \right\} x^{n-p-q}$$

于是比较前两式右端 x^{n-p-q} 的系数,便得到所要证明的恒等式. 这个恒等式在概率计算与组合分析中也很有用.

下面我们要说明,利用某种有理分式函数作为发生函数还很容易求解如下形式的二阶差分方程: $a_0 f(n) + a_1 f(n-1) + a_2 f(n-2) = 0 (n=2,3,\cdots)$, 这里 a_0, a_1, a_2 皆为异于零的已知常数, $f(n)$ 为待求序列函数.

试考虑发生函数 $\dfrac{1}{a_0 + a_1 x + a_2 x^2} = A_0 + A_1 x + A_2 x^2 + \cdots$ 因为 $a_0 a_1 a_2 \neq 0$, 所以在 $x=0$ 的邻域内总存在上述幂级数展开式. 在上式两端乘以 $a_0 + a_1 x + a_2 x^2$, 并比较系数即可得到下述初始值条件 $a_0 A_0 = 1, a_0 A_1 + a_1 A_0 = 0$ 及二阶齐次差分方程

$$a_0 A_n + a_1 A_{n-1} + a_2 A_{n-2} = 0 \quad (n=2,3,4,\cdots) \tag{9.3.3}$$

为了求得 A_n 的一般表达式,应将上面的发生函数(分式函数)表为分项分式. 假定二次方程 $a_0 + a_1 x + a_2 x^2 = 0$ 有两个相异实根 $x = r_1, r_2$, 即

$$a_0 + a_1 x + a_2 x^2 = a_2 (x - r_1)(x - r_2), \quad r_1 r_2 = \frac{a_0}{a_2}, \quad r_1 + r_2 = -\frac{a_1}{a_2}$$

于是当 $|x| < \min\{|r_1|, |r_2|\}$, 我们可将发生函数改写成

$$\frac{1}{a_0 + a_1 x + a_2 x^2} = \frac{1}{a_2 (x-r_1)(x-r_2)} =$$

$$\frac{1}{a_2(r_2 - r_1)} \left\{ \frac{1}{r_1 - x} - \frac{1}{r_2 - x} \right\} =$$

$$\frac{1}{a_2(r_2 - r_1)} \left[\frac{1}{r_1}\left(1 - \frac{x}{r_1}\right)^{-1} - \frac{1}{r_2}\left(1 - \frac{x}{r_2}\right)^{-1} \right] =$$

$$\frac{1}{a_2(r_2 - r_1)} \sum_{n=0}^{\infty} \left(\frac{1}{r_1^{n+1}} - \frac{1}{r_2^{n+1}} \right) x^n =$$

$$\frac{1}{a_2(r_2 - r_1)} \sum_{n=0}^{\infty} \frac{r_2^{n+1} - r_1^{n+1}}{(-r_1 r_2)^{n+1}} x^n = \frac{1}{a_2}\left(\frac{a_2}{a_0}\right)^{n+1} \sum_{n=0}^{\infty} \frac{r_2^{n+1} - r_1^{n+1}}{r_2 - r_1} x^n$$

因此由比较 x^n 的系数可得到 A_n 的一般表达式

$$A_n = \frac{1}{a_2}\left(\frac{a_2}{a_0}\right)^{n+1} \frac{r_2^{n+1} - r_1^{n+1}}{r_2 - r_1} \quad (n = 0,1,2,\cdots) \tag{9.3.4}$$

这也就是关于差分方程(9.3.4)的解的一般公式,而 A_0 与 A_1 满足初始值条件

$$a_0 A_0 = 1, \quad a_0 A_1 + a_1 A_0 = 0$$

例 9.3.4 考虑著名的斐波那契数列 $1,1,2,3,5,8,13,21,34,55,\cdots$ 这个数列的构造规则是,从第三个数开始,每个数都是由前两个相加而得. 设将此数列记为 $F_0, F_1, F_2, \cdots, F_n, \cdots$. 试求出 F_n 的一般表达式.

解 数列的构造规则可表示为差分方程
$$F_n - F_{n-1} - F_{n-2} = 0 \quad (n = 2, 3, 4, \cdots)$$
而初始值条件为 $F_0 = F_1 = 1$. 今与一般形式的方程(9.3.3)相比较,可知 $a_0 = 1, a_1 = a_2 = -1$. 解相应的二次方程 $1 - x - x^2 = 0$ 得二实根 $r_1 = \frac{1}{2}(-1+\sqrt{5}), r_2 = \frac{1}{2}(-1-\sqrt{5})$,由此代入公式(9.3.4)并化简即得出
$$F_n = \frac{1}{\sqrt{5}}\left[\left(\frac{1+\sqrt{5}}{2}\right)^{n+1} - \left(\frac{1-\sqrt{5}}{2}\right)^{n+1}\right]$$
这便是关于斐波那契数列的普遍表达式,它在近代优选法的理论分析中是很有用的.

最后我们指出,发生函数的方法还能用来处理丢番图方程即线性不定方程的整数解个数的计算问题. 这只要利用下面的例子就足以说明其方法大意.

例 9.3.5 设 $a_1, a_2, \cdots, a_k$ 是一组给定的正整数,n 是任意正整数,令 A_n 表示不定方程式 $a_1 x_1 + a_2 x_2 + \cdots + a_k x_k = n$ 的非负整数解组 $(x_1, x_2, \cdots, x_k)$ 的个数. 求 A_n 的发生函数.

解 当 $a > 0$,下列幂级数在区间 $|z| \leqslant \delta < 1$ 内为绝对收敛:
$\frac{1}{1-z^a} = 1 + z^a + z^{2a} + z^{3a} + \cdots$,因为若干个绝对收敛的幂级数可以相乘,并可按同次项归并系数,所以我们有
$$F(z) = \left(\frac{1}{1-z^{a_1}}\right)\left(\frac{1}{1-z^{a_2}}\right)\cdots\left(\frac{1}{1-z^{a_k}}\right) =$$
$$\left(\sum_{x_1=0}^{\infty} z^{a_1 x_1}\right)\left(\sum_{x_2=0}^{\infty} z^{a_2 x_2}\right)\cdots\left(\sum_{x_k=0}^{\infty} z^{a_k x_k}\right) =$$
$$\sum_{x_1=0}^{\infty}\sum_{x_2=0}^{\infty}\cdots\sum_{x_k=0}^{\infty} z^{a_1 x_1 + a_2 x_2 + \cdots + a_k x_k} = \sum_{n=0}^{\infty}\left(\sum_{a_1 x_1 + a_2 x_2 + \cdots + a_k x_k = n} 1\right) z^n = \sum_{n=0}^{\infty} A_n z^n$$

注意这里 $\sum\limits^{n}$ 的求和条件是 $a_1 x_1 + a_2 x_2 + \cdots + a_k x_k = n$. 那就是说,每对应一非负整数解 $(x_1, x_2, \cdots, x_k)$ 就有一个项,所以 $\sum\limits^{n} 1 = A_n$.

由上所述,可见 $F(z)$ 正好就是 A_n 的发生函数. 按泰勒展开式还可将 A_n 表示成 $A_n = \frac{1}{n!} F^{(n)}(0)$.

发生函数的方法,在组合分析、有限差计算、特殊函数论、概率统计等数学领域中都有很广泛的应用. 上面所举的一些例子只是表明其用法而已.

习题 9.3

1. 验证下列两个发生函数:

(1) $G\left\{\binom{k}{m}\right\} = \dfrac{x^m}{(1-x)^{m-1}}$($m$ 为固定正整数);

(2) $G\left\{\dfrac{1}{k(k-1)}\right\} = x + (1-x)\ln(1-x)$.

2. 应用发生函数方法求证下列组合恒等式

$$\binom{n}{n} + \binom{n+1}{n} + \binom{n+2}{n} + \cdots + \binom{n+m}{n} = \binom{n+m+1}{n+1}$$

3. 设 A_n 表示不定方程 $x + 2y + 3z = n(n \geq 15)$ 的满足条件 $x \geq 1, y \geq 2, z \geq 3$ 的正整数解 (x,y,z) 的个数,求 A_n 的发生函数.

9.4 傅里叶级数

本节将介绍傅里叶级数一般概念及其周期为 T 及定义有限区间上的函数的傅里叶级数展开问题.

9.4.1 傅里叶级数的概念

1. 谐波分析　三角函数系的正交性

在工程技术中经常会用到函数项级数 $a_0 + \sum\limits_{n=1}^{\infty}(a_n\cos nx +$

图 9.4.1

$b_n\sin nx)$. 例如:设有一个由电阻 R、自感 L、电容 C 和电源 E 串联组成的电路,其中 R,L 及 C 为常数,电源电动热 $E = E(t)$(图 9.4.1). 设电路中的电流为 $i(t)$,电容器两极板上的电压为 u_C,那么根据回路定律,就得到一个二阶线性常系数非齐次微分方程 $\dfrac{d^2 u_C}{dt^2} + 2\beta \dfrac{du_C}{dt} +$
$\omega_0^2 u_C = f(t)$,其中 $\beta = \dfrac{R}{2L}, \omega_0 = \dfrac{1}{\sqrt{LC}}, f(t) = \dfrac{E(t)}{LC}$,这就是串联电路的振荡方程. 如果电源电动热 $E(t)$ 非正弦变化,也就是说 $f(t)$ 不是正弦函数,那么求解这个非齐次微分方程就变得十分复杂. 在电学中解决这类问题的方法,是将自由项近似地表示成许多不同周期的正弦型函数的叠加,即 $f(t) = \sum\limits_{k=0}^{n} A_k \sin(k\omega t + \varphi_k)$,这样串联电路的振荡方程的解 $u_C(t)$,就化成了 $n + 1$ 个自由项为正弦型函数的方程解 $u_{C_k}(t)$ 的叠加,于是可求原方程解 $u_C(t)$ 的近似解,当 $n \to \infty$ 时,就得到精确解: $u_C(t) = \sum\limits_{k=0}^{n} u_{C_k}(t)$. 这种方法称为谐波分析法. 它是将一个非正弦型的信号,分解成一系列不同频率的正弦信号的叠加,即

$$f(t) = \sum_{n=0}^{\infty} A_n \sin(n\omega t + \varphi_n) = A_0 + \sum_{n=1}^{\infty} A_n \sin(n\omega t + \varphi_n) \tag{9.4.1}$$

(设 $\varphi_0 = \dfrac{\pi}{2}$)其中 A_0 称为直流分量,$A_1\sin(\omega t + \varphi_1)$ 称为一次谐波(基波),$A_2\sin(2\omega t + \varphi_2)$ 称为二次谐波,以下依次为三次谐波,四次谐波,等等.

一个非正弦型的函数 $f(t)$ 为何可以展开成式(9.4.1)？原因之一是三角函数系具有正交性. 由

$$1, \cos x, \sin x, \cos 2x, \sin 2x, \cdots, \cos nx, \sin nx, \cdots$$

组成的函数序列叫做三角函数系,三角函数系的正交性是指:如果从三角函数系中任取两个不同的函数相乘,在区间$[-\pi, \pi]$上作定积分,其值都为零.这实际上只需证明以下五个等式成立.

$$\int_{-\pi}^{\pi} \cos nx \, dx = 0 \quad (n = 1, 2, 3, \cdots)$$

$$\int_{-\pi}^{\pi} \sin nx \, dx = 0 \quad (n = 1, 2, 3, \cdots)$$

$$\int_{-\pi}^{\pi} \cos mx \cos nx \, dx = 0 \quad (m = 1, 2, 3, \cdots, n = 1, 2, 3, \cdots, m \neq n)$$

$$\int_{-\pi}^{\pi} \sin mx \sin nx \, dx = 0 \quad (m = 1, 2, 3, \cdots, n = 1, 2, 3, \cdots, m \neq n)$$

$$\int_{-\pi}^{\pi} \sin mx \cos nx \, dx = 0 \quad (m = 1, 2, 3, \cdots, n = 1, 2, 3, \cdots)$$

读者很容易推得以上结果,这里就不证明了.

2. 傅里叶级数

改写式(9.4.1)

$$A_0 + \sum_{n=1}^{\infty} A_n \sin(n\omega t + \varphi_n) =$$

$$A_0 + \sum_{n=1}^{\infty} (A_n \sin \varphi_n \cos n\omega t + A_n \cos \varphi_n \sin n\omega t) =$$

$$\frac{a_0}{2} + \sum_{n=1}^{\infty} (a_n \cos nx + b_n \sin nx) \tag{9.4.2}$$

其中 $a_0 = 2A_0, a_n = A_n \sin \varphi_n, b_n = A_n \cos \varphi_n, x = \omega t$.

与幂级数的讨论相类似,这里我们也要研究三个问题:一是函数$f(x)$满足什么条件时方能展开成(9.4.2),二是若$f(x)$能展开成式(9.4.2),那么系数a_0, a_n, b_n怎样求,三是展开后级数在哪些点上收敛于$f(x)$.

为了求得系数a_0, a_n, b_n的计算公式,我们先假定

$$f(x) = \frac{a_0}{2} + \sum_{k=1}^{\infty} (a_k \cos kx + b_k \sin kx) \tag{9.4.3}$$

且可逐项积分,于是有

$$\int_{-\pi}^{\pi} f(x) \, dx = \int_{-\pi}^{\pi} \frac{a_0}{2} dx + \sum_{k=1}^{\infty} \left\{ \int_{-\pi}^{\pi} a_k \cos kx \, dx + \int_{-\pi}^{\pi} b_k \sin kx \, dx \right\}$$

因为$a_0, a_n, b_n (n = 1, 2, 3, \cdots)$均为系数,注意到三角函数系的正交性,即有

$$\int_{-\pi}^{\pi} f(x) \, dx = \int_{-\pi}^{\pi} \frac{a_0}{2} dx = \pi a_0$$

所以

$$a_0 = \frac{1}{\pi} \int_{-\pi}^{\pi} f(x) \, dx$$

为了求出系数a_n,我们用$\cos nx$乘以级数(9.4.2),然后再逐项积分

$$\int_{-\pi}^{\pi} f(x)\cos nx dx = \int_{-\pi}^{\pi}\frac{a_0}{2}\cos nx dx + \sum_{k=1}^{\infty}\left\{\int_{-\pi}^{\pi}a_k\cos nx\cos kx dx + \int_{-\pi}^{\pi}b_k\cos nx\sin kx dx\right\}$$

由三角函数的正交性可知,等式右端的各项中,只剩下 $k = n$ 的一项,

$$\int_{-\pi}^{\pi} f(x)\cos nx dx = \int_{-\pi}^{\pi} a_n\cos^2 nx dx = a_n\int_{-\pi}^{\pi}\frac{1+\cos nx}{2}dx = a_n\pi$$

于是

$$a_n = \frac{1}{\pi}\int_{-\pi}^{\pi} f(x)\cos nx dx \quad (n = 1,2,3,\cdots)$$

用类似的方法,可得到

$$b_n = \frac{1}{\pi}\int_{-\pi}^{\pi} f(x)\sin nx dx \quad (n = 1,2,3,\cdots)$$

注意到在求系数 a_n 的公式中,令 $n = 0$ 就得到 a_0 的表达式,因此求系数 a_n, b_n 的公式可以归并为

$$a_n = \frac{1}{\pi}\int_{-\pi}^{\pi} f(x)\cos nx dx \quad (n = 0,1,2,\cdots)$$

$$b_n = \frac{1}{\pi}\int_{-\pi}^{\pi} f(x)\sin nx dx \quad (n = 1,2,3,\cdots) \tag{9.4.4}$$

a_n, b_n 称为傅里叶系数. 由傅里叶系数组成的级数式(9.4.1) 称为傅里叶级数.

关于函数展开成傅里叶级数的条件及其收敛性,我们不加证明地给出如下定理:

收敛定理(狄利克雷(Dirichlet)充分条件) 设函数 $f(x)$ 是周期为 2π 的周期函数,如果它满足条件:在一个周期内连续或只有有限个第一类间断点,且至多有有限个极值点,则 $f(x)$ 的傅里叶级数收敛,并且(1)当 x 是 $f(x)$ 的连续点时,级数收敛于 $f(x)$;(2)当 x 是 $f(x)$ 的间断点时,级数收敛于 $\dfrac{f(x-0)+f(x+0)}{2}$. 其中 $f(x-0)$ 表示 $f(x)$ 在 x 处的左极限,$f(x+0)$ 表示 $f(x)$ 在 x 处的右极限.

这个收敛定理说明,以 2π 为周期的函数 $f(x)$,只要是在一个周期内连续或只有有限个第一类间断点,且至多有有限个极值点,即可以把一个周期分成有限个单调区间. 那么按式(9.4.4) 计算出傅里叶系数,得到的傅里叶级数在 $f(x)$ 的连续点处收敛于函数 $f(x)$. 定理中所要求的条件,一般的初等函数与分段函数都能满足,这就保证了傅里叶级数广泛的应用性.

例 9.4.1 设函数 $f(x)$ 是周期为 2π 的周期函数,它在 $[-\pi,\pi)$ 上的表达式为

$$f(x) = \begin{cases} -1, & -\pi \leqslant x < 0 \\ 1, & 0 \leqslant x < \pi \end{cases}$$

试将函数 $f(x)$ 展开成傅里叶级数.

解 函数 $f(x)$ 的图形如图 9.4.2 所示,这是一个矩形波. 它显然满足收敛定理的条件,由式(9.4.4) 得

$$a_0 = \frac{1}{\pi}\int_{-\pi}^{\pi} f(x)dx = \frac{1}{\pi}\int_{-\pi}^{0}(-1)dx + \frac{1}{\pi}\int_{0}^{\pi}dx$$

$$a_n = \frac{1}{\pi}\int_{-\pi}^{\pi} f(x)\cos nx dx = \frac{1}{\pi}\int_{-\pi}^{0}(-1)\cos nx dx + \frac{1}{\pi}\int_{0}^{\pi}\cos nx dx =$$

图 9.4.2

$$-\frac{1}{\pi}\left[\frac{1}{n}\sin nx\right]\Big|_{-\pi}^{0}+\frac{1}{\pi}\left[\frac{1}{n}\sin nx\right]\Big|_{0}^{\pi}=0\quad(n=1,2,3,\cdots)$$

$$b_n=\frac{1}{\pi}\int_{-\pi}^{\pi}f(x)\sin nx dx=\frac{1}{\pi}\int_{-\pi}^{0}(-1)\sin nx dx+\frac{1}{\pi}\int_{0}^{\pi}\sin nx dx=$$

$$\frac{1}{\pi}\left[\frac{1}{n}\cos nx\right]\Big|_{-\pi}^{0}-\frac{1}{\pi}\left[\frac{1}{n}\cos nx\right]\Big|_{0}^{\pi}=\frac{2}{n\pi}[1-(-1)^n]=$$

$$\begin{cases}\dfrac{4}{n\pi} & n=1,3,5,\cdots \\ 0 & n=2,4,6,\cdots\end{cases}$$

根据收敛性定理可知,当 $x\neq k\pi(k=0,\pm1,\pm2,\cdots)$ 时,傅里叶级数收敛于 $f(x)$,即

$$f(x)=\frac{4}{\pi}\left[\sin x+\frac{1}{3}\sin 3x+\cdots+\frac{1}{2n-1}\sin(2n-1)x+\cdots\right]$$

当 $x=k\pi(k=0,\pm1,\pm2,\cdots)$ 时,

傅里叶级数收敛于 $\dfrac{f(x-0)+f(x+0)}{2}=0$.

所求傅里叶级数和函数的图形如图 9.4.3 所示.

如果将 $f(x)$ 看成是矩形波,那么傅里叶级数表明,它可以用无穷多奇次谐波叠加.

3. 奇函数与偶函数的傅里叶级数

一个函数展开成傅里叶级数的结果,可能既含有余弦项又含有正弦项,也可能仅含有正弦项(如例 9.4.1),或只含有余弦项及常数项. 我们把展开式 (9.4.2) 中只含有正弦项即 $a_n=0(n=0,1,2,\cdots)$ 的傅里叶级数称为正弦型傅里叶级数,展开式(9.4.2)中只含有余弦项或常数项即 $b_n=0(n=1,2,3,\cdots)$ 的傅里叶级数称为余弦型傅里叶级数.

图 9.4.3

当 $f(x)$ 为奇函数时,$f(x)\cos nx$ 是奇函数,$f(x)\sin nx$ 是偶函数,故

$$a_n=0\quad(n=0,1,2,\cdots),\quad b_n=\frac{2}{\pi}\int_{0}^{\pi}f(x)\sin nx dx\quad(n=1,2,3,\cdots)$$

所以奇函数的傅里叶级数就是正弦级数 $\sum_{n=1}^{\infty}b_n\sin nx$.

当 $f(x)$ 为偶函数时,$f(x)\cos nx$ 是偶函数,$f(x)\sin nx$ 是奇函数,故

$$a_n=\frac{2}{\pi}\int_{0}^{\pi}f(x)\cos nx dx\quad(n=0,1,2,\cdots),\quad b_n=0\quad(n=1,2,3,\cdots)$$

所以偶函数的傅里叶级数就是余弦级数 $\dfrac{a_0}{2} + \sum\limits_{n=1}^{\infty} a_n \cos nx$.

根据以上结果,在展开函数 $f(x)$ 成傅里叶级数时,要首先判断 $f(x)$ 在 $(-\pi,\pi)$ 内的奇偶性,据此选择相应的公式计算傅里叶系数,使计算尽量简化.

例 9.4.2 设周期函数 $f(x)$ 在其一个周期上的表达式 $f(x) = \begin{cases} \pi + x, & -\pi \leqslant x < 0 \\ \pi - x, & 0 \leqslant x < \pi \end{cases}$,试将 $f(x)$ 展开成傅里叶级数.

解 函数 $f(x)$ 的图形如图 9.4.4 所示,由图形的对称性可知 $f(x)$ 是偶函数,因此傅里叶系数

$b_n = 0 \quad (n = 1,2,3,\cdots)$

$a_0 = \dfrac{2}{\pi} \int_0^{\pi} f(x) \mathrm{d}x = \dfrac{2}{\pi} \int_0^{\pi} (\pi - x) \mathrm{d}x = \pi$

图 9.4.4

$a_n = \dfrac{2}{\pi} \int_0^{\pi} f(x) \cos nx \mathrm{d}x = \dfrac{2}{\pi} \int_0^{\pi} (\pi - x) \cos nx \mathrm{d}x =$

$\dfrac{2}{\pi} \left[\dfrac{\pi - x}{n} \sin nx \right] \Big|_0^{\pi} + \dfrac{2}{n\pi} \int_0^{\pi} \sin nx \mathrm{d}x =$

$\dfrac{2}{n^2 \pi} [1 - (-1)^n] = \begin{cases} \dfrac{4}{n^2 \pi} & n = 1,3,5,\cdots \\ 0 & n = 2,4,6,\cdots \end{cases}$

又因为 $f(x)$ 处处连续,故所求的傅里叶级数收敛于 $f(x)$,即

$$f(x) = \dfrac{\pi}{2} + \dfrac{4}{\pi} \left(\cos x + \dfrac{1}{3^2} \cos 3x + \dfrac{1}{5^2} \cos 5x + \cdots \right) \quad (-\infty < x < +\infty)$$

9.4.2 周期为 T 的周期函数的展开

上面着重研究了将以 2π 为周期的周期函数展开成傅里叶级数的方法,它有比较普遍的应用价值,下面我们介绍以 T(T 为任意非零正常数)为周期的周期函数 $\varphi(t)$,在区间 $\left[-\dfrac{T}{2}, \dfrac{T}{2}\right]$ 上展开成傅里叶级数的问题. 为了能按上面的方法把它展开成傅里叶级数,显然首先应当将 $\varphi(t)$ 变换成以 2π 为周期,区间 $\left[-\dfrac{T}{2}, \dfrac{T}{2}\right)$ 变换成 $[-\pi,\pi)$. 为此我们作变量代换,令 $x = \dfrac{2\pi}{T} t$,即 $t = \dfrac{T}{2\pi} x$,于是 $\varphi(t) = \varphi\left(\dfrac{T}{2\pi} x\right) = f(x)$. 这时,函数 $f(x)$ 就是以 2π 为周期的周期函数,假设在区间 $[-\pi,\pi)$ 上满足收敛定理的条件,则可以将它展开成傅里叶级数,并且在连续点上有

$$f(x) = \dfrac{a_0}{2} + \sum_{n=1}^{\infty} (a_n \cos nx + b_n \sin nx)$$

其中傅里叶系数

$$a_n = \dfrac{1}{\pi} \int_{-\pi}^{\pi} f(x) \cos nx \mathrm{d}x \quad (n = 0,1,2,\cdots)$$

$$b_n = \frac{1}{\pi}\int_{-\pi}^{\pi} f(x)\sin nx \mathrm{d}x \quad (n=1,2,3,\cdots)$$

将变量 x 再换回成变量 t,就得到周期为 T 的周期函数的傅里叶级数,并且在连续点处有

$$\varphi(t) = \frac{a_0}{2} + \sum_{n=1}^{\infty}\left(a_n\cos\frac{2n\pi}{T}t + b_n\sin\frac{2n\pi}{T}t\right) \tag{9.4.5}$$

其中傅里叶系数为

$$a_n = \frac{2}{T}\int_{-\frac{T}{2}}^{\frac{T}{2}}\varphi(t)\cos\frac{2n\pi}{T}t\mathrm{d}t \quad (n=0,1,2,\cdots)$$

$$b_n = \frac{2}{T}\int_{-\frac{T}{2}}^{\frac{T}{2}}\varphi(t)\sin\frac{2n\pi}{T}t\mathrm{d}t \quad (n=1,2,3,\cdots) \tag{9.4.6}$$

在连续点处收敛于 $\varphi(t)$,在间断点处收敛于 $\dfrac{\varphi(t-0)+\varphi(t+0)}{2}$.

如果以 T 为周期的周期函数 $\varphi(t)$,在 $\left(-\dfrac{T}{2},\dfrac{T}{2}\right)$ 内是奇函数,那么其傅里叶级数一定是正弦级数且在连续点处有

$$\varphi(t) = \sum_{n=1}^{\infty} b_n \sin\frac{2n\pi}{T}t$$

其中

$$b_n = \frac{4}{T}\int_{0}^{\frac{T}{2}}\varphi(t)\sin\frac{2n\pi}{T}t\mathrm{d}t \quad (n=1,2,3,\cdots)$$

同样如果以 T 为周期的周期函数 $\varphi(t)$,在 $\left(-\dfrac{T}{2},\dfrac{T}{2}\right)$ 内是偶函数,那么其傅里叶级数一定是余弦级数且在连续点处有

$$\varphi(t) = \frac{a_0}{2} + \sum_{n=1}^{\infty} a_n\cos\frac{2n\pi}{T}t$$

其中

$$a_n = \frac{4}{T}\int_{0}^{\frac{T}{2}}\varphi(t)\cos\frac{2n\pi}{T}t\mathrm{d}t \quad (n=0,1,2,\cdots)$$

例 9.4.3 若函数 $\varphi(t)$ 以 2 为周期,在区间 $[-1,1)$ 上的表达式为

$$\varphi(t) = \begin{cases} 1 & -1 \leqslant t < 0 \\ 2 & 0 \leqslant t < 1 \end{cases}$$

试将其展开成傅里叶级数.

解 因为函数 $\varphi(t)$ 满足收敛定理条件,所以当 $t \neq k(k=0,\pm1,\pm2,\cdots)$ 时,$\varphi(t)$ 连续,$\varphi(t)$ 的傅里叶级数收敛于 $\varphi(t)$,当 $t = k(k=0,\pm1,\pm2,\cdots)$ 时,$\varphi(t)$ 的傅里叶级数收敛于 $\dfrac{\varphi(t-0)+\varphi(t+0)}{2} = \dfrac{3}{2}$. 注意到 $T=2$,故可由 (9.4.6) 得

$$a_0 = \frac{2}{2}\int_{-1}^{1}\varphi(t)\mathrm{d}t = \int_{-1}^{0}\mathrm{d}t + \int_{0}^{1}2\mathrm{d}t = 3$$

$$a_n = \frac{2}{2}\int_{-1}^{1}\varphi(t)\cos n\pi t\,dt = \int_{-1}^{0}\cos n\pi t\,dt + \int_{0}^{1}2\cos n\pi t\,dt =$$

$$\frac{1}{n\pi}\left[\sin n\pi t\right]\bigg|_{-1}^{0} + \frac{2}{n\pi}\left[\sin n\pi t\right]\bigg|_{0}^{1} = 0 \quad (n = 1,2,3,\cdots)$$

$$b_n = \frac{2}{2}\int_{-1}^{1}\varphi(t)\sin n\pi t\,dt = \int_{-1}^{0}\sin n\pi t\,dt + \int_{0}^{1}2\sin n\pi t\,dt =$$

$$-\frac{1}{n\pi}\left[\cos n\pi t\right]\bigg|_{-1}^{0} - \frac{2}{n\pi}\left[\cos n\pi t\right]\bigg|_{0}^{1} =$$

$$\frac{1}{n\pi}[1-(-1)^n] = \begin{cases} \dfrac{2}{n\pi} & n=1,3,5,\cdots \\ 0 & n=2,4,6,\cdots \end{cases}$$

所以有

$$\varphi(t) = \frac{3}{2} + \frac{2}{\pi}\left(\sin \pi t + \frac{1}{3}\sin 3\pi t + \frac{1}{5}\sin 5\pi t + \cdots\right)$$

$$(-\infty < t < +\infty, t \neq 0, \pm 1, \pm 2, \cdots)$$

例 9.4.4 若矩形波以 T 为周期,且在 $\left[-\dfrac{T}{2},\dfrac{T}{2}\right)$ 上的表达式为

$$\varphi(t) = \begin{cases} 0 & -\dfrac{T}{2} \leq t < -\dfrac{T}{4} \\ A & -\dfrac{T}{4} \leq t < \dfrac{T}{4} \\ 0 & \dfrac{T}{4} \leq t < \dfrac{T}{2} \end{cases}$$

试写出前五次谐波.

解 这个函数的图形如图 9.4.5 所示,$\varphi(t)$ 是偶函数,所以傅里叶系数

$$a_0 = \frac{4}{T}\int_{0}^{\frac{T}{2}}\varphi(t)\,dt = \frac{4}{T}\int_{0}^{\frac{T}{4}}A\,dt = A$$

$$a_n = \frac{4}{T}\int_{0}^{\frac{T}{2}}\varphi(t)\cos\frac{2n\pi}{T}t\,dt =$$

$$\frac{4}{T}\int_{0}^{\frac{T}{4}}A\cos\frac{2n\pi}{T}t\,dt =$$

$$\frac{2A}{n\pi}\left[\sin\frac{2n\pi}{T}t\right]\bigg|_{0}^{\frac{T}{4}} =$$

$$\frac{2A}{n\pi}\sin\frac{n\pi}{2} \quad (n = 1,2,3,\cdots)$$

$$b_n = 0 \quad (n = 1,2,3,\cdots)$$

图 9.4.5

所以,$\varphi(t)$ 的傅里叶级数为

$$\varphi(t) = \frac{A}{2} + \frac{2A}{\pi}\left(\cos\frac{2\pi}{T}t - \frac{1}{3}\cos\frac{6\pi}{T}t + \frac{1}{5}\cos\frac{10\pi}{T}t - \cdots\right)$$

$$(-\infty < t < +\infty, t \neq (2k-1)\frac{T}{4}, k = 0, \pm 1, \pm 2, \cdots)$$

当 $t = (2k-1)\frac{T}{4}$ $(k = 0, \pm 1, \pm 2, \cdots)$ 时,该级数收敛于 $\frac{A}{2}$.

令 $\omega = \frac{2\pi}{T}$,利用三角函数公式,则可将 $\varphi(t)$ 的傅里叶级数改写成谐波的形式

$$\varphi(t) = \frac{A}{2} + \frac{2A}{\pi}\sin\left(\omega t + \frac{\pi}{2}\right) + \frac{2A}{3\pi}\sin\left(3\omega t + \frac{3\pi}{2}\right) + \frac{2A}{5\pi}\sin\left(5\omega t + \frac{5\pi}{2}\right) + \cdots$$

如果取五次谐波,则有

$$\varphi(t) \approx \frac{A}{2} + \frac{2A}{\pi}\sin\left(\omega t + \frac{\pi}{2}\right) + \frac{2A}{3\pi}\sin\left(3\omega t + \frac{3\pi}{2}\right) + \frac{2A}{5\pi}\sin\left(5\omega t + \frac{5\pi}{2}\right)$$

若令 $t = 0$,则 $\varphi(0) \approx \frac{A}{2} + \frac{2A}{\pi} - \frac{2A}{3\pi} + \frac{2A}{5\pi}$.

这是一个满足莱布尼茨审敛法条件的交错级数(从第二项开始)的前四项和,显然它的误差 $|R_4| < \frac{2A}{7\pi} \approx 0.09A$. 实际上,由已知 $\varphi(t)$ 的表达式知 $\varphi(0) = A$,因此,当取五次谐波时 $\varphi(0) \approx 1.05A$,实际误差为 $0.05A$. 若想要减小误差,提高精度,就再多取几次谐波.

9.4.3 定义在有限区间上的函数的展开

在实际问题中,我们还会遇到定义在有限区间 $[a,b]$ 上的函数 $\varphi(t)$ 展开成傅里叶级数的问题. 为了解决这类非周期函数的展开问题,我们根据定义区间 $[a,b]$ 的不同情况来研究.

1. 定义在对称区间 $\left[-\frac{T}{2}, \frac{T}{2}\right]$ 上的情形

设 $\varphi(t)$ 定义在有限的对称区间 $\left[-\frac{T}{2}, \frac{T}{2}\right]$ 上,而在此区间外无意义. 为了能够利用上面的方法将 $\varphi(t)$ 展开成傅里叶级数,我们首先将 $\varphi(t)$ 在区间 $(-\infty, +\infty)$ 上作周期性延拓,也就是说构造一个周期为 T 的周期函数 $\phi(t)$,使得 $\phi(t)$ 在区间 $\left[-\frac{T}{2}, \frac{T}{2}\right]$ 上有 $\phi(t) = \varphi(t)$. 假设函数 $\phi(t)$ 满足收敛定理条件,则可将它展开成傅里叶级数,并在连续点处有

$$\phi(t) = \frac{a_0}{2} + \sum_{n=1}^{\infty}\left(a_n\cos\frac{2n\pi}{T}t + b_n\sin\frac{2n\pi}{T}t\right)$$

如果函数 $\varphi(t)$ 在 $\left(-\frac{T}{2}, \frac{T}{2}\right)$ 上连续,则在 $\left(-\frac{T}{2}, \frac{T}{2}\right)$ 上有

$$\varphi(t) = \phi(t) = \frac{a_0}{2} + \sum_{n=1}^{\infty}\left(a_n\cos\frac{2n\pi}{T}t + b_n\sin\frac{2n\pi}{T}t\right)$$

此时,级数收敛于 $\varphi(t)$. 这就是定义在对称区间 $\left[-\frac{T}{2}, \frac{T}{2}\right]$ 上的函数 $\varphi(t)$ 的傅里叶级数展开式,其中的傅里叶系数仍用公式(9.4.6). 如果函数 $\varphi(t)$ 在 $\left[-\frac{T}{2}, \frac{T}{2}\right]$ 内有间断

点,那么,在间断点处傅里叶级数同样收敛于 $\dfrac{\varphi(t-0)+\varphi(t+0)}{2}$.

定义在对称区间 $\left[-\dfrac{T}{2},\dfrac{T}{2}\right]$ 上的函数 $\varphi(t)$ 的展开式的计算,与周期为 T 的周期函数 $\phi(t)$ 的展开式的计算完全相同. 它们的区别主要在收敛域的确定上,周期函数 $\phi(t)$ 的展开式的收敛域要在整个区间 $(-\infty,+\infty)$ 内考虑,而函数 $\varphi(t)$ 的展开式的收敛域仅在有限区间 $\left[-\dfrac{T}{2},\dfrac{T}{2}\right]$ 上来考虑.

例 9.4.5 试将定义在 $[-\pi,\pi]$ 上的函数 $f(x)=x^2$ 展开成傅里叶级数.

解 将 $f(x)$ 在整个数轴上作周期延拓(如图 9.4.6). 由于在 $[-\pi,\pi]$ 上 $f(x)$ 为偶函数,所以

$$a_0 = \frac{2}{\pi}\int_0^\pi f(x)dx = \frac{2}{\pi}\int_0^\pi x^2 dx = \frac{2\pi^2}{3}$$

$$a_n = \frac{2}{\pi}\int_0^\pi f(x)\cos nx dx = \frac{2}{\pi}\int_0^\pi x^2 \cos nx dx =$$

$$\frac{2}{n\pi}[x^2 \sin nx]\Big|_0^\pi - \frac{4}{n\pi}\int_0^\pi x\sin nx dx =$$

$$\frac{4}{n^2\pi}[x\cos nx]\Big|_0^\pi - \frac{4}{n^2\pi}\int_0^\pi \cos nx dx = (-1)^n \frac{4}{n^2} \quad (n=1,2,3,\cdots)$$

$$b_n = 0 \quad (n=1,2,3,\cdots)$$

图 9.4.6

于是 $f(x)$ 的展开式为

$$x^2 = \frac{\pi^2}{3} - 4\left(\cos x - \frac{1}{2^2}\cos 2x + \frac{1}{3^2}\cos 3x - \cdots\right) \quad (-\pi \leq x \leq \pi)$$

2. 定义在区间 $\left[0,\dfrac{T}{2}\right]$ 上的情形

若需要将定义在区间 $\left[0,\dfrac{T}{2}\right]$ 上的函数 $\varphi(t)$ 展开成傅里叶级数,则首先要构造一个定义在对称区间 $\left[-\dfrac{T}{2},\dfrac{T}{2}\right]$ 上的函数 $\phi(t)$,使得在区间 $\left[0,\dfrac{T}{2}\right]$ 上有 $\phi(t)\equiv\varphi(t)$. 然后按照上述的方法,将 $\phi(t)$ 在整个数轴上作周期延拓,再展开成傅里叶级数. 为了使计算简单,常常是将定义在区间 $\left[0,\dfrac{T}{2}\right]$ 上的函数在区间上进行奇延拓或偶延拓.

奇延拓是指构造函数 $\phi(t)$,使之在区间 $\left[-\dfrac{T}{2},\dfrac{T}{2}\right]$ 上成为奇函数. 奇延拓后的函数展开成傅里叶级数一定是正弦级数,傅里叶级数的系数为

$$a_n = 0 \quad (n=0,1,2,\cdots)$$

$$b_n = \frac{4}{T}\int_0^{\frac{T}{2}} \varphi(t)\sin\frac{2n\pi}{T}t dt \quad (n=1,2,3,\cdots) \tag{9.4.7}$$

偶延拓是指构造函数 $\phi(t)$,使之在区间 $\left[-\dfrac{T}{2},\dfrac{T}{2}\right]$ 上成为偶函数. 偶延拓后的函数

展开成傅里叶级数一定是余弦级数,傅里叶级数的系数为

$$a_n = \frac{4}{T}\int_0^{\frac{T}{2}} \varphi(t)\cos\frac{2n\pi}{T}t\,\mathrm{d}t \quad (n=0,1,2,\cdots)$$

$$b_n = 0 \quad (n=1,2,3,\cdots) \tag{9.4.8}$$

傅里叶级数的收敛情况,仍用收敛定理来判断.

例 9.4.6 将函数 $f(x) = x + 1 (0 \leqslant x \leqslant \pi)$ 分别展开成正弦级数和余弦级数.

解 先求正弦级数.为此对函数进行奇延拓,如图 9.4.7 所示.由公式(9.4.7) 有

图 9.4.7

$$b_n = \frac{2}{\pi}\int_0^\pi f(x)\sin nx\,\mathrm{d}x = \frac{2}{\pi}\int_0^\pi (x+1)\sin nx\,\mathrm{d}x =$$

$$\frac{2}{\pi}\left[-\frac{x+1}{n}\cos nx\right]\Big|_0^\pi + \frac{2}{n\pi}\int_0^\pi \cos nx\,\mathrm{d}x =$$

$$\frac{2}{n\pi}[1-(\pi+1)\cos n\pi] = \begin{cases} \dfrac{2}{\pi}\cdot\dfrac{\pi+2}{n} & n=1,3,5,\cdots \\ -\dfrac{2}{n} & n=2,4,6,\cdots \end{cases}$$

所以得正弦级数

$$x+1 = \frac{2}{\pi}\left[(\pi+2)\sin x - \frac{\pi}{2}\sin 2x + \frac{1}{3}(\pi+2)\sin 3x - \frac{\pi}{4}\sin 4x + \cdots\right]$$

$$(0 < x < \pi)$$

在端点 $x = 0, \pi$ 处,级数收敛于零,它不等于原来函数 $f(x)$ 的值.

再求余弦级数.为此对函数进行偶延拓如图 9.4.8 所示.由公式(9.4.8) 有

图 9.4.8

$$a_0 = \frac{2}{\pi}\int_0^\pi f(x)\,\mathrm{d}x = \frac{2}{\pi}\int_0^\pi (x+1)\,\mathrm{d}x = \pi+2$$

$$a_n = \frac{2}{\pi}\int_0^\pi f(x)\cos nx\,\mathrm{d}x = \frac{2}{\pi}\int_0^\pi (x+1)\cos nx\,\mathrm{d}x =$$

$$\frac{2}{\pi}\left[\frac{x+1}{n}\sin nx\right]\Big|_0^\pi - \frac{2}{n\pi}\int_0^\pi \sin nx\,\mathrm{d}x =$$

$$\frac{2}{n^2\pi}(\cos n\pi - 1) = \begin{cases} 0 & n=2,4,6,\cdots \\ -\dfrac{4}{n^2\pi} & n=1,3,5,\cdots \end{cases}$$

所以得余弦级数

$$x+1 = \frac{\pi+2}{2} - \frac{4}{\pi}\left(\cos x + \frac{1}{3^2}\cos 3x + \frac{1}{5^2}\cos 5x + \cdots\right) \quad (0 \leqslant x \leqslant \pi)$$

习题9.4

1. 求证三角函数系：
$$1, \cos\omega x, \sin\omega x, \cos 2\omega x, \sin 2\omega x, \cdots, \cos n\omega x, \sin n\omega x, \cdots$$
在 $\left[-\dfrac{T}{2}, \dfrac{T}{2}\right]$ 上具有正交性，其中 $T = \dfrac{2\pi}{\omega}$.

2. 将下列周期为 2π 的周期函数 $f(x)$ 展开成傅里叶级数，其中 $f(x)$ 在 $[-\pi, \pi]$ 上的表达式为

(1) $f(x) = \begin{cases} \pi, & -\pi \leqslant x < 0 \\ x, & 0 \leqslant x < \pi \end{cases}$; (2) $f(x) = |x|$;

(3) $f(x) = \begin{cases} 0, & -\pi \leqslant x < -\dfrac{\pi}{2} \\ 1, & -\dfrac{\pi}{2} \leqslant x < \dfrac{\pi}{2} \\ 0, & \dfrac{\pi}{2} \leqslant x < \pi \end{cases}$.

3. 已知下列周期函数在一个周期内表达式，试将它们展开成傅里叶级数.

(1) $\varphi(t) = \begin{cases} 2, & -2 \leqslant t < 0 \\ 2-t, & 0 \leqslant t < 2 \end{cases}$; (2) $\varphi(t) = \begin{cases} A, & -\dfrac{T}{2} \leqslant t < 0 \\ -A, & 0 \leqslant t < \dfrac{T}{2} \end{cases}$.

4. 若锯齿形波在一个周期内表达式为 $\varphi(t) = \begin{cases} -\dfrac{2A}{T}t - A, & -\dfrac{T}{2} \leqslant t < 0 \\ -\dfrac{2A}{T}t + A, & 0 \leqslant t < \dfrac{T}{2} \end{cases}$，试写出前五次谐波.

5. 将下列函数在指定区间内展开成傅里叶级数
$$u(t) = \begin{cases} -E & -\dfrac{T}{2} \leqslant t < 0 \\ E & 0 \leqslant t < \dfrac{T}{2} \end{cases} \quad (E \text{ 为常量})$$

6. 将 $f(x) = \begin{cases} 1, & 0 \leqslant x < h \\ \dfrac{1}{2}, & x = h \\ 0, & h < x \leqslant \pi \end{cases}$（$h$ 为常量）展开成正弦级数.

7. 将 $f(x) = \begin{cases} -t, & 0 \leqslant t < \dfrac{T}{4} \\ -\dfrac{t}{4}, & \dfrac{T}{4} \leqslant t < \dfrac{T}{2} \end{cases}$ 展开成余弦级数.

8. 将 $f(x) = 1 - x^2 \left(0 \leqslant x \leqslant \dfrac{1}{2}\right)$ 分别展开成正弦级数与余弦级数.

复习题 9

1. 填空题:

(1) 级数 $\sum\limits_{n=1}^{\infty} a_n$ 收敛的必要条件是_____,但它不是级数收敛的_____.

(2) 设常数 $x > 0$,若级数 $\sum\limits_{n=1}^{\infty} (-1)^n \dfrac{n}{x^n}$ 绝对收敛,则 x 的取值范围为_____.

(3) 若级数 $\sum\limits_{n=1}^{\infty} a_n$ 绝对收敛,则级数 $\sum\limits_{n=1}^{\infty} |a_n|$ 必定_____;若级数 $\sum\limits_{n=1}^{\infty} a_n$ 条件收敛,则级数 $\sum\limits_{n=1}^{\infty} |a_n|$ 必定_____.

(4) 若级数 $\sum\limits_{n=1}^{\infty} (-1)^n a_n 2^n$ 收敛,则级数 $\sum\limits_{n=1}^{\infty} a_n$ _____.

(5) 设 $\sum\limits_{n=1}^{\infty} a_n (x-2)^n$ 在 $x=1$ 处条件收敛,则其收敛半径为_____.

(6) 已知 $f(x)$ 是以 2π 为周期的函数,且 $f(x) = \begin{cases} x + \pi & -\pi \leq x < 0 \\ x - \pi & 0 \leq x < \pi \end{cases}$,则其以 2π 为周期的傅里叶级数在 $x = \dfrac{5\pi}{2}$ 处收敛于_____.

(7) 设幂级数 $\sum\limits_{n=1}^{\infty} a_n (x-1)^n$ 在 $x=0$ 处收敛,在 $x=2$ 处发散,则幂级数 $\sum\limits_{n=1}^{\infty} a_n (x+1)^n$ 的收敛域为_____.

(8) 设 $f(x)$ 是周期为 2π 的周期函数,且 $f(x) = x^2 (-\pi \leq x < \pi)$,则 $f(x)$ 的傅里叶系数 $a_2 =$ _____.

(9) 幂级数 $\sum\limits_{n=1}^{\infty} x^n (|x| < 1)$ 的和函数 $S(x) =$ _____.

2. 选择题:

(1) 设级数 $\sum\limits_{n=1}^{\infty} a_n$ 收敛,则下列级数中必定收敛的是( ).

(A) $\sum\limits_{n=1}^{\infty} a_n^2$; (B) $\sum\limits_{n=1}^{\infty} (-1)^n a_n$; (C) $\sum\limits_{n=1}^{\infty} \dfrac{a_n^2}{n}$; (D) $\sum\limits_{n=1}^{\infty} (a_n - a_{n-1})$.

(2) 设级数 $\sum\limits_{n=1}^{\infty} a_n^2$ 收敛,则级数 $\sum\limits_{n=1}^{\infty} \dfrac{a_n}{n}$ ( ).

(A) 绝对收敛; (B) 条件收敛; (C) 发散; (D) 敛散性不能确定.

(3) 若 $\sum\limits_{n=1}^{\infty} a_n$ 条件收敛, $\sum\limits_{n=1}^{\infty} b_n$ 绝对收敛,则 $\sum\limits_{n=1}^{\infty} (a_n + b_n)$ ( ).

(A) 发散; (B) 绝对收敛; (C) 条件收敛; (D) 不能确定.

(4) 设级数 $\sum\limits_{n=1}^{\infty} (-1)^n \dfrac{1}{n^p}$ 条件收敛,则常数 p 的取值范围为( ).

(A) $p > 1$；　　(B) $p \geq 1$；　　　　(C) $0 < p < 1$；　　(D) $0 < p \leq 1$.

(5) 设常数 $a > b > 0$, 则幂级数 $\sum_{n=1}^{\infty} \dfrac{n}{a^n + b^n} x^n$ 的收敛半径(　　).

(A) $R = a$；　　(B) $R = b$；　　　　(C) $R = a + b$；　　(D) $R = \dfrac{a + b}{2}$.

(6) 已知 $f(x)$ 是以 2 为周期的周期函数且 $f(x) = \begin{cases} x + 1, & -1 \leq x < 0 \\ x - 1, & 0 \leq x < 1 \end{cases}$, 设其傅里叶级数的和函数为 $S(x)$, 则 $S\left(\dfrac{5}{2}\right) = $ (　　).

(A) $\dfrac{1}{2}$；　　(B) $-\dfrac{1}{2}$；　　(C) 0；　　(D) $\dfrac{3}{2}$.

(7) 若级数 $\sum_{n=1}^{\infty} a_n x^n$ 在 $x = 2$ 处收敛, 则级数 $\sum_{n=1}^{\infty} a_n \left(x - \dfrac{1}{2}\right)^n$ 在 $x = -2$ 处的收敛性为(　　).

(A) 绝对收敛; (B) 条件收敛;　　(C) 发散;　　(D) 不能确定.

(8) 设 $S(x) = \sum_{n=1}^{\infty} n x^{n-1}$ $(|x| < 1)$, 则 $S\left(\dfrac{1}{2}\right) = $ (　　).

(A) 2;　　(B) 4;　　(C) 1;　　(D) 3.

(9) 设常数 $k > 0$, 且级数 $\sum_{n=1}^{\infty} a_n^2$ 收敛, 则级数 $\sum_{n=1}^{\infty} (-1)^n \dfrac{|a_n|}{\sqrt{n^2 + k}}$ (　　).

(A) 绝对收敛; (B) 条件收敛;　　(C) 发散;　　(D) 收敛性与 k 有关.

3. 判断下列级数的收敛性:

(1) $\sum_{n=1}^{\infty} \dfrac{\sqrt[n]{n}}{n}$;　　(2) $\sum_{n=1}^{\infty} \dfrac{2^n n!}{n^n}$;　　(3) $\sum_{n=1}^{\infty} \sqrt{\dfrac{1}{2n+1}}$；

(4) $\sum_{n=1}^{\infty} \dfrac{n \cos^2 \dfrac{2\pi}{3}}{2^n}$;　　(5) $\sum_{n=1}^{\infty} \dfrac{2^n}{n^2}$;　　(6) $\sum_{n=1}^{\infty} \left(\dfrac{1+n^2}{1+n^3}\right)^2$;

(7) $\sum_{n=1}^{\infty} \dfrac{n^n}{(n+1)^{n+1}}$;　　(8) $\sum_{n=1}^{\infty} \dfrac{2 + (-1)^n}{3^n}$;　　(9) $\sum_{n=1}^{\infty} \dfrac{n^4}{4^n}$；

(10) $\sum_{n=1}^{\infty} n^2 \sin \dfrac{\pi}{3^n}$;　　(11) $\sum_{n=1}^{\infty} \dfrac{(\ln n)^2}{n^{5/4}}$;　　(12) $\sum_{n=1}^{\infty} \int_0^{\frac{1}{n}} \dfrac{\sqrt{x}}{1+x} dx$.

4. 判断下列级数是绝对收敛、条件收敛还是发散?

(1) $\sum_{n=1}^{\infty} (-1)^{n+1} \dfrac{\ln(n+1)}{n+1}$;　　(2) $\sum_{n=1}^{\infty} \dfrac{n^2 - n^3}{2^n + 3^n}$;

(3) $\sum_{n=1}^{\infty} (-1)^{n-1} \dfrac{(n!)^2}{(2n)!}$;　　(4) $\sum_{n=2}^{\infty} \sin\left(n\pi + \dfrac{1}{\ln n}\right)$;

(5) $\sum_{n=1}^{\infty} (-1)^n \dfrac{1}{n - \ln n}$;　　(6) $\sum_{n=1}^{\infty} (-1)^n \dfrac{1}{n^p}$ $(p > 0)$.

5. 证明: 若级数 $\sum_{n=1}^{\infty} a_n^2$ 收敛, 则级数 $\sum_{n=1}^{\infty} \dfrac{a_n}{n}$ 绝对收敛.

6. 设 $a_n > 0, b_n > 0$,且满足 $\dfrac{a_{n+1}}{a_n} < \dfrac{b_{n+1}}{b_n}$, $n = 1, 2, \cdots$,证明:(1) 若级数 $\sum\limits_{n=1}^{\infty} b_n$ 收敛,则级数 $\sum\limits_{n=1}^{\infty} a_n$ 也收敛;(2) 若级数 $\sum\limits_{n=1}^{\infty} a_n$ 发散,则级数 $\sum\limits_{n=1}^{\infty} b_n$ 发散.

7. 设级数 $\sum\limits_{n=1}^{\infty} a_n$,其中 $a_n \geq 0$,若存在一个正数 b,使得 $a_{n+1} < b(a_n - a_{n+1})(n = 1, 2, \cdots)$,试证明级数 $\sum\limits_{n=1}^{\infty} a_n$ 收敛.

8. 求幂级数的收敛半径及收敛域:

(1) $\sum\limits_{n=1}^{\infty} \dfrac{(-1)^{n-1}}{3^n n} x^n$;

(2) $\sum\limits_{n=1}^{\infty} \dfrac{2^n}{n} x^{2n}$;

(3) $\sum\limits_{n=1}^{\infty} \dfrac{1}{(1 + \dfrac{1}{2} + \cdots + \dfrac{1}{n})} x^n$;

(4) $\sum\limits_{n=1}^{\infty} \dfrac{(x-4)^n}{\sqrt{n}}$.

9. 求下列级数的收敛域:

(1) $\sum\limits_{n=1}^{\infty} \dfrac{n^2}{x^n}(x \neq 0)$;

(2) $\sum\limits_{n=1}^{\infty} n\mathrm{e}^{nx}$.

10. 求幂级数的和函数:

(1) $\sum\limits_{n=1}^{\infty} nx^{n-1}(|x| < 1)$;

(2) $\sum\limits_{n=1}^{\infty} \dfrac{x^{4n+1}}{4n+1}(|x| < 1)$;

(3) $\sum\limits_{n=1}^{\infty} \dfrac{(-1)^{n-1} x^{2n}}{n(2n-1)}(|x| \leq 1)$;

(4) $\sum\limits_{n=1}^{\infty} \dfrac{n}{(n+1)!} x^{n-1}$.

11. 将函数展开成 x 的幂级数:

(1) $f(x) = \cos^2 x$;

(2) $f(x) = x\arctan x - \ln\sqrt{1 + x^2}$;

(3) $f(x) = \arctan \dfrac{1+x}{1-x}$.

12. 求幂级数 $\sum\limits_{n=1}^{\infty} \dfrac{1}{2n-1} x^{2n-1}$ 的收敛域及和函数,并求级数 $\sum\limits_{n=1}^{\infty} \dfrac{1}{(2n-1)2^n}$ 的和.

13. 将 $f(x) = \dfrac{1}{x(x-1)}$ 展开成 $(x-3)$ 的幂级数.

14. 将 $f(x) = \dfrac{1}{x^2}$ 展为 $(x-2)$ 的幂级数.

15. 已知幂级数 $\sum\limits_{n=1}^{\infty} \dfrac{n+1}{n!} x^n$,求和函数及级数 $\sum\limits_{n=1}^{\infty} \dfrac{n+1}{n!}$ 的和.

16. 将函数 $f(x) = \dfrac{\mathrm{d}}{\mathrm{d}x}\left(\dfrac{\cos x - 1}{x}\right)$ 展成 x 的幂级数,指出其收敛区间,并利用展开式求级数 $\sum\limits_{n=1}^{\infty} (-1)^n \dfrac{2n-1}{(2n)!} \left(\dfrac{\pi}{2}\right)^{2n}$.

17. 将周期为 2π 的函数 $f(x)$ 展开成傅里叶级数,$f(x)$ 在 $[-\pi, \pi]$ 上的表达式

$$f(x) = \begin{cases} -\dfrac{\pi}{4} & -\pi \leq x < 0 \\ \dfrac{\pi}{4} & 0 \leq x < \pi \end{cases}$$

18. 将 $f(x) = \begin{cases} 0, & -\pi \leq x < 0 \\ x, & 0 \leq x \leq \pi \end{cases}$ 展开成为傅里叶级数.

19. 在 $[-l, l]$ 上将 $f(x) = \begin{cases} -1, & -l \leq x < 0 \\ 1, & 0 \leq x \leq l \end{cases}$ 展成傅里叶级数.

20. 将 $f(x) = x^2$ 在 $[-1, 1]$ 上展成傅里叶级数并求级数 $\sum_{n=1}^{\infty} \dfrac{(-1)^{n-1}}{n^2}$ 的和.

21. 将函数 $f(x) = k(0 \leq x \leq 3)$ 展成正弦级数,其中 k 为常数.

22. 若 $f(x) = \begin{cases} -x+1 & -1 \leq x < 0 \\ x+1 & 0 \leq x < 1 \end{cases}$ 是周期为 2 的周期函数,试将 $f(x)$ 展开成傅里叶级数,并求级数 $\sum_{n=1}^{\infty} \dfrac{1}{(2n-1)^2}$ 的和.

第10章

上机计算（II）

10.1 空间图形的画法

实验目的

掌握用 Mathematica 绘制空间曲面和曲线的方法．熟悉常用空间曲线和空间曲面的图形特征，通过作图和观察，提高空间想象能力．深入理解二次曲面方程及其图形．

基本命令

1. 空间直角坐标系中作三维图形的命令 Plot3D

命令 Plot3D 主要用于绘制二元函数 $z = f(x,y)$ 的图形，该命令的基本格式为

$$\text{Plot3D}[f(x,y),\{x,x1,x2\},\{y,y1,y2\},\text{选项}]$$

其中 f[x,y] 是 x,y 的二元函数，x1,x2 表示 x 的作图范围，y1,y2 表示 y 的作图范围．

例如，输入

$$\text{Plot3D}[x\hat{}2 + y\hat{}2,\{x,-2,2\},\{y,-2,2\}]$$

则输出函数 $z = x^2 + y^2$ 在区域 $-2 \leqslant x \leqslant 2$，$-2 \leqslant y \leqslant 2$ 上的图形．

与 Plot 命令类似，Plot3D 有许多选项，其中常用的如 PlotPoints, ViewPoint 和 PlotPoints 的用法与以前形同．由于其默认值为 PlotPoints -> 15，所以常常需要增加一些点以使曲面更加精致，因此，可能要用更多的时间才能完成作图，选项 ViewPoint 用于选择图形的视点（视角），其默认值为 ViewPoint -> {1.3, -2.4, 2.0}，需要时可以改变视点．

2. 利用参数方程作空间曲面或曲线的命令 ParametricPlot3D

用于作曲面时，该命令的基本格式为

$$\text{ParametricPlot3D}[\{x[u,v],y[u,v],z[u,v]\},\{u,u1,u2\},\{v,v1,v2\},\text{选项}]$$

其中 x[u,v], y[u,v], z[u,v] 是曲线的参数方程，u1,u2 是参数 u 的范围，v1,v2 是参数 v 的范围．

例如，对于前面的旋转抛物面，输入

$$\text{ParametricPlot3D}[\{u*\text{Cos}[v],u*\text{Sin}[v],u\hat{}2\},\{u,0,3\},\{v,0,2*\text{Pi}\}]$$

同样得到曲面 $z = x^2 + y^2$ 的图像．

由于变量的取值范围不同，图形也不同，不过，后者比较好地反映了旋转曲面的特点，

因而是常用的方法.

用于作空间曲线时,ParametricPlot3D 的基本格式为

$$\text{ParametricPlot3D}[\{x[t],y[t],z[t]\},\{t,t1,t2\},选项]$$

其中 x[t],y[t],z[t] 是曲线的参数方程表达式,t1,t2 是作图时参数 t 的取值范围.

例如,空间螺旋线的参数方程为

$$x = \cos t, \quad y = \sin t, \quad z = t/10 \quad (0 \leqslant t \leqslant 18\pi)$$

输入

$$\text{ParametricPlot3D}[\{\text{Cos}[t],\text{Sin}[t]\},\{t,0,18*\text{Pi}\}]$$

则会输出一条红色的螺旋线.

3. 作三维动画的命令 MoviePlot3D

无论是在平面还是空间,先作一系列的图形,再连续不断地放映,便得到动画.

例如,输入调用作图软件包命令

$$<< \text{Graphics}\backslash\text{Animation.m}$$

执行后再输入

$$\text{MoviePlot3D}[\text{Cos}[t]*x*\text{Sin}[t*y],\{x,-\text{Pi},\text{Pi}\},\{y,-\text{Pi},\text{Pi}\},\{t,1,2\},\text{Framet}->12]$$

则会作出 12 幅曲面图,选中任一图形,双击它便可形成动画.

实验举例

1. 一般二元函数作图

例 10.1.1 作出平面 $z = 6 - 2x - 3y$ 的图形,其中 $0 \leqslant x \leqslant 3, 0 \leqslant y \leqslant 2$.

输入

$$\text{Plot3D}[6 - 2x - 3y,\{x,0,3\},\{y,0,2\}]$$

则输出所作平面的图形.

例 10.1.2 作出函数 $z = \dfrac{4}{1 + x^2 + y^2}$ 的图形.

输入

$$k[x\_,y\_] := 4/(1 + x\textasciicircum 2 + y\textasciicircum 2)$$
$$\text{Plot3D}[k[x,y],\{x,-2,2\},\{y,-2,2\},\text{PlotPoints}->30,$$
$$\text{PlotRange}->\{0,4\},\text{BoxRatios}->\{1,1,1\}]$$

则输出函数的图形 10.1.1,观察图形,理解选项 PlotRange -> {0,4} 和 BoxRatios -> {1,1,1} 的含义.选项 BoxRatios 的默认值是 {1,1,0.4}.

例 10.1.3 作出函数 $z = -xye^{-x^2-y^2}$ 的图形.

输入命令

$$\text{Plot3D}[-x*y*\text{Exp}[-x\textasciicircum 2 - y\textasciicircum 2],\{x,-3,3\},\{y,-3,3\},$$
$$\text{PlotPoints}->30,\text{AspectRatio}->\text{Automatic}];$$

则输出所求图形(图 10.1.2).

例 10.1.4 作出函数 $z = \cos(4x^2 + 9y^2)$ 的图形.

输入

$$\text{Plot3D}[\text{Cos}[4x\textasciicircum 2 + 9y\textasciicircum 2],\{x,-1,1\},\{y,-1,1\},\text{Boxed}->\text{False},$$

Axes -> Automatic,PlotPoints -> 30,Shading -> False]

则输出网格形式的曲面图 10.1.3,这是选项 Shading -> False 起的作用,同时注意选项 Boxed -> False 的作用.

图 10.1.1

图 10.1.2

图 10.1.3

2. 二次曲面

例 10.1.5 作出椭球面 $\dfrac{x^2}{4}+\dfrac{y^2}{9}+\dfrac{z^2}{1}=1$ 的图形.

这是多值函数,用参数方程作图的命令 ParametricPlot3D. 该曲面的参数方程为
$$x = 2\sin u\cos v, y = 3\sin u\sin v, z = \cos u \quad (0 \leq u \leq \pi, 0 \leq v \leq 2\pi)$$
输入
  ParametricPlot3D[{2*Sin[u]*Cos[v],3*Sin[u]*Sin[v],Cos[u]},
  {u,0,Pi},{v,0,2*Pi},PlotPoints -> 30]

则输出椭球面的图形. 其中选项 PlotPoints -> 30 是增加取点的数量,可使图形更加光滑.

例 10.1.6 作出单叶双曲面 $\dfrac{x^2}{1} + \dfrac{y^2}{4} - \dfrac{z^2}{9} = 1$ 的图形.

曲面的参数方程为
$$x = \sec u\sin v, y = 2\sec u\cos v, z = 3\tan u \quad (-\pi/2 < u < \pi/2, 0 \leq v \leq 2\pi)$$
输入
  ParametricPlot3D[{Sec[u]*Sin[v],2*Sec[u]*Cos[v],3*Tan[u]},
  {u,-Pi/4,Pi/4},{v,0,2*Pi},PlotPoints -> 30]

则输出单叶双曲面的图形.

例 10.1.7 作出圆环
$$x = (8 + 3\cos v)\cos u, \quad y = (8 + 3\cos v)\sin u, \quad z = 7\sin v$$
$$(0 \leq u \leq 3\pi/2, \pi/2 \leq v \leq 2\pi)$$

的图形.
 输入
  ParametricPlot3D[{(8 + 3*Cos[v])*Cos[u],(8 + 3*Cos[v])*Sin[u],
  7*Sin[v]},{u,0,3*Pi/2},{v,Pi/2,2*Pi}];

则输出所求圆环的图形.

3. 曲面相交

例 10.1.8 作出球面 $x^2 + y^2 + z^2 = 2^2$ 和柱面 $(x-1)^2 + y^2 = 1$ 相交的图形.
 输入
  g1 = ParametricPlot3D[{2Sin[u]*Cos[v],2Sin[u]*Sin[v],2Cos[u]},
     {u,0,Pi},{v,0,2*Pi},DisplayFunction -> Identity];
  g2 = ParametricPlot3D[{2Cos[u]^2,Sin[2u],v},
  {u,-Pi/2,Pi/2},{v,-3,3},DisplayFunction -> Identity];
  Show[g1,g2,DisplayFunction -> $DisplayFunction]

则输出所求图形.

例 10.1.9 作出曲面 $z = \sqrt{1 - x^2 - y^2}, x^2 + y^2 = x$ 及 xOy 面所围成的立体图形.
 输入
  g1 = ParametricPlot3D[{r*Cos[t],r*Sin[t],r^2},{t,0,2*Pi},
     {r,0,1},PlotPoints -> 30];
  g2 = ParametricPlot3D[{Cos[t]*Sin[r],Sin[t]*Sin[r],Cos[r] + 1},

$$\{t,0,2*Pi\},\{r,0,Pi/2\},PlotPoints->30\};$$
$$Show[g1,g2]$$

则输出所求图形.

例 10.1.10 作出螺旋线 $x = 10\cos t, y = 10\sin t, z = 2t (t \in \mathbf{R})$ 在 xOz 面上的正投影曲线的图形.

所给螺旋线在 xOz 面上的投影曲线的参数方程为

$$x = 10\cos t, \quad z = 2t$$

输入
$$ParametricPlot[\{2*t,10*Cos[t]\},\{t,-2*Pi,2*Pi\}];$$

则输出所求图形.

注：将表示曲线的方程组,消去其中一个变量,即得到曲线在相应于这一变量方向上的正投影曲线的方程,不考虑曲线所在平面,它就是投影柱面方程；对于参数方程,只要注意将方程中并不存在的那个变元看成第二参数而添加第三个方程即可.

例 10.1.11 作出默比乌斯带（单侧曲面）的图形.

输入
$$Clear[r,x,y,z];$$
$$r[t\_,v\_]:=2+0.5*v*Cos[t/2];$$
$$x[t\_,v\_]:=r[t,v]*Cos[t];$$
$$y[t\_,v\_]:=r[t,v]*Sin[t];$$
$$z[t\_,v\_]:=0.5*v*Sin[t/2];$$
$$ParametricPlot3D[\{x[t,v],y[t,v],z[t,v]\},\{t,0,2*Pi\},$$
$$\{v,-1,1\},PlotPoints->\{40,4\},Ticks->False]$$

则输出所求图形. 观察所得到的曲面,理解它是单侧曲面.

4. 空间曲线

例 10.1.12 作出空间曲线 $x = t\cos t, y = t\sin t, z = 2t\ (0 \le t \le 6\pi)$ 的图形.

输入
$$ParametricPlot3D[\{t*Cos[t],t*Sin[t],2*t,RGBColor[1.0,0,0.5]\},\{t,0,6*Pi\}]$$

则输出所求图形.

5. 动画制作

例 10.1.13 作模拟水波纹运动的动画.

输入调用软件包命令
$$<<Graphics\backslash Animation.m$$

执行后再输入
$$MoviePlot3D[Sin[Sqrt[x\wedge 2+y\wedge 2]+t*2*Pi],\{x,-8*Pi,8*Pi\},$$
$$\{y,-8*Pi,8*Pi\},\{t,1,0\},PlotPoints->50,AspectRatio->0.5,$$
$$ViewPoint->\{0.911,-1.682,2.791\},Frames->12]$$

则输出 12 幅具有不同相位的水面图形,双击屏幕上任意一幅图,均可观察动画效果.

例 10.1.14 用动画演示由曲线 $y = \sin z, z \in [0, \pi]$ 绕 z 轴旋转产生旋转曲面的过程.

该曲线绕 z 轴旋转所得旋转曲面的方程为 $x^2 + y^2 = \sin^2 z$, 其参数方程为
$$x = \sin z \cos u, \quad y = \sin z \sin u, \quad z = z \quad (z \in [0, \pi], u \in [0, 2\pi])$$

输入
For[i = 1, i < = 30, i + +, ParametricPlot3D[{Sin[z] * Cos[u], Sin[z] * Sin[u], z},
{z, 0, Pi}, {u, 0, 2 * Pi * i/30}, AspectRatio -> 1, AxesLabel -> {"X", "Y", "Z"}]];
则输出连续变化的 30 幅图形. 双击屏幕上任意一幅图, 均可观察动画效果.

上机习题

1. 用 Plot3D 命令作出函数 $z = -\cos 2x \sin 3y$ 的图形, 采用选项 PlotPoints -> 40, 其中 $-3 \leqslant x \leqslant 3, -3 \leqslant y \leqslant 3$.

2. 作出函数 $z = \sin(\pi \sqrt{x^2 + y^2})$ 的图形.

3. 用 Plot3D 命令作出函数 $z = e^{-(x^2+y^2)/8}(\cos^2 x + \sin^2 y)$ 的图形, 采用选项 PlotPoints -> 60, 其中 $-\pi \leqslant x \leqslant \pi, -\pi \leqslant y \leqslant \pi$.

4. 二元函数 $z = \dfrac{xy}{x^2 + y^2}$ 在点 $(0,0)$ 处不连续, 用 Plot3D 命令作出在区域 $-2 \leqslant x \leqslant 2$, $-2 \leqslant y \leqslant 2$ 上的图形(采用选项 PlotPoints -> 40). 观察曲面在 $(0,0)$ 附近的变化情况.

5. 一个环面的参数方程为
$$x = (3 + \cos u)\cos v, \quad y = (3 + \cos u)\sin v, \quad z = \sin u \quad (0 \leqslant u \leqslant 2\pi, 0 \leqslant v \leqslant 2\pi)$$
试用命令 ParametricPlot3D 作出它的图形.

6. 一个称为正螺面的曲面参数方程为
$$x = u\cos v, \quad y = u\sin v, \quad z = v/3$$
试用命令 ParametricPlot3D 作出它的图形.

7. 用命令 Plot3D 作双曲抛物面 $z = \dfrac{x^2}{1} - \dfrac{y^2}{4}$, 采用选项 BoxRatios -> {1,1,1}, 其中 $-6 \leqslant x \leqslant 6, -14 \leqslant y \leqslant 14$.

8. 用命令 ParametricPlot3D 作出圆柱面 $x^2 + y^2 = 1$ 和圆柱面 $x^2 + z^2 = 1$ 相交的图形.

9. 用命令 ParametricPlot3D 作出抛物面 $x = y^2$ 和平面 $x + z = 1$ 相交的图形.

10. 用命令 ParametricPlot3D 作出圆柱面 $x^2 + y^2 = 1$ 和圆柱面 $x^2 + z^2 = 1$ 相交所成的空间曲线在第一卦限内的图形.

10.2 多元函数微分学

实验目的

掌握利用 Mathematica 计算多元函数偏导数和全微分的方法, 掌握计算二元函数极值和条件极值的方法. 理解和掌握曲面的切平面的作法. 通过作图和观察, 理解二元函

数的性质、方向导数、梯度和等高线的概念.

基本命令

1. 求偏导数的命令 D

命令 D 既可以用于求一元函数的偏导数,也可以用于求多元函数的偏导数.例如:

求 $f(x,y,z)$ 对 x 的偏导数,则输入 D[f[x,y,z],x]

求 $f(x,y,z)$ 对 y 的偏导数,则输入 D[f[x,y,z],y]

求 $f(x,y,z)$ 对 x 的二阶偏导数,则输入 D[f[x,y,z],{x,2}]

求 $f(x,y,z)$ 对 x,y 的混合偏导数,则输入 D[f[x,y,z],x,y]

....

2. 求全微分的命令 Dt

该命令只用于求二元函数 $f(x,y)$ 的全微分时,其基本格式为

$$Dt[f[x,y]]$$

其输出的表达式中含有 Dt[x],Dt[y],它们分别表示自变量的微分 dx,dy. 若函数 $f(x,y)$ 的表达式中还含有其他用字符表示的常数,例如 a,则 Dt[f[x,y]] 的输出中还会有 Dt[a],若采用选项 Constants -> {a},就可以得到正确结果,即只要输入

$$Dt[f[x,y],Constants -> \{a\}]$$

3. 在 Oxy 平面上作二元函数 $f(x,y)$ 的等高线的命令 ContourPlot

命令的基本格式为

$$ContourPlot[f[x,y],\{x,x1,x2\},\{y,y1,y2\}]$$

例如,输入

$$ContourPlot[x^2 - y^2,\{x,-2,2\},\{y,-2,2\}]$$

则输出函数 $z = x^2 - y^2$ 的等高线图(图 10.2.1).该命令的选项比较多(详细的内容参见光盘中的实验案例库).如选项 Contours -> 15 表示作 15 条等高线,选项 Contours -> {0} 表示只作函数值为 0 的等高线.

图 10.2.1

实验举例

1. 求多元函数的偏导数与全微分

例 10.2.1 设 $z = \sin(xy) + \cos^2(xy)$,求 $\dfrac{\partial z}{\partial x}, \dfrac{\partial z}{\partial y}, \dfrac{\partial^2 z}{\partial x^2}, \dfrac{\partial^2 z}{\partial x \partial y}$.

输入

$$\text{Clear}[z];$$
$$z = \text{Sin}[x*y] + \text{Cos}[x*y]\verb|^|2;$$
$$D[z,x]$$
$$D[z,y]$$
$$D[z,\{x,2\}]$$
$$D[z,x,y]$$

则输出所求结果.

例 10.2.2 设 $z = (1 + xy)^y$,求 $\dfrac{\partial z}{\partial x}, \dfrac{\partial z}{\partial y}$ 和全微分 dz.

输入

$$\text{Clear}[z]; z = (1 + x*y)\verb|^|y;$$
$$D[z,x]$$
$$D[z,y]$$

则有输出

$$y^2(1 + xy)^{-1+y}$$
$$(1 + xy)^y \left(\dfrac{xy}{1 + xy} + \text{Log}[1 + xy] \right)$$

再输入

$$\text{Dt}[z]$$

则得到输出

$$(1 + xy)^y \left(\dfrac{y(y\text{Dt}[x] + x\text{Dt}[y])}{1 + xy} + \text{Dt}[y]\text{Log}[1 + xy] \right)$$

例 10.2.3 设 $z = (a + xy)^y$,其中 a 是常数,求 dz.

输入

$$\text{Clear}[z,a]; z = (a + x*y)\verb|^|y;$$
$$wf = \text{Dt}[z, \text{Constants} -> \{a\}] //\text{Simplify}$$

则输出结果:

$$(a + xy)^{-1+y}(y^2\text{Dt}[x, \text{Constants} -> \{a\}] +$$
$$\text{Dt}[y, \text{Constants} -> \{a\}](xy + (a + xy)\text{Log}[a + xy]))$$

其中 Dt[x,Constants->{a}] 就是 dx, Dt[y,Constants->{a}] 就是 dy. 可以用代换命令"/."把它们换掉. 输入

$$\text{wf}/.\{\text{Dt}[\text{x,Constants}->\{\text{a}\}]->\text{dx},\text{Dt}[\text{y,Constants}->\{\text{a}\}]->\text{dy}\}$$

输出为

$$(a+xy)^{-1+y}(\text{dxy}^2+\text{dy}(xy+(a+xy)\text{Log}[a+xy]))$$

例 10.2.4 设 $x=e^u+u\sin v, y=e^u-u\cos v$, 求 $\dfrac{\partial u}{\partial x},\dfrac{\partial u}{\partial y},\dfrac{\partial v}{\partial x},\dfrac{\partial v}{\partial y}$.

输入

$$\text{eq1}=D[x==E^\wedge u+u*\text{Sin}[v],x,\text{NonConstants}->\{u,v\}]$$
(* 第一个方程两边对 x 求导数, 把 u,v 看成 x,y 的函数 *)
$$\text{eq2}=D[y==E^\wedge u-u*\text{Cos}[v],x,\text{NonConstants}->\{u,v\}]$$
(* 第二个方程两边对 x 求导数, 把 u,v 看成 x,y 的函数 *)
$$\text{Solve}[\{\text{eq1},\text{eq2}\},\{D[u,x,\text{NonConstants}->\{u,v\}],$$
$$D[v,x,\text{NonConstants}->\{u,v\}]\}]//\text{Simplify}$$
(* 解求导以后由 eq1,eq2 组成的方程组 *)

则输出

$$\left\{\left\{D[u,x,\text{NonConstants}->\{u,v\}]->\dfrac{\text{Sin}[v]}{1-E^u\text{Cos}[v]+E^u\text{Sin}[v]},\right.\right.$$
$$\left.\left.D[v,x,\text{NonConstants}->\{u,v\}]->\dfrac{E^u-\text{Cos}[v]}{u(-1+E^u\text{Cos}[v]-E^u\text{Sin}[v])}\right\}\right\}$$

其中 D[u,x,NonConstants->{u,v}] 表示 u 对 x 的偏导数, 而 D[v,x,NonConstants->{u,v}] 表示 v 对 x 的偏导数. 类似地可求得 u,v 对 y 的偏导数.

2. 微分学的几何应用

例 10.2.5 求出曲面 $z=2x^2+y^2$ 在点 $(1,1)$ 处的切平面、法线方程, 并画出图形.

解 (1) 画出曲面的图形. 曲面的参数方程为

$$\begin{cases} x=r\sin u/\sqrt{2} \\ y=r\cos u, u\in[0,2\pi], r\in[0,2] \\ z=r^2 \end{cases}$$

输入命令

Clear[f];
f[x_,y_] = 2*x^2 + y^2;p1 = Plot3D[f[x,y],{x,-2,2},{y,-2,2}];
g1 = ParametricPlot3D[{r*Sin[u]/Sqrt[2.],r*Cos[u],r^2},{u,0,2*Pi},{r,0,2}]

则输出相应图形(图 10.2.2).

(2) 画出切平面的图形. 输入命令

a = D[f[x,y],x]/.{x->1,y->1};
b = D[f[x,y],y]/.{x->1,y->1};
p[x_,y_] = f[1,1] + a(x-1) + b(y-1);
g2 = Plot3D[p[x,y],{x,-2,2},{y,-2,2}];

图 10.2.2

则输出切平面方程为 $2x + y - 1 = 0$,及相应图形(图 10.2.3).

图 10.2.3

(3) 画出法线的图形. 输入命令

```
ly[x_] = 1 + b(x - 1)/a;lz[x_] = f[1,1] - (x - 1)/a;
g3 = ParametricPlot3D[{x,ly[x],lz[x]},{x, -2,2}];
Show[p1,g2,g3,AspectRatio -> Automatic,
        ViewPoint -> {-2.530, -1.025,2.000}];
```

则输出相应图形(图 10.2.4).

图 10.2.4

例 10.2.6 求曲面 $k(x,y) = \dfrac{4}{x^2 + y^2 + 1}$ 在点 $\left(\dfrac{1}{4}, \dfrac{1}{2}, \dfrac{64}{21}\right)$ 处的切平面方程,并把曲

面和它的切平面作在同一图形里.

输入

```
Clear[k,z];
k[x_,y_] = 4/(x^2 + y^2 + 1);
(* 定义函数 k(x,y) *)
kx = D[k[x,y],x]/.{x -> 1/4,y -> 1/2};
(* 求函数 k(x,y) 对 x 的偏导数,并代入在指定点的值 *)
ky = D[k[x,y],y]/.{x -> 1/4,y -> 1/2};
(* 求函数 k(x,y) 对 y 的偏导数,并代入在指定点的值 *)
z = kx*(x - 1/4) + ky*(y - 1/2) + k[1/4,1/2];
(* 定义在指定点的切平面函数 *)
```

再输入

```
qm = Plot3D[k[x,y],{x,-2,2},{y,-2,2},PlotRange -> {0,4},
    BoxRatios -> {1,1,1},PlotPoints -> 30,
    DisplayFunction -> Identity];
qpm = Plot3D[z,{x,-2,2},{y,-2,2},
    DisplayFunction -> Identity];
Show[qm,qpm,DisplayFunction -> $DisplayFunction];
```

则输出所求曲面与切平面的图形(10.2.5).

图 10.2.5

3. 多元函数的极值

例 10.2.7 求 $f(x,y) = x^3 - y^3 + 3x^2 + 3y^2 - 9x$ 的极值.

输入

```
Clear[f];
f[x_,y_] = x^3 - y^3 + 3x^2 + 3y^2 - 9x;
fx = D[f[x,y],x]
fy = D[f[x,y],y]
critpts = Solve[{fx == 0,fy == 0}]
```

则分别输出所求偏导数和驻点：

$$-9 + 6x + 3x^2$$

$$6y - 3y^2$$

$$\{\{x->-3,y->0\},\{x->-3,y->2\},\{x->1,y->0\},\{x->1,y->2\}\}$$

再输入求二阶偏导数和定义判别式的命令

$$fxx = D[f[x,y],\{x,2\}];$$
$$fyy = D[f[x,y],\{y,2\}];$$
$$fxy = D[f[x,y],x,y];$$
$$disc = fxx * fyy - fxy\text{\textasciicircum}2$$

输出为判别式函数 $f_{xx}f_{yy} - f_{xy}^2$ 的形式：

$$(6+6x)(6-6y)$$

再输入

$$data = \{x,y,fxx,disc,f[x,y]\}/.\ critpts;$$
$$TableForm[data,TableHeadings -> \{None,$$
$$\{"x","y","fxx","disc","f"\}\}]$$

最后我们得到了四个驻点处的判别式与 f_{xx} 的值并列出如下．

x	y	fxx	disc	f
-3	0	-12	-72	27
-3	2	-12	72	31
1	0	12	72	-5
1	2	12	-72	-1

易见，当 $x=-3, y=2$ 时 $f_{xx}=-12$，判别式 disc = 72，函数有极大值 31；
当 $x=1, y=0$ 时 $f_{xx}=12$，判别式 disc = 72，函数有极小值 -5；
当 $x=-3, y=0$ 和 $x=1, y=2$ 时，判别式 disc = -72，函数在这些点没有极值．
最后，把函数的等高线和四个极值点用图形表示出来，输入

$$d2 = \{x,y\}/.\ critpts;$$
$$g4 = ListPlot[d2,PlotStyle -> PointSize[0.02],$$
$$\quad DisplayFunction -> Identity];$$
$$g5 = ContourPlot[f[x,y],\{x,-5,3\},\{y,-3,5\},Contours -> 40,$$
$$\quad PlotPoints -> 60, ContourShading -> False,$$
$$\quad Frame -> False, Axes -> Automatic,$$
$$\quad AxesOrigin -> \{0,0\}, DisplayFunction -> Identity];$$
$$Show[g4,g5,DisplayFunction -> \$DisplayFunction];$$

则输出图 10.2.6.

从上图可见，在两个极值点附近，函数的等高线为封闭的．在非极值点附近，等高线不封闭．这也是从图形上判断极值点的方法．

注：上册上机计算一章中，我们曾用命令 FindMinimum 来求一元函数的极值，实际上，也可以用它求多元函数的极值，不过输入的初值要在极值点的附近．对本例，可以输

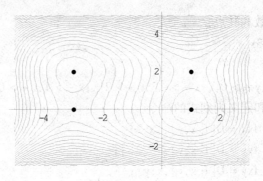

图 10.2.6

入以下命令

$$\text{FindMinimum}[f[x,y],\{x,-1\},\{y,1\}]$$

则输出

$$\{-5.,\{x->1.,y->-2.36603\times 10^{-8}\}\}$$

从中看到在 $x=1, y=0$ 的附近函数 $f(x,y)$ 有极小值 -5，但 y 的精度不够好.

例 10.2.8 求函数 $z=x^2+y^2$ 在条件 $x^2+y^2+x+y-1=0$ 下的极值.

输入

$$\text{Clear}[f,g,la];$$
$$f[x\_,y\_]=x\^{}2+y\^{}2;$$
$$g[x\_,y\_]=x\^{}2+y\^{}2+x+y-1;$$
$$la[x\_,y\_,r\_]=f[x,y]+r*g[x,y];$$
$$\text{extpts}=\text{Solve}[\{D[la[x,y,r],x]==0,$$
$$D[la[x,y,r],y]==0,D[la[x,y,r],r]==0\}]$$

得到输出

$$\left\{\left\{r->\frac{1}{3}(-3-\sqrt{3}),x->\frac{1}{2}(-1-\sqrt{3}),y->\frac{1}{2}(-1-\sqrt{3})\right\},\right.$$
$$\left.\left\{r->\frac{1}{3}(-3+\sqrt{3}),x->\frac{1}{2}(-1+\sqrt{3}),y->\frac{1}{2}(-1+\sqrt{3})\right\}\right\}$$

再输入

$$f[x,y]/.\text{extpts}//\text{Simplify}$$

得到两个可能是条件极值的函数值 $\{2+\sqrt{3},2-\sqrt{3}\}$. 但是否真的取到条件极值呢？ 可利用等高线作图来判断.

输入

```
dian = {x,y}/.Table[extpts[[s,j]],{s,1,2},{j,2,3}]
g1 = ListPlot[dian,PlotStyle -> PointSize[0.03],
        DisplayFunction -> Identity]
cp1 = ContourPlot[f[x,y],{x,-2,2},{y,-2,2},
        Contours -> 20,PlotPoints -> 60,
        ContourShading -> False,Frame -> False,
        Axes -> Automatic,
        AxesOrigin -> {0,0},DisplayFunction -> Identity];
cp2 = ContourPlot[g[x,y],{x,-2,2},{y,-2,2},
        PlotPoints -> 60,Contours -> {0},ContourShading ->
        False,Frame -> False,Axes -> Automatic,
        ContourStyle -> Dashing[{0.01}],
        AxesOrigin -> {0,0},DisplayFunction -> Identity];
Show[g1,cp1,cp2,AspectRatio -> 1,DisplayFunction ->
        $DisplayFunction];
```

输出为

$$\left\{\left\{-\frac{1}{2}-\frac{\sqrt{3}}{2},\frac{1}{2}(-1-\sqrt{3})\right\},\left\{-\frac{1}{2}+\frac{\sqrt{3}}{2},\frac{1}{2}(-1+\sqrt{3})\right\}\right\}$$

及图 10.2.7. 从图可见, 在极值可能存在点

$$\left(-\frac{1}{2}-\frac{\sqrt{3}}{2},-\frac{1}{2}-\frac{\sqrt{3}}{2}\right),\left(-\frac{1}{2}+\frac{\sqrt{3}}{2},-\frac{1}{2}+\frac{\sqrt{3}}{2}\right)$$

处, 函数 $z=f(x,y)$ 的等高线与曲线 $g(x,y)=0$ (虚线) 相切. 函数 $z=f(x,y)$ 的等高线是一系列同心圆, 由里向外, 函数值在增大, 在 $x=\frac{1}{2}(-1-\sqrt{3})$, $y=\frac{1}{2}(-1-\sqrt{3})$ 的附近观察, 可以得出 $z=f(x,y)$ 取条件极大的结论. 在 $x=\frac{1}{2}(-1+\sqrt{3})$, $y=\frac{1}{2}(-1+\sqrt{3})$ 的附近观察, 可以得出 $z=f(x,y)$ 取条件极小的结论.

图 10.2.7

4. 梯度场

例 10.2.9　画出函数 $f(x,y,z) = z^2 - x^2 - y^2$ 的梯度向量.

解　输入命令

<< Graphics`ContourPlot3D`
<< Graphics`PlotField3D`
<< Calculus`VectorAnalysis`
SetCoordinates[Cartesian[x,y,z]];f = z^2 - x^2 - y^2;
cp3d = ContourPlot3D[f,{x, - 1.1,1.1},{y, - 1.1,1.1},{z, - 2,2},
　　　　Contours - > {1.0},Axes - > True,AxesLabel - > {"x","y","z"}];
vecplot3d = PlotGradientField3D[f,{x, - 1.1,1.1},{y, - 1.1,1.1},{z, - 2,2},
　　　　PlotPoints - > 3,VectorHeads - > True];
Show[vecplot3d, cp3d];

则输出相应图形(图 10.2.8).

图 10.2.8

例 10.2.10　在同一坐标面上作出
$$u(x,y) = x\left(1 + \frac{1}{x^2 + y^2}\right) \text{ 和 } v(x,y) = y\left(1 - \frac{1}{x^2 + y^2}\right)$$
的等高线图 $(x > 0)$，并给出它们之间的关系.

解　输入命令

```
<< Calculus `VectorAnalysis`
<< Graphics `PlotField`
SetCoordinates[ Cartesian[ x,y,z ] ] ;
check[ u_,v_ ]: = {Grad[u][[1]] - Grad[v][[2]],
    Grad[v][[1]] + Grad[u][[2]]}
u = x(1 + 1/(x^2 + y^2));v = y(1 - 1/(x^2 + y^2));
check[ u,v]//Simplify
ugradplot = PlotGradientField[ u,{x, - 2,2},{y, - 2,2},
    DisplayFunction - > Identity];
uplot = ContourPlot[ u,{x, - 2,2},{y, - 2,2},
    ContourStyle - > GrayLevel[0],ContourShading - > False,
    DisplayFunction - > Identity,Contours - > 40,PlotPoints - > 40];
g1 = Show[ uplot,ugradplot,DisplayFunction - > $ DisplayFunction];
vgradplot = PlotGradientField[ v,{x, - 2,2},{y, - 2,2},
    DisplayFunction - > Identity];
vplot = ContourPlot[ v,{x, - 2,2},{y, - 2,2},
    ContourStyle - > GrayLevel[0.7],ContourShading - > False,
    DisplayFunction - > Identity,Contours - > 40,PlotPoints - > 40];
g2 = Show[ vplot,vgradplot,DisplayFunction - > $ DisplayFunction];
g3 = Show[ uplot,vplot,DisplayFunction - > $ DisplayFunction];
g4 = Show[ ugradplot,vgradplot,DisplayFunction - > $ DisplayFunction];
```

则输出相应图形(图 10.2.9),其中

(a) $u(x,y)$ 的梯度与等高线图;

(b) $v(x,y)$ 的梯度与等高线图;

(c) $u(x,y)$ 与 $v(x,y)$ 的等高线图;

(d) $u(x,y)$ 与 $v(x,y)$ 的梯度图.

(a)　　　　　　　(b)

(c)   (d)

图 10.2.9

从上述图中可以看出它们的等高线为一族正交曲线. 事实上, 有

$$\frac{\partial u}{\partial x}=\frac{x}{x^2+y^2}=\frac{\partial v}{\partial y},\quad \frac{\partial u}{\partial y}=\frac{x}{x^2+y^2}=-\frac{\partial v}{\partial x}$$

且 $\nabla u\cdot\nabla v=0$, 它们满足拉普拉斯方程

$$\frac{\partial^2 u}{\partial x^2}+\frac{\partial^2 u}{\partial y^2}=\frac{\partial^2 v}{\partial x^2}+\frac{\partial^2 v}{\partial y^2}=0$$

例 10.2.11 设 $f(x,y)=x\mathrm{e}^{-(x^2+y^2)}$, 作出 $f(x,y)$ 的图形和等高线, 再作出它的梯度向量 **grad** f 的图形. 把上述等高线和梯度向量的图形叠加在一起, 观察它们之间的关系.

输入调用作向量场图形的软件包命令

    << Graphics\PlotField.m

再输入

```
Clear[f];
f[x_,y_] = x * Exp[ - x^2 - y^2];
dgx = ContourPlot[f[x,y],{x, -2,2},{y, -2,2},PlotPoints -> 60,
        Contours -> 25,ContourShading -> False,
        Frame -> False,Axes -> Automatic,
        AxesOrigin -> {0,0}];
td = PlotGradientField[f[x,y],{x, -2,2},{y, -2,2},Frame -> False]
Show[dgx,td];
```

输出为图 10.2.10. 从图可以看到 Oxy 平面上过每一点的等高线和梯度向量是垂直的, 且梯度的方向是指向函数值增大的方向.

图 10.2.10

例 10.2.12 求出函数 $f(x,y) = x^4 - 4xy + y^2$ 的极值,并画出函数 $f(x,y)$ 的等高线、驻点以及 $-f(x,y)$ 的梯度向量的图形.

输入命令

  << Graphics`PlotField`

  f = x^4 - 4 * x * y + y^2; FindMinimum[f, {x, 1}, {y, 1}];

  conplot = ContourPlot[f, {x, -2, 2}, {y, -3, 3}, ContourShading -> False,

    PlotPoints -> 100, Contours -> {-4, -2, 0, 2, 4, 10, 20}];

  fieldplot = PlotGradientField[-f, {x, -2, 2}, {y, -3, 3}, ScaleFunction ->

    (Tanh[#/5]&)];

  critptplot = ListPlot[{{-Sqrt[2], -2 * Sqrt[2]}, {0, 0}, {Sqrt[2],

    2 * Sqrt[2]}}, PlotStyle -> {PointSize[0.03]}];

  Show[conplot, fieldplot, critptplot];

则得到 $f(x,y)$ 的最小值 $f(1.41421, 2.82843) = -4$. 以及函数的图形(图 10.2.11).

图 10.2.11

上机习题

1. 设 $z = e^{\frac{y}{x}}$,求 dz.

2. 设 $z = f(xy, y)$,求 $\dfrac{\partial^2 z}{\partial x^2}, \dfrac{\partial^2 z}{\partial y^2}, \dfrac{\partial^2 z}{\partial x \partial y}$.

3. 设 $g(x,y) = e^{-(x^2+y^2)/8}(\cos^2 x + \sin^2 y)$,求 $\dfrac{\partial z}{\partial x}, \dfrac{\partial z}{\partial y}, \dfrac{\partial^2 z}{\partial x \partial y}$.

4. 试用例 10.2.7 的方法求 $f(x,y) = -120x^3 - 30x^4 + 18x^5 + 5x^6 + 30xy^2$ 的极值.

5. 求 $z = x^2 + 4y^3$ 在 $x^2 + 4y^2 - 1 = 0$ 条件下的极值.

6. 作出函数 $f(x,y) = e^{-(x^2+2y^2)/10^4}$ 的等高线和梯度线的图形,并观察梯度线与等高线的关系.

10.3 多元函数积分学

实验目的

掌握用 Mathematica 计算二重积分与三重积分的方法；深入理解曲线积分、曲面积分的概念和计算方法. 提高应用重积分和曲线、曲面积分解决各种问题的能力.

基本命令

1. 计算重积分的命令 Integrate 和 NIntegrate

例如,计算 $\int_0^1 \int_0^x xy^2 \mathrm{d}y\mathrm{d}x$,输入

$$\text{Integrate}[x*y^2,\{x,0,1\},\{y,0,x\}]$$

则输出

$$\frac{1}{15}$$

又如,计算 $\int_0^1 \int_0^1 \sin(xy^2)\mathrm{d}y\mathrm{d}x$ 的近似值,输入

$$\text{NIntegrate}[\text{Sin}[x*y^2],\{x,0,1\},\{y,0,1\}]$$

则输出

0.160 839

注：Integrate 命令先对后边的变量积分.

计算三重积分时,命令 Integrate 的使用格式与计算二重积分时类似. 由此可见,利用 Mathematica 计算重积分,关键是确定各个积分变量的积分限.

2. 柱坐标系中作三维图形的命令 CylindricalPlot3D

使用命令 CylindricalPlot3D,首先要调出作图软件包. 输入

$$<<\text{Graphics`ParametricPlot3D`}$$

执行成功后便可继续下面的工作.

使用命令 CylindricalPlot3D 时,一定要把 z 表示成 r,θ 的函数. 例如,在直角坐标系中方程 $z=x^2+y^2$ 是一旋转抛物面,在柱坐标系中它的方程为 $z=r^2$. 因此,输入

$$\text{CylindricalPlot3D}[r^2,\{r,0,2\},\{t,0,2*\text{Pi}\}]$$

则在柱坐标系中作出了该旋转抛物面的图形.

3. 球面坐标系中作三维图形命令 SphericalPlot3D

使用命令 SphericalPlot3D,首先要调出作图软件包. 输入

$$<<\text{Graphics`ParametricPlot3D`}$$

执行成功后便可继续下面的工作.

命令 SphericalPlot3D 的基本格式为

$$\text{SphericalPlot3D}[r[\varphi,\theta],\{\varphi,\varphi1,\varphi2\},\{\theta,\theta1,\theta2\}]$$

其中 $r[\varphi,\theta]$ 是曲面的球面坐标方程,使用时一定要把球面坐标中的 r 表示成 φ,θ 的函数. 例如,在球面坐标系中作出球面 $x^2+y^2+z^2=2^2$,输入

$$\text{SphericalPlot3D}[2,\{u,0,\text{Pi}\},\{v,0,2*\text{Pi}\},\text{PlotPoints}->40]$$

则在球面坐标系中作出了该球面的图形.

4. 向量的内积

用"."表示两个向量的内积. 例如,输入

$$\text{vec1} = \{a1,b1,c1\}$$
$$\text{vec2} = \{a2,b2,c2\}$$

则定义了两个三维向量,再输入

$$\text{vec1. vec2}$$

则得到它们的内积

$$a1\,a2 + b1\,b2 + c1\,c2$$

实验举例

1. 计算重积分

例 10.3.1 计算 $\iint\limits_{D} xy^2 \mathrm{d}x\mathrm{d}y$,其中 D 为由 $x+y=2, x=\sqrt{y}, y=2$ 所围成的有界区域.

先作出区域 D 的草图,易直接确定积分限,且应先对 x 积分,因此,输入

$$\text{Integrate}[x*y^2,\{y,1,2\},\{x,2-y,\text{Sqrt}[y]\}]$$

则输出所求二重积分的计算结果

$$\frac{193}{120}$$

例 10.3.2 计算 $\iint\limits_{D} e^{-(x^2+y^2)} \mathrm{d}x\mathrm{d}y$,其中 D 为 $x^2+y^2 \le 1$.

如果用直角坐标计算,输入

$$\text{Clear}[f,r];$$
$$f[x,y] = \text{Exp}[-(x^2+y^2)];$$
$$\text{Integrate}[f[x,y],\{x,-1,1\},\{y,-\text{Sqrt}[1-x^2],\text{Sqrt}[1-x^2]\}]$$

则输出为

$$\sqrt{\pi}\int_{-1}^{1} e^{-x^2}\text{Erf}[\sqrt{1-x^2}]\,\mathrm{d}x$$

其中 Erf 是误差函数. 显然积分遇到了困难.

如果改用极坐标来计算,也可用手工确定积分限. 输入

$$\text{Integrate}[(f[x,y]/.\{x->r*\text{Cos}[t],y->r*\text{Sin}[t]\})*r,\{t,0,2*\text{Pi}\},\{r,0,1\}]$$

则输出所求二重积分的计算结果

$$\pi - \frac{\pi}{e}$$

如果输入

$$\text{NIntegrate}[(f[x,y]/.\{x->r*\text{Cos}[t],y->r*\text{Sin}[t]\})*r,\{t,0,2*\text{Pi}\},\{r,0,1\}]$$

则输出积分的近似值

$$1.98587$$

例 10.3.3 计算 $\iiint_{\Omega}(x^2+y^2+z)\mathrm{d}x\mathrm{d}y\mathrm{d}z$，其中 Ω 由曲面 $z=\sqrt{2-x^2-y^2}$ 与 $z=\sqrt{x^2+y^2}$ 围成.

先作出区域 Ω 的图形. 输入

```
g1 = ParametricPlot3D[{Sqrt[2]*Sin[fi]*Cos[th],
    Sqrt[2]*Sin[fi]*Sin[th],Sqrt[2]*Cos[fi]},{fi,0,Pi/4},{th,0,2*Pi}];
g2 = ParametricPlot3D[{z*Cos[t],z*Sin[t],z},{z,0,1},{t,0,2*Pi}];
Show[g1,g2,ViewPoint -> {1.3,-2.4,1.0}];
```

则分别输出三个图形(图 10.3.1(a)，(b)，(c)).

考查上述图形，可用手工确定积分限. 如果用直角坐标计算，输入

```
g[x_,y_,z_] = x^2 + y^2 + z;
Integrate[g[x,y,z],{x,-1,1},{y,-Sqrt[1-x^2],Sqrt[1-x^2]},
    {z,Sqrt[x^2+y^2],Sqrt[2-x^2-y^2]}];
```

执行后计算时间很长，且未得到明确结果.

现在改用柱面坐标和球面坐标来计算. 如果用柱坐标计算，输入

```
Integrate[(g[x,y,z]/.{x -> r*Cos[s],y -> r*Sin[s]})*r,
    {r,0,1},{s,0,2*Pi},{z,r,Sqrt[2-r^2]}]
```

则输出

$$2\left(-\frac{5}{12}+\frac{8\sqrt{2}}{15}\right)\pi$$

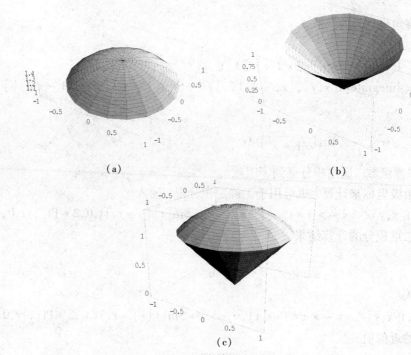

(a)　　　(b)

(c)

图 10.3.1

如果用球面坐标计算,输入

Integrate[(g[x,y,z]/.{x -> r*Sin[fi]*Cos[t],y -> r*Sin[fi]*Sin[t],
z -> r*Cos[fi]})*r^2*Sin[fi],{s,0,2*Pi},{fi,0,Pi/4},{r,0,Sqrt[2]}]

则输出

$$\frac{1}{5}\left(-\frac{25}{6}+\frac{16\sqrt{2}}{3}\right)\pi$$

这与柱面坐标的结果相同.

2. 重积分的应用

例 10.3.4 求由曲面 $f(x,y) = 1 - x - y$ 与 $g(x,y) = 2 - x^2 - y^2$ 所围成的空间区域 Ω 的体积.

输入

```
Clear[f,g];
f[x_,y_] = 1 - x - y;
g[x_,y_] = 2 - x^2 - y^2;
Plot3D[f[x,y],{x, -1,2},{y, -1,2}];
Plot3D[g[x,y],{x, -1,2},{y, -1,2}];
Show[%,%%]
```

一共输出三个图形,最后一个图形是图 10.3.2.

图 10.3.2

首先观察到 Ω 的形状. 为了确定积分限,要把两曲面的交线投影到 Oxy 平面上输入

jx = Solve[f[x,y] == g[x,y],y]

得到输出

$$\left\{\left\{y \to \frac{1}{2}(1 - \sqrt{5 + 4x - 4x^2})\right\},\left\{y \to \frac{1}{2}(1 + \sqrt{5 + 4x - 4x^2})\right\}\right\}$$

为了取出这两条曲线方程,输入

y1 = jx[[1,1,2]]
y2 = jx[[2,1,2]]

输出为

$$\frac{1}{2}(1 - \sqrt{5 + 4x - 4x^2})$$

$$\frac{1}{2}(1+\sqrt{5+4x-4x^2})$$

再输入

$tu1 = Plot[y1, \{x, -2, 3\}, PlotStyle -> \{Dashing[\{0.02\}]\},$
  $DisplayFunction -> Identity];$
$tu2 = Plot[y2, \{x, -2, 3\}, DisplayFunction -> Identity];$
$Show[tu1, tu2, AspectRatio -> 1, DisplayFunction ->$
  $\$ DisplayFunction];$

输出为图 10.3.3，由此可见，y_1 是下半圆（虚线），y_2 是上半圆，因此投影区域是一个圆.

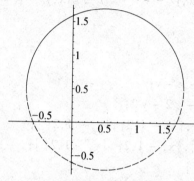

图 10.3.3

设 $y_1 = y_2$ 的解为 x_1 与 x_2，则 x_1, x_2 为 x 的积分限. 输入

$xvals = Solve[y1 == y2, x]$

输出为

$$\left\{\left\{x \to \frac{1}{2}(1-\sqrt{6})\right\}, \left\{x \to \frac{1}{2}(1+\sqrt{6})\right\}\right\}$$

为了取出 x_1, x_2，输入

$x1 = xvals[[1,1,2]]$
$x2 = xvals[[2,1,2]]$

输出为

$$\frac{1}{2}(1-\sqrt{6})$$

$$\frac{1}{2}(1+\sqrt{6})$$

这时可以作最后的计算了. 输入

$Volume = Integrate[g[x,y] - f[x,y], \{x, x1, x2\},$
  $\{y, y1, y2\}]//Simplify$

输出结果为

$$\frac{9\pi}{8}$$

例 10.3.5 求旋转抛物面 $z = 4 - x^2 - y^2$ 在 Oxy 平面上部的面积 S.

先调用软件包,输入

$<<$ Graphics`ParametricPlot3D`

再输入

CylindricalPlot3D[4 − r^2,{r,0,2},{t,0,2∗Pi}]

则输出图 10.3.4.

利用计算曲面面积的公式 $S = \iint\limits_{D_{xy}} \sqrt{1 + z_x^2 + z_y^2}\,\mathrm{d}x\mathrm{d}y$,输入

Clear[z,z1];
z = 4 − x^2 − y^2;
z = Sqrt[D[z,x]^2 + D[z,y]^2 + 1]

输出为

$$\sqrt{1 + 4x^2 + 4y^2}$$

因此,利用极坐标计算. 再输入

z1 = Simplify[z/. {x −> r∗Cos[t],y −> r∗Sin[t]}];
Integrate[z1 ∗ r,{t,0,2∗Pi},{r,0,2}]//Simplify

则输出所求曲面的面积

$$\frac{1}{6}(-1 + 17\sqrt{17})\pi$$

图 10.3.4

例 10.3.6 在 Oxz 平面内有一个半径为 2 的圆,它与 z 轴在原点 O 相切,求它绕 z 轴旋转一周所得旋转体体积.

先作出这个旋转体的图形. 因为圆的方程是

$$x^2 + z^2 = 4x$$

它绕 z 轴旋转所得的圆环面的方程为 $(x^2 + y^2 + z^2)^2 = 16(x^2 + y^2)$,所以圆环面的球坐标方程是 $r = 4\sin\varphi$. 输入

SphericalPlot3D[4∗Sin[t],{t,0,Pi},{s,0,2∗Pi},
    PlotPoints −> 30,ViewPoint −> {4.0,0.54,2.0}]

输出为图 10.3.5.

图 10.3.5

这是一个环面，它的体积可以用三重积分计算（用球坐标）．输入

Integrate[r^2 * Sin[t] ,{ s,0,2 * Pi } ,{ t,0,Pi } ,{ r,0,4 * Sin[t] }]

得到这个旋转体的体积为 $16\pi^2$．

3. 计算曲线积分

例 10.3.7 求 $\int_L f(x,y,z)\,\mathrm{d}s$，其中 $f(x,y,z) = \sqrt{1 + 30x^2} + 10y$，积分路径为

$$L: x = t, \quad y = t^2, \quad z = 3t^2, \quad 0 \leqslant y \leqslant 2$$

注意到，弧长微元 $\mathrm{d}s = \sqrt{x_t^2 + y_t^2 + z_t^2}\,\mathrm{d}t$，将曲线积分化为定积分，输入

Clear[x,y,z];

luj = {t,t^2,3t^2};

D[luj,t]

则输出 x,y,z 对 t 的导数

{1,2t,6t}

再输入

ds = Sqrt[D[luj,t].D[luj,t]];

Integrate[(Sqrt[1 + 30x^2 + 10y]/.{ x -> t, y -> t^2, z -> 3t^2 }) * ds,{ t,0,2 }]

则输出所求曲线积分的结果

326/3

例 10.3.8 求 $\int_L \boldsymbol{F} \cdot \mathrm{d}\boldsymbol{r}$，其中

$$\boldsymbol{F} = xy^6\boldsymbol{i} + 3x(xy^5 + 2)\boldsymbol{j}, \quad \boldsymbol{r}(t) = 2\cos t\boldsymbol{i} + \sin t\boldsymbol{j}, \quad 0 \leqslant t \leqslant 2\pi$$

输入

vecf = {x * y^6,3x * (x * y^5 + 2)};

vecr = {2 * Cos[t],Sin[t]};

Integrate[(vecf.D[vecr,t])/.{ x -> 2Cos[t],y -> Sin[t]},{ t,0,2 * Pi }]

则输出所求积分的结果

12π

例 10.3.9 求锥面 $x^2 + y^2 = z^2, z \geq 0$ 与柱面 $x^2 + y^2 = x$ 的交线的长度.
先画出锥面和柱面的交线的图形. 输入

    g1 = ParametricPlot3D[{Sin[u] * Cos[v], Sin[u] * Sin[v],
        Sin[u]}, {u,0,Pi}, {v,0,2 * Pi}, DisplayFunction -> Identity];
    g2 = ParametricPlot3D[{Cos[t]^2, Cos[t] * Sin[t], z},
        {t,0,2 * Pi}, {z,0,1.2}, DisplayFunction -> Identity];
    Show[g1,g2,ViewPoint -> {1, -1,2}, DisplayFunction ->
        $DisplayFunction];

输出为图 10.3.6.

图 10.3.6

输入直接作曲线的命令

    ParametricPlot3D[{Cos[t]^2, Cos[t] * Sin[t], Cos[t]},
        {t, -Pi/2, Pi/2}, ViewPoint -> {1, -1,2}, Ticks -> False]

输出为图 10.3.7.

图 10.3.7

为了用线积分计算曲线的弧长，必须把曲线用参数方程表示出来. 因为空间曲线的投影曲线的方程为 $x^2 + y^2 = x$，它可以化成 $x = \cos^2 t, y = \cos t \sin t$ 再代入锥面方程 $x^2 + y^2 = z^2$，得

$$z = \cos t \quad (t \in [-\pi/2, \pi/2])$$

因为空间曲线的弧长计算公式是

$$s = \int_{t_1}^{t_2} \sqrt{x'^2(t) + y'^2(t) + z'^2(t)} \, dt$$

因此输入

  Clear[x,y,z];
  x = Cos[t]^2;
  y = Cos[t] * Sin[t];
  z = Cos[t];
  qx = {x,y,z};
  Integrate[Sqrt[D[qx,t]. D[qx,t]]//Simplify,
    {t, - Pi/2,Pi/2}]

输出为

  2Elliptice[- 1]

这是椭圆积分函数. 换算成近似值,输入

  %//N

输出为

  3.8202

4. 计算曲面积分

例 10.3.10 计算曲面积分 $\iint_{\Sigma}(xy + yz + zx)\,dS$, 其中 Σ 为锥面 $z = \sqrt{x^2 + y^2}$ 被柱面 $x^2 + y^2 = 2x$ 所截得的有限部分.

注意到,面积微元 $dS = \sqrt{1 + z_x^2 + z_y^2}\,dxdy$, 投影曲线 $x^2 + y^2 = 2x$ 的极坐标方程为

$$r = 2\cos t \quad \left(-\frac{\pi}{2} \leqslant t \leqslant \frac{\pi}{2}\right)$$

将曲面积分化为二重积分,并采用极坐标计算重积分.

输入

  Clear[f,g,r,t];
  f[x_,y_,z_] = x * y + y * z + z * x;
  g[x_,y_] = Sqrt[x^2 + y^2];
  mj = Sqrt[1 + D[g[x,y],x]^2 + D[g[x,y],y]^2]//Simplify;
  Integrate[(f[x,y,g[x,y]] * mj/. {x -> r * Cos[t],
    y -> r * Sin[t]}) * r,{t, - Pi/2,Pi/2},{r,0,2 * Cos[t]}];

则输出所求曲面积分的计算结果

$$\frac{64\sqrt{2}}{15}$$

例 10.3.11 计算曲面积分 $\oiint_{\Sigma} x^3\,dydz + y^3\,dzdx + z^3\,dxdy$, 其中 Σ 为球面 $x^2 + y^2 + z^2 = a^2$ 的外侧.

可以利用两类曲面积分的关系,化为对曲面面积的曲面积分 $\iint_{\Sigma} \boldsymbol{A} \cdot \boldsymbol{n}\,ds$. 这里 $\boldsymbol{A} =$

$\{x^3, y^3, z^3\}$, $n = \{x, y, z\}/a$. 因为球坐标的体积元素 $dv = r^2\sin\varphi dr d\varphi d\theta$, 注意到在球面 Σ 上 $r = a$, 取 $dr = 1$ 后得到面积元素的表示式

$$ds = a^2\sin\theta d\varphi d\theta \quad (0 \leq \varphi \leq \pi, 0 \leq \theta \leq 2\pi)$$

把对面积的曲面积分直接化为对 φ, θ 的二重积分. 输入

```
Clear[ A,fa,ds ];
A = {x^3,y^3,z^3};
fa = {x,y,z}/a;
ds = a^2 * Sin[u];
Integrate[ ( A.fa/. {x -> a * Sin[u] * Cos[v],y -> a * Sin[u] * Sin[v],
            z -> a * Cos[u]}) * ds//Simplify,{u,0,Pi},{v,0,2 * Pi}]
```

输出为

$$\frac{12a^2\pi}{5}$$

如果用高斯公式计算, 则化为三重积分

$$\iiint_\Omega 3(x^2 + y^2 + z^2)\,dv$$

其中 Ω 为 $x^2 + y^2 + z^2 \leq a^2$.

采用球坐标计算, 输入

```
<< Calculus`VectorAnalysis`
```

执行后再输入

```
SetCoordinates[ Cartesian[ x,y,z ] ]; ( * 设定坐标系 * )
diva = Div[ A ]; ( * 求向量场的散度 * )
Integrate[ ( diva/. {x -> r * Sin[u] * Cos[v],y ->
            r * Sin[u] * Sin[v],z -> r * Cos[u]}) * r^2 * Sin[u],
            {v,0,2 * Pi},{u,0,Pi},{r,0,a}]
```

输出结果相同.

上机习题

1. 计算 $\int_0^{\frac{\pi}{6}} \int_0^{\frac{\pi}{2}} y\sin x - x\sin y\, dy dx$.

2. 计算下列积分的近似值:

(1) $\int_0^{\sqrt{\pi}} \int_0^{\sqrt{\pi}} \cos(x^2 - y^2)\, dy dx$; (2) $\int_0^1 \int_0^1 \sin(e^{xy})\, dy dx$.

3. 计算下列积分:

(1) $\int_0^3 \int_1^x \int_{z-x}^{z+x} e^{2x}(2y - z)\, dy dz dx$; (2) $\int_0^1 \int_0^1 \arctan(xy)\, dy dx$.

4. 交换积分次序并计算下列积分：

(1) $\int_0^3 \int_{x^2}^9 x\cos(y^2)\,dy\,dx$； (2) $\int_0^2 \int_{2y}^4 e^{x^2}\,dx\,dy$.

5. 用极坐标计算下列积分：

(1) $\int_0^1 \int_x^1 \frac{y}{x^2+y^2}\,dy\,dx$； (2) $\int_0^1 \int_{-\frac{y}{3}}^{\frac{y}{3}} \frac{y}{\sqrt{x^2+y^2}}\,dx\,dy$.

6. 用适当方法计算下列积分：

(1) $\iiint\limits_{\Omega} \frac{z}{(x^2+y^2+z^2)^{3/2}}\,dv$，其中 Ω 是由 $z=\sqrt{x^2+y^2}$ 与 $z=1$ 围成；

(2) $\iiint\limits_{\Omega} (x^4+y^2+z^2)\,dv$，其中 Ω 是 $x^2+y^2+z^2 \leq 1$.

7. 求 $\int_L f(x,y,z)\,ds$ 的近似值. 其中 $f(x,y,z)=\sqrt{1+x^3+5y^3}$，路径

$$L:x=t,\quad y=t^2/3,\quad z=\sqrt{t},\quad 0 \leq t \leq 2$$

8. 求 $\int_L \boldsymbol{F} \cdot d\boldsymbol{r}$，其中 $\boldsymbol{F}=\frac{3}{1+x^2}\boldsymbol{i}+\frac{2}{1+y^2}\boldsymbol{j}, \boldsymbol{r}(t)=\cos t\boldsymbol{i}+\sin t\boldsymbol{j}, 0 \leq t \leq \pi$.

9. 用柱面坐标作图命令作出 $z=xy$ 被柱面 $x^2+y^2=1$ 所围部分的图形，并求出其面积.

10. 求曲面积分 $\iint\limits_{\Sigma} x^2 y^2 z\,dx\,dy$，其中 Σ 为球面 $x^2+y^2+z^2=a^2$ 的下半部分的下侧.

11. 求曲面积分 $\iint\limits_{\Sigma}(x+y+z)\,dS$，其中 Σ 为球面 $x^2+y^2+z^2=a^2$ 上 $z \geq h(0<a)$ 的部分.

10.4 无穷级数

实验目的

观察无穷级数部分和的变化趋势，进一步理解级数的审敛法以及幂级数部分和对函数的逼近. 掌握用 Mathematica 求无穷级数的和，求幂级数的收敛域，展开函数为幂级数以及展开周期函数为傅里叶级数的方法.

基本命令

1. 求无穷和的命令 Sum

该命令可用来求无穷和. 例如，输入

Sum[1/n^2,{n,1,Infinity}]

则输出无穷级数的和为 $\pi^2/6$. 命令 Sum 与数学中的求和号 $\sum$ 相当.

2. 将函数展开为幂级数的命令 Series

该命令的基本格式为

Series[f[x],{x,x0,n}]

它将 $f(x)$ 展开成关于 $x-x_0$ 的幂级数. 幂级数的最高次幂为 $(x-x_0)^n$，余项用 $(x-x_0)^{n+1}$ 表示. 例如，输入

　　　　Series[y[x],{x,0,5}]

则输出带皮亚诺余项的麦克劳林级数

$$y[0] + y'[0]x + \frac{1}{2}y''[0]x^2 + \frac{1}{6}y^{(3)}[0]x^3 + \frac{1}{24}y^{(4)}[0]x^4 + \frac{1}{120}y^{(5)}[0]x^5 + o[x]^6$$

3. 去掉余项的命令 Normal

在将 $f(x)$ 展开成幂级数后，有时为了近似计算或作图，需要把余项去掉．只要使用 Normal 命令．例如，输入

　　　　Series[Exp[x],{x,0,6}]
　　　　Normal[%]

则输出

$$1 + x + \frac{x^2}{2!} + \frac{x^3}{3!} + \frac{x^4}{4!} + \frac{x^5}{5!} + \frac{x^6}{6!} + o[x]^7$$

$$1 + x + \frac{x^2}{2!} + \frac{x^3}{3!} + \frac{x^4}{4!} + \frac{x^5}{5!} + \frac{x^6}{6!}$$

4. 强制求值的命令 Evaluate

如果函数是用 Normal 命令定义的，则当对它进行作图或数值计算时，可能会出现问题．例如，输入

　　　　fx = Normal[Series[Exp[x],{x,0,3}]]
　　　　Plot[fx,{x,-3,3}]

则只能输出去掉余项后的展开式

$$1 + x + \frac{x^2}{2} + \frac{x^3}{6}$$

而得不到函数的图形．这时要使用强制求值命令 Evaluate，改成输入

　　　　Plot[Evaluate[fx],{x,-3,3}]

则输出上述函数的图形．

5. 作散点图的命令 ListPlot

ListPlot[ ] 为平面内作散点图的命令，其对象是数集，例如，输入

　　　　ListPlot[Table[j^2,{j,16}],PlotStyle -> PointSize[0.012]]

则输出坐标为 $\{1,1^2\},\{2,2^2\},\{3,3^2\},\cdots,\{16,16^2\}$ 的散点图（图 10.4.1）．

图 10.4.1

6. 符号"/;"用于定义某种规则,"/;"后面是条件.

例如,输入

$$\text{Clear}[g,gf];$$
$$g[x\_]:= x /; 0 <= x < 1$$
$$g[x\_]:= -x /; -1 <= x < 0$$
$$g[x\_]:= g[x-2] /; x >= 1$$

则得到分段的周期函数

$$g(x) = \begin{cases} -x & -1 \leqslant x < 0 \\ x & 0 \leqslant x < 1 \\ g(x-2) & x \geqslant 1 \end{cases}$$

再输入

$$gf = \text{Plot}[g[x],\{x,-1,6\}]$$

则输出函数 $g(x)$ 的图形 10.4.2.

图 10.4.2

注:用 Which 命令也可以定义分段函数,从这个例子中看到用"…(表达式)/;…(条件)"来定义周期性分段函数更方便些. 用 Plot 命令可以作出分段函数的图形,但用 Mathematica 命令求分段函数的导数或积分时往往会有问题. 用 Which 定义的分段函数可以求导但不能积分. Mathematica 内部函数中有一些也是分段函数. 如:Mod[x,1], Abs[x],Floor[x] 和 UnitStep[x]. 其中只有单位阶跃函数 UnitStep[x] 可以用 Mathematica 命令来求导和求定积分. 因此在求分段函数的傅里叶系数时,对分段函数的积分往往要分区来积. 在被积函数可以用单位阶跃函数 UnitStep 的四则运算和复合运算表达时,计算傅里叶系数就比较方便了.

实验举例

1. 数项级数

例 10.4.1 (1)观察级数 $\sum_{n=1}^{\infty} \frac{1}{n^2}$ 的部分和序列的变化趋势.

(2)观察级数 $\sum_{n=1}^{\infty} \frac{1}{n}$ 的部分和序列的变化趋势.

输入

$$s[n\_] = Sum[1/k^2,\{k,n\}]; data = Table[s[n],\{n,100\}];$$
$$ListPlot[data];$$
$$N[Sum[1/k^2,\{k,Infinity\}]]$$
$$N[Sum[1/k^2,\{k,Infinity\}],40]$$

则输出(1)中级数部分和的变化趋势图 10.4.3.

级数的近似值为 1.644 93.

输入

$$s[n\_] = Sum[1/k,\{k,n\}]; data = Table[s[n],\{n,50\}];$$
$$ListPlot[data, PlotStyle -> PointSize[0.02]];$$

则输出(2)中级数部分和的变化趋势图 10.4.4.

图 10.4.3

图 10.4.4

例 10.4.2 画出级数 $\sum_{n=1}^{\infty}(-1)^{n-1}\dfrac{1}{n}$ 的部分和分布图.

输入命令

$$Clear[sn,g]; sn = 0; n = 1; g = \{\}; m = 3;$$
$$While[1/n > 10^\wedge - m, sn = sn + (-1)^\wedge(n-1)/n;$$
$$g = Append[g, Graphics[\{RGBColor[Abs[Sin[n]],0,1/n],$$
$$\qquad Line[\{\{sn,0\},\{sn,1\}\}]\}]]; n++];$$
$$Show[g, PlotRange -> \{-0.2,1.3\}, Axes -> True];$$

则输出所给级数部分和的图形(图 10.4.5),从图中可观察到它是收敛于 0.693 附近的一个数.

图 10.4.5

例 10.4.3 求 $\sum_{n=1}^{\infty} \dfrac{1}{4n^2+8n+3}$ 的值.

输入

$$\text{Sum}[\,x^\wedge(3k),\{k,1,\text{Infinity}\}\,]$$

得到和函数

$$-\frac{x^3}{-1+x^3}$$

例 10.4.4 设 $a_n = \dfrac{10^n}{n!}$,求 $\sum_{n=1}^{\infty} a_n$.

输入

Clear[a];
a[n_] = 10^n/(n!);
vals = Table[a[n],{n,1,25}];
ListPlot[vals,PlotStyle -> PointSize[0.012]]

则输出 a_n 的散点图(图 10.4.6),从图中可观察 a_n 的变化趋势. 输入

$$\text{Sum}[\,a[n],\{n,1,\text{Infinity}\}\,]$$

则输出所求级数的和.

图 10.4.6

2. 求幂级数的收敛域

例 10.4.5 求 $\sum\limits_{n=0}^{\infty}\dfrac{4^{2n}(x-3)^n}{n+1}$ 的收敛域与和函数.

输入

  Clear[a];
  a[n_] = 4^(2n) * (x - 3)^n/(n + 1);
  stepone = a[n + 1]/a[n]//Simplify

则输出

$$\dfrac{16(1+n)(-3+x)}{2+n}$$

再输入

  steptwo = Limit[stepone, n -> Infinity]

则输出

  16(-3 + x)

这里对 a[n + 1] 和 a[n] 都没有加绝对值. 因此上式的绝对值小于 1 时, 幂级数收敛, 大于 1 时发散. 为了求出收敛区间的端点, 输入

  ydd = Solve[steptwo == 1, x]
  zdd = Solve[steptwo == -1, x]

则输出

$$\left\{\left\{x \to \dfrac{49}{16}\right\}\right\} \text{与} \left\{\left\{x \to \dfrac{47}{16}\right\}\right\}$$

由此可知, 当 $\dfrac{47}{16} < x < \dfrac{49}{16}$ 时, 级数收敛; 当 $x < \dfrac{47}{16}$ 或 $x > \dfrac{49}{16}$ 时, 级数发散.

为了判断端点的敛散性, 输入

  Simplify[a[n]/.x -> (49/16)]

则输出右端点处幂级数的一般项为

$$\dfrac{1}{n+1}$$

因此, 在端点 $x = \dfrac{49}{16}$ 处, 级数发散. 再输入

  Simplify[a[n]/.x -> (47/16)]

则输出左端点处幂级数的一般项为

$$\dfrac{(-1)^n}{n+1}$$

因此, 在端点 $x = \dfrac{47}{16}$ 处, 级数收敛.

也可以在收敛域内求得这个级数的和函数. 输入

  Sum[4^(2n) * (x - 3)^n/(n + 1), {n, 0, Infinity}]

则输出

$$-\frac{\text{Log}[1-16(-3+x)]}{16(-3+x)}$$

3. 函数的幂级数展开

例 10.4.6 求 $\cos x$ 的 6 阶麦克劳林展开式.

输入

$$\text{Series}[\text{Cos}[x],\{x,0,6\}]$$

则输出

$$1-\frac{x^2}{2}+\frac{x^4}{24}-\frac{x^6}{720}+o[x]^7$$

注:这是带皮亚诺余项的麦克劳林展开式.

例 10.4.7 求 $\arctan x$ 的 5 阶泰勒展开式.

输入

$$\text{ser1}=\text{Series}[\text{ArcTan}[x],\{x,0,5\}];$$
$$\text{Poly}=\text{Normal}[\text{ser1}]$$

则输出 $\arctan x$ 的近似多项式

$$x-\frac{x^3}{3}+\frac{x^5}{5}$$

通过作图把 $\arctan x$ 和它的近似多项式进行比较. 输入

$$\text{Plot}[\text{Evaluate}[\{\text{ArcTan}[x],\text{Poly}\}],\{x,-3/2,3/2\},$$
$$\text{PlotStyle}->\{\text{Dashing}[\{0.01\}],\text{GrayLevel}[0]\},\text{AspectRatio}->1]$$

则输出所作图形(图 10.4.7),图中虚线为函数 $\arctan x$,实线为它的近似多项式.

图 10.4.7

例 10.4.8 求 $e^{-(x-1)^2(x+1)^2}$ 在 $x=1$ 处的 8 阶泰勒展开,并通过作图比较函数和它的近似多项式.

输入

    Clear[f] ;
    f[x_] = Exp[- (x - 1)^2 * (x + 1)^2] ;
    poly2 = Normal[Series[f[x] ,{x,1,8}]]
    Plot[Evaluate[{f[x] ,poly2}] ,{x, - 1.75,1.75} ,PlotRange - >
        { - 2,3/2} ,PlotStyle - > {Dashing[{0.01}] ,
        GrayLevel[0] }] ;

则得到近似多项式和它们的图形 10.4.8.

图 10.4.8

$$1 - 4(-1+x)^2 - 4(-1+x)^3 + 7(-1+x)^4 + 16(-1+x)^5 + \frac{4}{3}(-1+x)^6 - 28(-1+x)^7 - \frac{173}{6}(-1+x)^8$$

例 10.4.9 求函数 $\sin x$ 在 $x=0$ 处的 $3,5,7,\cdots,91$ 阶泰勒展开,通过作图比较函数和它的近似多项式,并形成动画进一步观察.

因为

$$\sin x = \sum_{k=0}^{n} (-1)^k \frac{x^{2k+1}}{(2k+1)!} + o(x^{2n+2})$$

所以输入

    Do[Plot[{Sum[(- 1)^j * x^(2j + 1)/(2j + 1) ! ,{j,0,k}] ,
        Sin[x] } ,{x, - 40,40} ,PlotStyle - >
        {RGBColor[1,0,0] ,RGBColor[0,0,1] }] ,{k,1,45}]

则输出为 $\sin x$ 的 3 阶和 91 阶泰勒展开的图形. 选中其中一幅图形,双击后形成动画. 图 10.4.9 是最后一幅图.

例 10.4.10 利用幂级数展开式计算 $\sqrt[5]{240}$ (精确到 10^{-10}).

因为

$$\sqrt[5]{240} = \sqrt[5]{243 - 3} = 3\left(1 - \frac{1}{3^4}\right)^{\frac{1}{5}}$$

图 10.4.9

根据 $(1+x)^m$ 在 $x=0$ 处的展开式有

$$\sqrt[5]{240} = 3\left(1 - \frac{1}{5}\cdot\frac{1}{3^4} - \frac{1\cdot 4}{5^2\cdot 2!}\cdot\frac{1}{3^8} - \frac{1\cdot 4\cdot 9}{5^3\cdot 3!}\frac{1}{3^{12}} - \cdots\right)$$

故前 $n(n>2)$ 项部分和为

$$S_n = 3\left(1 - \frac{1}{5}\cdot\frac{1}{3^4} - \sum_{k=2}^{n-1}\frac{\prod_{i=1}^{k-1}(5i-1)}{5^k\cdot k!}\cdot\frac{1}{3^{4k}}\right)$$

输入命令

```
s[n_] = 3(1 - 1/(5 * 3^4) - Sum[Product[5i - 1,{i,1,k - 1}]/(5^k
    k! 3^(4k)),{k,2,n - 1}]);
r[n_] = Product[5i - 1,{i,1,n - 1}]/5^n/n! 3^(4n - 5)/80;
delta = 10^(-10);n0 = 100;
Do[Print["n =",n,",","s[n] =",N[s[n],20]];
If[r[n] < delta,Break[]];If[n == n0,Print["failed"]],{n,n0}]
```

则输出结果为

$$\sqrt[5]{240} \approx 2.992555739$$

4. 傅里叶级数

例 10.4.11 设 $g(x)$ 是以 2π 为周期的周期函数,它在 $[-\pi,\pi]$ 的表达式是

$$g(x) = \begin{cases} -1 & -\pi \leq x < 0 \\ 1 & 0 \leq x < \pi \end{cases}$$

将 $g(x)$ 展开成傅里叶级数.

输入

```
Clear[g];
g[x_]: = -1/; - Pi <= x < 0
g[x_]: = 1/;0 <= x < Pi
g[x_]: = g[x - 2 * Pi]/;Pi <= x
Plot[g[x],{x, - Pi,5 * Pi},PlotStyle -> {RGBColor[0,1,0]}];
```

则输出 $g(x)$ 的图形(图 10.4.10).

因为 $g(x)$ 是奇函数,所以它的傅里叶展开式中只含正弦项. 输入

图 10.4.10

b2[n_]: = b2[n] = 2Integrate[1 * Sin[n * x],{x,0,Pi}]/Pi;
fourier2[n_,x_]: = Sum[b2[k] * Sin[k * x],{k,1,n}];
tu[n_]: = Plot[{g[x],Evaluate[fourier2[n,x]]},{x, - Pi,5 * Pi},
　　　　PlotStyle - > {RGBColor[0,1,0],RGBColor[1,0.3,0.5]},
　　　　DisplayFunction - > Identity];
　　　(* tu[n] 是以 n 为参数的作图命令 *)
tu2 = Table[tu[n],{n,1,30,5}];
　　　(* tu2 是用 Table 命令作出的 6 个图形的集合 *)
toshow = Partition[tu2,2];
　　　(* Partition 是对集合 tu2 作分割,2 为分割的参数 *)
Show[GraphicsArray[toshow]]
　　　(* GraphicsArray 是把图形排列的命令 *)
则输出 6 个排列着的图形(图 10.4.11),每两个图形排成一行.可以看到 n 越大,$g(x)$ 的傅里叶级数的前 n 项和与 $g(x)$ 越接近.

图 10.4.11

上机习题

1. 求下列级数的和：

(1) $\sum_{k=1}^{\infty} \dfrac{k}{2^k}$;

(2) $\sum_{k=1}^{\infty} \dfrac{1}{(2k-1)^2}$;

(3) $\sum_{k=1}^{\infty} \dfrac{1}{(2k)^2}$;

(4) $\sum_{k=1}^{\infty} \dfrac{(-1)^{k-1}}{k}$.

2. 求幂级数 $\sum_{n=0}^{\infty} \dfrac{(x-1)^{2n+1}}{(-5)^n}$ 的收敛域与和函数.

3. 求函数 $(1+x)\ln(1+x)$ 的 6 阶麦克劳林多项式.

4. 求 $\arcsin x$ 的 6 阶麦克劳林多项式.

5. 设 $f(x) = \dfrac{x}{x^2+1}$，求 $f(x)$ 的 5 阶和 10 阶麦克劳林多项式，把两个近似多项式和函数的图形作在一个坐标系内.

6. 设 $f(x)$ 在一个周期内的表达式为 $f(x) = 1 - x^2 \left(-\dfrac{1}{2} \le x < \dfrac{1}{2}\right)$，将它展开为傅里叶级数（取 6 项），并作图.

7. 设 $f(x)$ 在一个周期内的表达式为 $f(x) = \begin{cases} 1, & 0 \le x < 1 \\ 2-x, & 1 \le x < 2 \end{cases}$，将它展开为傅里叶级数（取 8 项），并作图.

8. 求级数 $\sum_{k=1}^{\infty} \dfrac{\sin k}{k}$ 的和的近似值.

习题答案

第6章

习题6.1

1. $5\sqrt{2}$;到 x 轴的距离为 $\sqrt{41}$;到 y 轴的距离为 $\sqrt{34}$;到 z 轴的距离为 5.
2. $(-2,0,0),(-4,0,0)$.
3. 略.
4. $(-2,3,0)$.
5. $3\sqrt{5}$,$\{\frac{2\sqrt{5}}{15},\frac{4\sqrt{5}}{15},-\frac{\sqrt{5}}{3}\}$,$\alpha=\arccos\frac{2\sqrt{5}}{15},\beta=\arccos\frac{4\sqrt{5}}{15},\gamma=\arccos\left(-\frac{\sqrt{5}}{3}\right)$.
6. $\{3,1,5\},\{1,3,-3\},\{8,4,11\}$.
7. $\pm\{\frac{\sqrt{3}}{3},\frac{\sqrt{3}}{3},\frac{\sqrt{3}}{3}\}$.
8. $\pm\{\frac{6}{11},\frac{7}{11},-\frac{6}{11}\}$.
9. 略.
10. $\arccos\left(-\frac{\sqrt{6}}{9}\right)$.
11. $\{\frac{\sqrt{2}}{4},\frac{\sqrt{2}}{4},\frac{\sqrt{3}}{2}\}$ 或 $\{-\frac{\sqrt{2}}{4},-\frac{\sqrt{2}}{4},\frac{\sqrt{3}}{2}\}$.
12. (1) 2;(2) 5;(3) -219.
13. $n=10,m=-3$.
14. (1) $\{3,-7,-5\}$;(2) $\{42,-98,-70\}$;(3) $\{0,-1,-2\}$.
15. (1) $\{0,-8,-24\}$;(2) $\{0,-1,-1\}$;(3) 2;(4) $\{2,1,21\}$.
16. (1) $\frac{3\sqrt{14}}{14}$;(2) $\frac{\sqrt{6}}{2}$;(3) $\frac{\sqrt{21}}{14}$.
17. (1) $\pm\frac{1}{25}\{15,12,16\}$;(2) $\frac{25}{2}$.

习题6.2

1. (1) $x-y+2z+1=0$;(2) $3x+2y+6z-12=0$.

2. (1) yOz 平面;(2) 垂直于 y 轴;(3) 平行于 z 轴;(4) 过 z 轴;
(5) 平行于 x 轴;(6) 过原点.

3. $\cos\alpha = \dfrac{2}{3}, \cos\beta = -\dfrac{2}{3}, \cos\gamma = \dfrac{1}{3}$.

4. $2x - 8y + z - 1 = 0$.

5. $x - y = 0$.

6. $2x - y - 3z = 4$.

7. $\dfrac{x}{-4} + \dfrac{y}{6} + \dfrac{z}{3} = 1$,在 x 轴,y 轴,z 轴上的截距分别是 $-4, 6, 3$.

8. $\theta = \dfrac{\pi}{3}$.

9. $d = 3$.

10. (1) $\dfrac{x-1}{1} = \dfrac{y+2}{2} = \dfrac{z-3}{-1}$;

(2) $\dfrac{x-4}{2} = \dfrac{y+1}{1} = \dfrac{z-3}{5}$;

(3) $\dfrac{x-2}{1} = \dfrac{y+8}{2} = \dfrac{z-3}{-3}$.

11. (1) $\begin{cases} x = 2 + t \\ y = 3 + t, \\ z = 4 + 2t \end{cases} \begin{cases} x - y + 1 = 0, \\ 2x - z = 0, \end{cases}$

(2) $\dfrac{x-2}{-2} = \dfrac{y-3}{-4} = \dfrac{z-1}{2}, \begin{cases} x + z - 3 = 0, \\ 2x - y - 1 = 0, \end{cases}$

(3) $\begin{cases} x = 3 + t \\ y = -4 - 2t, \\ z = 1 + t \end{cases} \dfrac{x-3}{1} = \dfrac{y+4}{-2} = \dfrac{z-1}{1}$.

12. $\varphi = \dfrac{\pi}{2}$.

13. $\varphi = 0$.

14. $(1, 2, 2)$.

15. $\begin{cases} 17x + 31y - 37z - 117 = 0 \\ 4x - y + z - 1 = 0 \end{cases}$

习题 6.3

1. $2x - 10y + 2z - 11 = 0$.

2. $(x+1)^2 + (y+3)^2 + (z-2)^2 = 9$.

3. (1) 球心为 $(0, 0, 3)$,半径为 4;(2) 球心为 $(6, -2, 3)$,半径为 7.

4. (1) $z = x^2 + y^2$,图略;(2) 绕 x 轴时方程为 $x^2 - 9y^2 - 9z^2 = 36$,
绕 y 轴时方程为 $4x^2 - 9y^2 + 4z^2 = 36$.

5. (1) xOy 平面上的椭圆 $\dfrac{x^2}{4}+\dfrac{y^2}{9}=1$ 绕 x 轴旋转一周;

(2) xOy 平面上的双曲线 $x^2-\dfrac{y^2}{4}=1$ 绕 y 轴旋转一周;

(3) xOy 平面上的双曲线 $x^2-y^2=1$ 绕 x 轴旋转一周;

(4) yOz 平面上的直线 $z=y+a$ 绕 z 轴旋转一周.

6. (1) 在平面解析几何中,表示平面上的一个点;在空间解析几何中,表示直线;

(2) 在平面解析几何中,表示平面上的两个点;在空间解析几何中,表示空间曲线.

7. (1) $\begin{cases} x=\dfrac{3}{\sqrt{2}}\cos t \\ y=\dfrac{3}{\sqrt{2}}\cos t; \\ z=3\sin t \end{cases}$ $(0\le t\le 2\pi)$

(2) $\begin{cases} x=1+\sqrt{3}\cos\theta \\ y=\sqrt{3}\sin\theta. \\ z=0 \end{cases}$ $(0\le\theta\le 2\pi)$

8. $\begin{cases} 2x^2-2x+y^2=8 \\ z=0 \end{cases}$.

9. 图略,投影区域为 $x^2+y^2\le 4$.

复习题 6

1. (1) $\vec{a_0}=\left\{\dfrac{1}{3},\dfrac{2}{3},-\dfrac{2}{3}\right\}$;(2) $-\dfrac{2\sqrt{2}}{3}$;(3) 1;(4) 11;(5) $\{-7,-5,3\}$;

(6) $3x-2y-5z+35=0$;(7) $\dfrac{x-1}{1}=\dfrac{y-2}{-1}=\dfrac{z-1}{0}$;(8) $\dfrac{x-1}{0}=\dfrac{y}{1}=\dfrac{z-2}{1}$;

(9) $(0,-4,1)$;(10) $3x+4y-z+11=0$.

2. (1) C;(2) A;(3) D;(4) A;(5) A;

(6) C;(7) B;(8) C;(9) B;(10) A.

3. (1) $\vec{x}=(-4,2,-4)$;(2) $\pm\left(\dfrac{3}{7},-\dfrac{2}{7},\dfrac{6}{7}\right)$;(3) $\vec{x}=\pm(6,-3,9)$;(4) $\dfrac{\sqrt{66}}{2}$;

(5) $\vec{F}=\vec{F_1}+\vec{F_2}+\vec{F_3}=(2,1,4)$,$|\vec{F}|=\sqrt{21}$,$\cos\alpha=\dfrac{2}{\sqrt{21}}$,$\cos\beta=\dfrac{1}{\sqrt{21}}$,$\cos\gamma=\dfrac{4}{\sqrt{21}}$;

(6) $z=1$;

(7) 母线平行于 x 轴的柱面方程为 $3y^2-z^2=16$;母线平行于 y 轴的柱面方程为 $3x^2+2z^2=16$;

(8) $(-2,0,1)$;(9) $(-5,2,4)$;(10) $\sqrt{59}$;

(11) $\dfrac{x-2}{16}=\dfrac{y}{-14}=\dfrac{z+3}{-11}$;

(12) $\dfrac{x-2}{3} = \dfrac{y-2}{2} = \dfrac{z+3}{-1}$;

(13) $3x - 2y + z - 2 = 0$.

4. 证明略.

第 7 章

习题 7.1

1. (1) $\{(x,y) | y^2 - 2x + 1 > 0\}$; (2) $\{(x,y) | y - x > 0, x \geq 0, y^2 + x^2 < 1\}$;
(3) $\{(x,y) | y + x \geq 0, x - y > 0\}$; (4) $\{(x,y) | y^2 + x^2 \neq 0\}$.

2. $t^2 f(x,y)$.

3. (1) -1; (2) $\dfrac{\pi}{4}$; (3) 0; (4) $-\dfrac{1}{6}$. 4. 略.

5. (1) 原点; (2) 在抛物线 $x = y^2$ 上的点处都间断.

习题 7.2

1. (1) $\dfrac{\partial z}{\partial x} = 3x^2 y - y^3, \dfrac{\partial z}{\partial y} = x^3 - 3xy^2$;

(2) $\dfrac{\partial z}{\partial u} = \dfrac{1}{v} - \dfrac{v}{u^2}, \dfrac{\partial z}{\partial v} = \dfrac{1}{u} - \dfrac{u}{v^2}$;

(3) $\dfrac{\partial z}{\partial x} = \dfrac{1}{2x\sqrt{\ln xy}}, \dfrac{\partial z}{\partial y} = \dfrac{1}{2y\sqrt{\ln xy}}$;

(4) $\dfrac{\partial z}{\partial x} = y[\cos(xy) - \sin(2xy)], \dfrac{\partial z}{\partial y} = x[\cos(xy) - \sin 2(xy)]$;

(5) $\dfrac{\partial z}{\partial x} = \dfrac{2}{y}\csc\dfrac{2x}{y}, \dfrac{\partial z}{\partial y} = -\dfrac{2x}{y^2}\csc\dfrac{2x}{y}$;

(6) $\dfrac{\partial z}{\partial x} = y^2(1+xy)^{y-1}, \dfrac{\partial z}{\partial y} = (1+xy)^y \left[\ln(1+xy) + \dfrac{xy}{1+xy}\right]$;

(7) $\dfrac{\partial u}{\partial x} = \dfrac{y}{z} x^{\frac{y}{z}-1}, \dfrac{\partial u}{\partial y} = \dfrac{1}{z} x^{\frac{y}{z}} \ln x, \dfrac{\partial u}{\partial z} = -\dfrac{y}{z^2} x^{\frac{y}{z}} \ln x$;

(8) $\dfrac{\partial u}{\partial x} = \dfrac{z(x-y)^{z-1}}{1+(x-y)^{2z}}, \dfrac{\partial u}{\partial y} = -\dfrac{z(x-y)^{z-1}}{1+(x-y)^{2z}}, \dfrac{\partial u}{\partial z} = \dfrac{(x-y)^z \ln(x-y)}{1+(x-y)^{2z}}$.

2. $f_x(x,2) = 1$.

3. (1) $\dfrac{\partial^2 z}{\partial x^2} = 6x - 4y^2, \dfrac{\partial^2 z}{\partial x \partial y} = -8xy, \dfrac{\partial^2 z}{\partial y^2} = 6y - 4x^2$;

(2) $\dfrac{\partial^2 z}{\partial x^2} = \dfrac{-2xy}{(x^2+y^2)^2}, \dfrac{\partial^2 z}{\partial x \partial y} = \dfrac{x^2 - y^2}{(x^2+y^2)^2}, \dfrac{\partial^2 z}{\partial y^2} = \dfrac{2xy}{(x^2+y^2)^2}$;

(3) $\dfrac{\partial^2 z}{\partial x^2} = y(y-1)x^{y-2}, \dfrac{\partial^2 z}{\partial x \partial y} = x^{y-1}(1+y\ln x), \dfrac{\partial^2 z}{\partial y^2} = x^y \ln^2 x$;

(4) $\dfrac{\partial^2 z}{\partial x^2} = -e^y \cos(x-y)$, $\dfrac{\partial^2 z}{\partial x \partial y} = e^y[\cos(x-y) - \sin(x-y)]$,

$\dfrac{\partial^2 z}{\partial y^2} = 2e^y \sin(x-y)$.

4. (1) $dz = (y + \dfrac{1}{y})dx + (x - \dfrac{x}{y^2})dy$; (2) $dz = \dfrac{2xdx + 2ydy}{1 + x^2 + y^2}$;

(3) $dz = y^x(\ln y dx + \dfrac{x}{y}dy)$; (4) $du = yzx^{yz-1}dx + zx^{yz}\ln x dy + yx^{yz}\ln x dz$.

5. 略. 6. 略. 7. 略. 8. 略

9. 2.039.

10. 2 128 m³, 27.6 m², 1.30%.

习题 7.3

1. (1) $1 - \sqrt{3}$; (2) $1 + 2\sqrt{3}$; (3) 5; (4) $\dfrac{98}{13}$.

2. $\dfrac{\sqrt{2}}{3}$. 3. $\dfrac{6}{7}\sqrt{14}$. 4. $\mathbf{grad}\,f(0,0,0) = 3\mathbf{i} - 2\mathbf{j} - 6\mathbf{k}$; $\mathbf{grad}(1,1,1) = 6\mathbf{i} + 3\mathbf{j}$. 5. $\dfrac{\sqrt{10}}{4}$.

6. $\mathbf{grad}\,u = 2\mathbf{i} - 4\mathbf{j} + \mathbf{k}$ 是方向导数取最大值的方向，此方向导数的最大值为 $|\mathbf{grad}\,u| = \sqrt{21}$.

习题 7.4

1. (1) $\dfrac{dz}{dt} = -e^{-t} - e^t$; (2) $\dfrac{dz}{dx} = x^{\sin x}(\cos x \ln x + \dfrac{\sin x}{x})$; (3) $\dfrac{\partial z}{\partial x} = -\dfrac{2y^2}{x^3}[\ln(3y-2x) + \dfrac{x}{3y-2x}]$, $\dfrac{\partial z}{\partial y} = \dfrac{y}{x^2}[2\ln(3y-2x) + \dfrac{3y}{3y-2x}]$; (4) $\dfrac{\partial z}{\partial x} = e^{x\sin y}\sin y$, $\dfrac{\partial z}{\partial y} = e^{x\sin y}x\cos y$.

2. (1) $\dfrac{\partial z}{\partial x} = 2xf_1 + ye^{xy}f_2$, $\dfrac{\partial z}{\partial y} = 2yf_1 + xe^{xy}f_2$;

(2) $\dfrac{\partial z}{\partial x} = f_1 - \dfrac{1}{x^2}f_2$, $\dfrac{\partial z}{\partial y} = -\dfrac{1}{y^2}f_1 + f_2$;

(3) $\dfrac{\partial u}{\partial x} = \dfrac{1}{y}f_1$, $\dfrac{\partial u}{\partial y} = -\dfrac{x}{y^2}f_1 + \dfrac{1}{z}f_2$, $\dfrac{\partial u}{\partial z} = -\dfrac{y}{z^2}f_2$.

3. (1) $\dfrac{dy}{dx} = \dfrac{y^2 - e^x}{\cos y - 2xy}$;

(2) $\dfrac{\partial z}{\partial x} = \dfrac{\partial z}{\partial y} = -1$;

(3) $\dfrac{\partial z}{\partial x} = \dfrac{z\ln z}{z\ln y - x}$, $\dfrac{\partial z}{\partial y} = \dfrac{z^2}{y(x - z\ln y)}$;

(4) $\dfrac{\partial z}{\partial x} = \dfrac{yz - \sqrt{xyz}}{2\sqrt{xyz} - xy}$, $\dfrac{\partial z}{\partial y} = \dfrac{xz - 2\sqrt{xyz}}{2\sqrt{xyz} - xy}$.

4. (1) $\dfrac{dx}{dz} = \dfrac{y-z}{x-y}, \dfrac{dy}{dz} = \dfrac{z-x}{x-y}$; (2) $\dfrac{dy}{dx} = \dfrac{z-x}{y-z}, \dfrac{dz}{dx} = \dfrac{x-y}{y-z}$.

5. 略. 6. 略. 7. 略.

习题 7.5

1. (1) 切平面为 $x - z = 0$, 法线为 $\dfrac{x-1}{1} = \dfrac{y-1}{0} = \dfrac{z-1}{-1}$;

(2) 切平面为 $x + 2y - 4 = 0$, 法线为 $\dfrac{x-1}{1} = \dfrac{y-1}{2} = \dfrac{z}{0}$.

2. (1) 切线为 $\dfrac{x-\frac{\pi}{2}}{2} = \dfrac{y-3}{-2} = \dfrac{z-1}{3}$;

法平面为 $2x - 2y + 3z = \pi - 3$;

(2) 切线为 $\dfrac{x-1}{12} = \dfrac{y-3}{-4} = \dfrac{z-4}{3}$,

法平面为 $12x - 4y + 3z = 12$.

3. (1) 极大值 $z(2, -2) = 8$;

(2) 驻点为 $(0,0), (1,1)$, 极小值为 $z(1,1) = -1$.

4. (1) 极大值 $z(\dfrac{1}{2}, \dfrac{1}{2}) = \dfrac{1}{4}$;

(2) 极小值 $z(\dfrac{ab^2}{a^2+b^2}, \dfrac{a^2 b}{a^2+b^2}) = \dfrac{a^2 b^2}{a^2+b^2}$;

(3) 极大值 $u(\dfrac{1}{3}, -\dfrac{2}{3}, \dfrac{2}{3}) = 3$, 极小值 $u(-\dfrac{1}{3}, \dfrac{2}{3}, -\dfrac{2}{3}) = -3$.

5. 点 $(-1, 1, -1)$ 和点 $(-\dfrac{1}{3}, \dfrac{1}{9}, -\dfrac{1}{27})$.

6. $2x + 2y + z = \pm 4$.

7. 点 $(-3, -1, 3)$, 法线为 $\dfrac{x+3}{1} = \dfrac{y+1}{3} = \dfrac{z-3}{1}$.

8. $(1, -\dfrac{1}{2}, \dfrac{1}{2})$.

9. 长、宽、高都为 4 m 时容积最大, 此时的容积为 64 m³.

10. 证明略.

复习题7

1. (1) $(2x + 3y^2)dx + 6xydy$; (2) $\dfrac{y^2 - xy\ln y}{x^2 - xy\ln x}$; (3) $dx - \sqrt{2}dy$;

(4) $e^y \cos e^y f_v + \dfrac{1}{y}f_w$; (5) $(2,4,-2)$; (6) $\dfrac{x-1}{1} = \dfrac{y+3}{2} = \dfrac{z-1}{-1}$;

(7) $\sqrt{5}$; (8) $2x + 2y + 3z = 9$; (9) $(0,0)$.

2. (1) D; (2) A; (3) A; (4) A; (5) C; (6) D.

3. (1) 2; (2) 1;

(3) $\dfrac{\partial z}{\partial x} = \dfrac{1}{x^2 y}e^{\frac{x^2+y^2}{xy}}(x^4 - y^4 + 2x^3 y)$; $\dfrac{\partial z}{\partial y} = \dfrac{1}{xy^2}e^{\frac{x^2+y^2}{xy}}(-x^4 + y^4 - 2xy^3)$;

(4) $\dfrac{yz}{e^z - xy}dx + \dfrac{xz}{e^z - xy}dy$; (5) $z_x(0,1) = 2$; (6) ① -2, ② -1;

(7) 切线方程为: $x = y - 1 = z$; 法平面方程为: $x + y + z = 1$;

(8) 切线方程为: $\dfrac{x-3}{4} = \dfrac{y-4}{-3} = \dfrac{z-5}{0}$; 法平面方程为: $4x - 3y = 0$;

(9) $\dfrac{\sqrt{16}}{12}\pi$;

(10) 在点 $(1,1)$ 处取得极大值, $f(1,1) = 1$;

(11) 切点为 $\left(\dfrac{a}{\sqrt{3}}, \dfrac{b}{\sqrt{3}}, \dfrac{c}{\sqrt{3}}\right)$, 最小体积为 $\dfrac{\sqrt{3}abc}{2}$;

(12) 购进 A 原料 100 吨, B 原料 25 吨, 此时达到最大产量 1 250 吨.

4. 证明略.

第 8 章

习题 8.1

1. $M = \iint\limits_D (x^2 + y^2)d\sigma$, 其中 $D = \{(x,y) | 1 \leqslant x^2 + y^2 \leqslant 4\}$.

2. 略.

3. (1) $\iint\limits_D (x+y)^2 d\sigma > \iint\limits_D (x+y)^3 d\sigma$; (2) $\iint\limits_D \ln(x+y)d\sigma < \iint\limits_D \ln^2(x+y)d\sigma$.

4. (1) $0 \leqslant I \leqslant 2$; (2) $36\pi \leqslant I \leqslant 100\pi$.

5. (1) $\dfrac{8}{3}$; (2) -2; (3) $\dfrac{64}{15}$; (4) $\dfrac{6}{55}$; (5) $\dfrac{27}{4}$.

6. (1) $-6\pi^2$; (2) $\pi(e^4 - 1)$; (3) $\dfrac{2\ln 2 - 1}{4}\pi$.

7. (1) $\int_0^1 dy \int_y^1 f(x,y)dx$; (2) $\int_0^4 dy \int_{\frac{y}{2}}^{\sqrt{y}} f(x,y)dx$; (3) $\int_0^1 dy \int_{e^y}^{e} f(x,y)dx$;

(4) $\int_0^2 dx \int_{\frac{x}{2}}^{3-x} f(x,y)dy$.

8. (1) $\frac{7}{2}$; (2) $\frac{17}{6}$.

9. (1) $\frac{9}{4}$; (2) $\frac{1}{8}$.

10. $\frac{\pi^4}{24}$.

习题 8.2

1. (1) $\int_0^1 dx \int_0^{2-2x} dy \int_0^{\frac{6-6x-3y}{2}} f(x,y,z)dz$;

(2) $\int_{-1}^1 dx \int_{-\sqrt{1-x^2}}^{\sqrt{1-x^2}} dy \int_{x^2+y^2}^1 f(x,y,z)dz$;

(3) $\int_{-1}^1 dx \int_{-\sqrt{1-x^2}}^{\sqrt{1-x^2}} dy \int_{\sqrt{x^2+y^2}}^{\sqrt{2-x^2-y^2}} f(x,y,z)dz$.

2. (1) $\frac{1}{10}$; (2) $\frac{1}{64}$; (3) $\frac{2}{15}\pi$; (4) $\frac{8}{5}\pi$.

3. (1) $\frac{7}{12}\pi$; (2) $\frac{4}{27}$.

4. (1) $\frac{4}{5}\pi$; (2) $\frac{1}{6}\pi a^4$.

5. (1) $\frac{32}{3}\pi$; (2) $\frac{1}{6}\pi$.

6. $k\pi R^4$

习题 8.3

1. $a^2(\pi - 2)$. 2. $\sqrt{2}\pi$. 3. $16R^2$. 4. $(\frac{15a}{8}, 0)$. 5. $(\frac{2a}{5}, \frac{2a}{5})$.

6. (1) $I_x = \frac{72}{5}\mu, I_y = \frac{96}{7}\mu$; (2) $I_x = \frac{ab^3}{3}\mu, I_y = \frac{a^3 b}{3}\mu$. 7. $\frac{\pi}{2}a^4 h$.

习题 8.4

1. $\sqrt{2}$. 2. $\frac{16}{3}$. 3. $\sqrt{5}\ln 2$. 4. $1+\sqrt{2}$. 5. $40\pi(4+3\pi^2)$. 6. (1)1; (2) $\frac{1}{2}$.

7. (1)1; (2)1; (3)1. 8. $\frac{2}{3}$. 9. -2π. 10. 13. 11. (1) $-\frac{1}{3}$; (2) $-2\pi ab$; (3) $\sin 3 - 6$.

12. (1)0; (2) $-2R$. 13. $\frac{5\sqrt{3}}{6}$. 14. $\frac{\pi}{4}R^3$. 15. $\frac{1+\sqrt{2}}{2}\pi$. 16. $\frac{1}{12}$. 17. $\frac{8}{3}\pi R^4$.

18. (1) 3; (2) $\dfrac{3}{2}\pi$. 19. (1) -2; (2) 36. 20. $\vec{0}$.

复习题 8

1. (1) $\dfrac{1}{6}$; (2) $\dfrac{1}{24}$; (3) $I_1 < I_2 < I_3$; (4) $\int_a^b f_1(x)\mathrm{d}x \int_c^d f_2(y)\mathrm{d}y \int_e^f f_3(z)\mathrm{d}z$; (5) $\sqrt{2}$; (6) $\dfrac{8}{3}$;

(7) $\dfrac{\sqrt{3}}{120}$; (8) $-\dfrac{9}{2}\pi$; (9) $\dfrac{16}{3}$; (10) $\dfrac{1}{4}\pi$.

2. (1) B; (2) D; (3) D; (4) A; (5) C; (6) B; (7) C; (8) C; (9) C; (10) B.

3. (1) $\dfrac{45}{8}$; (2) $\pi\sin 2$; (3) $\dfrac{1-\mathrm{e}^{-1}}{2}$; (4) $\dfrac{7}{12}$; (5) $\dfrac{31}{10}\pi$; (6) $\dfrac{4}{5}\pi R^5$.

4. (1) $14(2\sqrt{2}-1)$; (2) $4\sqrt{2}R^2$; (3) $\dfrac{\sqrt{3}}{2}(1-\mathrm{e}^{-2})$; (4) $\dfrac{1}{2}R^2$; (5) $-\dfrac{56}{15}$; (6) 0.

5. $2\pi^2 - \mathrm{e}^2 + 2\pi - 1$.

6. $\lambda = 2, I = -\dfrac{79}{5}$.

7. 1.

8. (1) 0; (2) $4\sqrt{61}$; (3) $\dfrac{4}{3}\pi R^3$; (4) $\dfrac{1}{8}$.

9. $-\sqrt{3}\pi R^2$.

10. 0.

11. $\pm 2\pi$.

12. **0**

第 9 章

习题 9.1

1. (1) $\dfrac{(-1)^n}{2^{n-1}}$; (2) $\dfrac{x^{\frac{n}{2}}}{2\cdot 4\cdot 6\cdots(2n)}$; (3) $\dfrac{n-2}{n+1}$; (4) $(-1)^{n-1}\dfrac{n^3}{n!}$.

2. (1) $a>1$ 时收敛, $0<a\le 1$ 时发散; (2) 发散; (3) 收敛; (4) 收敛; (5) 发散.

3. (1) 收敛; (2) 发散; (3) 收敛; (4) 收敛; (5) 收敛; (6) 收敛; (7) 收敛; (8) 发散.

4. (1) 条件收敛; (2) 绝对收敛; (3) 发散; (4) 绝对收敛;

(5) 条件收敛; (6) $0<p\le 1$ 时条件收敛, $p>1$ 时绝对收敛.

5. 略.

6. 略.

习题 9.2

1. (1) $(-1,1)$; (2) $(-\sqrt{3},\sqrt{3})$; (3) $(-\infty,\infty)$; (4) $[1,3)$.

2. (1) $-\ln(1+x)$; (2) $\dfrac{2x}{(1-x^2)^2}$.

3. (1) $\sum_{n=1}^{\infty} \dfrac{(-1)^{n-1}(2x)^{2n}}{2(2n)!}, (-\infty, \infty)$;

(2) $\sum_{n=0}^{\infty} (-1)^n (n+1) x^n, (-1, 1)$;

(3) $\ln 2 + \sum_{n=0}^{\infty} \left[\dfrac{(-1)^n - 2^{n+1}}{2^{n+1}(n+1)} \right] x^{n+1}, [-1, 1)$;

(4) $\dfrac{1}{5} \sum_{n=1}^{\infty} \left[\dfrac{(-1)^n}{2^n} - 2^n \right] x^n, \left(-\dfrac{1}{2}, \dfrac{1}{2}\right)$.

4. $\sum_{n=1}^{\infty} \dfrac{(-1)^n}{(2n+1)(2n+1)!} x^{2n+1}, (-\infty, \infty). x \neq 0$

5. $\dfrac{1}{2} \sum_{n=0}^{\infty} \dfrac{(-1)^n}{(2n)!} \left(x + \dfrac{\pi}{3}\right)^{2n} + \dfrac{\sqrt{3}}{2} \sum_{n=0}^{\infty} \dfrac{(-1)^n}{(2n+1)!} \left(x + \dfrac{\pi}{3}\right)^{2n+1}, (-\infty, \infty)$.

6. $\sum_{n=1}^{\infty} \left(\dfrac{1}{2^{n+1}} - \dfrac{1}{3^{n+1}}\right) (x+4)^n, (-6 < x < -2)$.

习题9.3

略

习题9.4

1. 略

2. (1) $f(x) = \dfrac{3}{4}\pi - \dfrac{2}{\pi} \sum_{n=1}^{\infty} \dfrac{\cos(2n-1)x}{(2n-1)^2} - \sum_{n=1}^{\infty} \dfrac{1}{n} \sin nx$,

$(-\infty < x < +\infty, x \neq 2k\pi, k = 0, \pm 1, \pm 2, \cdots)$;

(2) $|x| = \dfrac{\pi}{2} - \dfrac{4}{\pi} \sum_{n=1}^{\infty} \dfrac{\cos(2n-1)x}{(2n-1)^2}, (-\infty < x < \infty)$;

(3) $f(x) = \dfrac{1}{2} + \dfrac{2}{\pi} \sum_{n=1}^{\infty} \dfrac{1}{n} \sin \dfrac{n\pi}{2} \cos nx$,

$(-\infty < x < +\infty, x \neq (2k+1)\pi, k = 0, \pm 1, \pm 2, \cdots)$.

3. (1) $\varphi(t) = \dfrac{3}{2} - \dfrac{4}{\pi^2} \sum_{n=1}^{\infty} \dfrac{1}{(2n-1)^2} \cos \dfrac{(2n-1)\pi}{2} t + \dfrac{1}{\pi} \sum_{n=1}^{\infty} \dfrac{(-1)^n}{n} \sin \dfrac{n\pi}{2} t$,

$(-\infty < t < +\infty, t \neq 4k+2, k = 0, \pm 1, \pm 2, \cdots)$;

(2) $\varphi(t) = \dfrac{4A}{\pi} \sum_{n=1}^{\infty} \dfrac{1}{2n-1} \sin \dfrac{2(2n-1)\pi}{T} t$,

$(-\infty < t < +\infty, t \neq \dfrac{kT}{2}, k = 0, \pm 1, \pm 2, \cdots)$.

4. $\varphi(t) \approx \dfrac{2A}{\pi} \sin \dfrac{2\pi}{T} t + \dfrac{2A}{2\pi} \sin \dfrac{4\pi}{T} t + \dfrac{2A}{3\pi} \sin \dfrac{6\pi}{T} t + \dfrac{2A}{4\pi} \sin \dfrac{8\pi}{T} t + \dfrac{2A}{5\pi} \sin \dfrac{10\pi}{T} t$

5. $u(t) = \dfrac{4E}{\pi} \sum\limits_{n=1}^{\infty} \dfrac{1}{2n-1} \sin \dfrac{2(2n-1)\pi}{T} t, t \in \left(-\dfrac{T}{2}, 0\right) \cup \left(0, \dfrac{T}{2}\right)$;

6. $f(x) = \dfrac{2}{\pi} \sum\limits_{n=1}^{\infty} \dfrac{1-\cos nh}{n} \sin nx, x \in (0, \pi)$.

7. $f(t) = -\dfrac{3}{16} T + \dfrac{T}{\pi^2} \sum\limits_{n=1}^{\infty} \dfrac{1-\cos\frac{n\pi}{2}}{n^2} \cos \dfrac{2n\pi}{T} t, t \in \left[0, \dfrac{\pi}{2}\right)$.

8. $1 - x^2 = \sum\limits_{n=1}^{\infty} \left[\dfrac{7}{2(2n-1)} + \dfrac{2}{(2n-1)^3 \pi^2}\right] \sin 2(2n-1)x + \dfrac{1}{2\pi} \sum\limits_{n=1}^{\infty} \dfrac{1}{2^n} \sin 4n\pi x$,

$x \in \left(0, \dfrac{1}{2}\right)$;

$1 - x^2 = \dfrac{11}{12} + \dfrac{1}{\pi^2} \sum\limits_{n=1}^{\infty} \dfrac{(-1)^{n+1}}{n^2} \cos 2n\pi x, x \in \left[0, \dfrac{1}{2}\right]$.

复习题9

1. (1) $\lim\limits_{n\to\infty} a_n = 0$;充分条件;(2) $|x| > 1$;(3) 收敛;发散;(4) 绝对收敛;

(5) 1;(6) $-\dfrac{\pi}{2}$;(7) $[0,2)$;(8) 1;(9) $\dfrac{x}{1-x}$.

2. (1) D;(2) A;(3) C;(4) D;(5) A;(6) B;(7) D;(8) B;(9) A.

3. (1) 发散;(2) 收敛;(3) 发散;(4) 收敛;(5) 发散;(6) 收敛;(7) 发散;(8) 收敛;(9) 收敛;(10) 收敛;(11) 收敛;(12) 收敛.

4. (1) 条件收敛;(2) 绝对收敛;(3) 绝对收敛;(4) 条件收敛;(5) 条件收敛;(6) 当 $0 < p \le 1$ 时条件收敛;当 $p > 1$ 时绝对收敛.

5. 略. 6. 略. 7. 略.

8. (1) $R = 3$; $(-3, 3]$;(2) $R = \dfrac{1}{\sqrt{2}}$; $\left(-\dfrac{1}{\sqrt{2}}, \dfrac{1}{\sqrt{2}}\right)$;

(3) $R = 1$; $[-1, 1)$;(4) $R = 1, [3, 5)$.

9. (1) $|x| > 1$;(2) $x < 0$.

10. (1) $S(x) = \dfrac{1}{(1-x)^2}$;

(2) $S(x) = \dfrac{1}{4} \ln \dfrac{1+x}{1-x} + \dfrac{1}{2} \arctan x - x$;

(3) $S(x) = 2x \arctan x - \ln(1+x^2)$;

(4) $S(x) = \begin{cases} \dfrac{xe^x - e^x + 1}{x^2}, & x \ne 0 \\ \dfrac{1}{2}, & x = 0 \end{cases}$.

11. (1) $f(x) = 1 - \dfrac{2}{2!} x^2 + \dfrac{2^3}{4!} x^4 - \dfrac{2^5}{6!} x^6 + \cdots, x \in (-\infty, +\infty)$;

(2) $f(x) = \sum_{n=1}^{\infty} (-1)^{n-1} \dfrac{1}{2n(2n-1)} x^{2n}, x \in [-1,1]$;

(3) $f(x) = \dfrac{\pi}{4} + x - \dfrac{x^3}{3} + \dfrac{x^5}{5} - \dfrac{x^7}{7} + \cdots, x \in [-1,1]$.

12. $(-1,1); S(x) = \dfrac{1}{2} \ln \dfrac{1+x}{1-x}; \dfrac{\sqrt{2}}{4} \ln(3+2\sqrt{2})$.

13. $f(x) = \sum_{n=1}^{\infty} (-1)^{n-1} \left(\dfrac{1}{2^n} - \dfrac{1}{3^n} \right) (x-3)^{n-1}, x \in (1,5)$.

14. $f(x) = \sum_{n=1}^{\infty} (-1)^{n-1} \dfrac{n}{2^{n+1}} (x-2)^{n-1}, x \in (0,4)$.

15. $S(x) = xe^x + e^x - 1; 2e - 1$.

16. $f(x) = \sum_{n=1}^{\infty} (-1)^n \dfrac{2n-1}{(2n)!} x^{2(n-1)}, x \neq 0; 1 - \dfrac{\pi}{2}$.

17. $f(x) = \sum_{n=1}^{\infty} \dfrac{\sin(2n-1)x}{2n-1} (-\pi < x < \pi \text{ 且 } x \neq 0)$.

18. $f(x) = \dfrac{\pi}{4} - \dfrac{2}{\pi} \dfrac{\cos x}{1^2} + \sin x - \dfrac{1}{2} \sin 2x - \dfrac{2}{\pi} \dfrac{1}{3^2} \cos 3x + \dfrac{1}{3} \sin 3x - \dfrac{1}{4} \sin 4x - \dfrac{2}{\pi} \dfrac{1}{5^2} \cos 5x + \cdots \quad (-\pi < x < \pi)$

19. $f(x) = \dfrac{4}{\pi} \sum_{n=1}^{\infty} \dfrac{1}{2n-1} \sin \dfrac{(2n-1)\pi x}{l} \quad (0 < |x| < l)$.

20. $f(x) = \dfrac{1}{3} - \dfrac{4}{\pi^2} \left(\cos \pi x - \dfrac{1}{2^2} \cos 2\pi x + \dfrac{1}{3^2} \cos 3\pi x - \cdots \right) \quad (-1 \leq x \leq 1)$.

21. $f(x) = k - \dfrac{4k}{\pi} \left(\sin \dfrac{\pi x}{3} + \dfrac{1}{3} \sin \dfrac{3\pi x}{3} + \dfrac{1}{5} \sin \dfrac{5\pi x}{3} + \cdots \right) \quad (0 < x < 3)$.

22. $f(x) = \dfrac{3}{2} - \dfrac{4}{\pi^2} \sum_{n=1}^{\infty} \dfrac{1}{(2n-1)^2} \cos(2n-1)\pi x \quad (-\infty < x < \infty)$.

取 $x = 0$, 则有 $\sum_{n=1}^{\infty} \dfrac{1}{(2n-1)^2} = \dfrac{\pi^2}{8}$.

第 10 章

答案略

参考文献

[1] 同济大学应用数学系. 高等数学[M]. 北京:高等教育出版社,2007.
[2] Γ M 菲赫金哥尔茨. 微积分学教程[M]. 余家荣,译. 北京:人民教育出版社,1978.
[3] 孔繁亮. 高等数学[M]. 哈尔滨:哈尔滨工业大学出版社,1994.
[4] 吴赣昌,等. 高等数学多媒体学习系统[M]. 海口:海南出版社,2005.
[5] 章栋恩,许晓革. 高等数学实验[M]. 北京:高等教育出版社,2004.
[6] 邓建松,彭冉冉译. Mathematica 使用指南[M]. 纽约:麦格劳-希尔出版社,2002.
[7] Kong Fanliang. On the RLSE method and its application in forecast of typhoid feverepidemic situation[J]. Asia Pacific Regional Sclentific Meeting of the IEA, May 9-11, 1991, Nagoya Japan.

读者反馈表

尊敬的读者：

您好！感谢您多年来对哈尔滨工业大学出版社的支持与厚爱！为了更好地满足您的需要，提供更好的服务，希望您对本书提出宝贵意见，将下表填好后，寄回我社或登录我社网站(http://hitpress.hit.edu.cn)进行填写。谢谢！您可享有的权益：

☆ 免费获得我社的最新图书书目   ☆ 可参加不定期的促销活动
☆ 解答阅读中遇到的问题   ☆ 购买此系列图书可优惠

读者信息

姓名_____ □先生 □女士   年龄_____   学历_____
工作单位_____   职务_____
E-mail _____   邮编_____
通讯地址_____
购书名称_____   购书地点_____

1. 您对本书的评价

内容质量	□很好	□较好	□一般	□较差
封面设计	□很好	□一般	□较差	
编排	□利于阅读	□一般	□较差	
本书定价	□偏高	□合适	□偏低	

2. 在您获取专业知识和专业信息的主要渠道中，排在前三位的是：

① _____   ② _____   ③ _____

A. 网络   B. 期刊   C. 图书   D. 报纸   E. 电视   F. 会议   G. 内部交流   H. 其他：_____

3. 您认为编写最好的专业图书(国内外)

书名	著作者	出版社	出版日期	定价

4. 您是否愿意与我们合作，参与编写、编译、翻译图书？
_____

5. 您还需要阅读哪些图书？
_____

网址：http://hitpress.hit.edu.cn
技术支持与课件下载：网站课件下载区
服务邮箱 wenbinzh@hit.edu.cn   duyanwell@163.com
邮购电话 0451－86281013   0451－86418760
组稿编辑及联系方式   赵文斌(0451－86281226)   杜燕(0451－86281408)
回寄地址：黑龙江省哈尔滨市南岗区复华四道街10号   哈尔滨工业大学出版社
邮编：150006   传真 0451－86414049